21 世纪高等院校规划教材

综合布线技术与施工

（第二版）

主　编　岳经伟　赵红岩

副主编　吴学毅　崔　凯　徐　阳

中国水利水电出版社
www.waterpub.com.cn

内 容 提 要

本书参照综合布线从业人员的职业岗位要求，系统地介绍网络综合布线系统的建设规划、工程设计、安装施工、测试验收等方面的内容。全书共9章，分别介绍综合布线系统的组成，综合布线的国际、国内标准，常用的综合布线系统产品以及综合布线系统的设计、工程测试与验收等。还对综合布线工程施工与常用工具等内容进行了介绍。

本书从实际出发，按新版国家标准，以实际应用为目的，力求内容新颖、概念清楚、技术实用、通俗易懂。并以多年教学经验对本书章节进行合理编排，引入实际工程案例，由浅入深，既具有一定的理论深度，又有重要的工程实践，利于学生掌握综合布线的设计与实施等综合技能。

本书可作为高等院校计算机网络、物联网、计算机通信等相关专业教材，也可作为学习计算机网络综合布线知识的培训教材或自学参考书。

本书配有电子教案，读者可以从中国水利水电出版社网站和万水书苑上下载，网址为：http://www.waterpub.com.cn/softdown/和 http://www.wsbookshow.com。

图书在版编目（CIP）数据

综合布线技术与施工 / 岳经伟，赵红岩主编. -- 2
版. -- 北京 : 中国水利水电出版社，2015.8
21世纪高等院校规划教材
ISBN 978-7-5170-3535-0

Ⅰ. ①综… Ⅱ. ①岳… ②赵… Ⅲ. ①计算机网络—
布线—高等学校—教材 Ⅳ. ①TP393.03

中国版本图书馆CIP数据核字(2015)第198875号

策划编辑：雷顺加　责任编辑：张玉玲　加工编辑：孙 丹　封面设计：李 佳

书　　名	21世纪高等院校规划教材 **综合布线技术与施工（第二版）**	
作　　者	主　编　岳经伟　赵红岩 副主编　吴学毅　崔 凯　徐 阳	
出版发行	中国水利水电出版社 （北京市海淀区玉渊潭南路1号D座　100038） 网址：www.waterpub.com.cn E-mail: mchannel@263.net（万水） 　　　　sales@waterpub.com.cn 电话：（010）68367658（发行部）、82562819（万水）	
经　　售	北京科水图书销售中心（零售） 电话：（010）88383994、63202643、68545874 全国各地新华书店和相关出版物销售网点	
排　　版	北京万水电子信息有限公司	
印　　刷	北京兴湘印务有限公司	
规　　格	184mm×260mm　16开本　13.75印张　337千字	
版　　次	2005年7月第1版　2005年7月第1次印刷 2015年8月第2版　2015年8月第1次印刷	
印　　数	0001—4000册	
定　　价	28.00元	

再版前言

综合布线是一种模块化的、灵活性极高的建筑物内或建筑群之间的信息传输通道。通过它可使话音设备、数据设备、交换设备、智能设备及各种控制设备与信息管理系统连接起来，同时也可使这些设备与外部通信网络相连。它还包括建筑物外部网络或电信线路的连接点与应用系统设备之间的所有线缆及相关的连接部件。

由于综合布线采用结构化、模块化的设计思想，具有非常灵活的选择和配置，能适应任何大楼或建筑群体的布线要求，因此，自20世纪90年代传入中国后，相继被我国的行政机关、新闻机构、金融、税务、安全、电信、旅游、商务、宾馆和住宅等系统所广泛采用。特别是数据中心建设的兴起，使综合布线系统更加重要。

本书系统地介绍了楼宇综合布线系统的建设规划、工程设计、安装施工和测试验收等方面的内容。全书共9章，分别介绍了综合布线的国际、国内标准；综合布线系统常用设备与产品；综合布线系统的设计、施工、测试和验收等，最后以一真实案例介绍了综合布线工程的设计与实现。

本书共9章，内容安排如下：

第1章对综合布线系统进行了简单介绍，主要介绍了综合布线系统的特点、产品标准以及综合布线技术的发展等。

第2章介绍综合布线中常用的传输介质，介绍了双绞线、光缆等网络传输介质的选择与具体应用。

第3章介绍综合布线工程中常用到的设备与器材，如配线架、理线架、信息盒、信息模块、光纤配线架等。

第4章重点讲述综合布线系统涉及的国内外各种相关综合布线标准，如中国国家标准GB50311、美洲标准ANSI/TIA/EIA 568B。

第5章详细介绍综合布线系统中的配线间、工作区、管理区、水平子系统、垂直子系统、建筑群子系统的构成及设计原则。

第6章主要讲解综合布线系统中的设备及线缆的施工标准及操作流程、综合布线系统中常见设备的安装、各种线缆的安装等。

第7章主要讲解双绞线和光纤测试内容及常用测试工具的工作原理与使用方法。

第8章主要讲述布线工程验收的主要内容以及竣工文档的主要内容。

第9章以一真实工程案例介绍了综合布线工程设计过程，包括各系统设备选择、相关产品数量计算、综合布线系统图与施工图的绘制等，具有极强的参考价值。

本书由岳经伟、赵红岩任主编，吴学毅、崔凯、徐阳任副主编。其中岳经伟编写第2、3章，赵红岩编写第6、7章，吴学毅编写第1、4、5章，崔凯完成第8、9章的编写工作，参与编写工作的还有杜丽、徐辉等。本书根据我国已经制定的和国外现行的综合布线标准，结合工程实践编写而成，力求内容新、概念清楚、技术实用、通俗易懂。可以作为高等院校计算机网络、计算机通信、物联网等相关专业教材，也可以作为学习计算机网络综合布线知识的培训教材或自学参考书。

  由于作者水平有限，时间仓促，加之综合布线技术日新月异，书中错误和不当之处在所难免，敬请读者指正。

编 者

2015 年 5 月

目 录

第 1 章　综合布线系统概述

学习目标

本章对综合布线系统进行简单介绍，并初步讲述综合布线系统与现代的智能建筑、智能家居的关系，以及综合布线系统的组成。通过本章内容的学习，读者应掌握如下能力：

- 能表述清楚综合布线系统的含义。
- 能说明综合布线系统的特点、综合布线的发展趋势。
- 能表述综合布线的组成及综合布线系统的常用术语。
- 能说明综合布线与智能建筑的关系。

建筑物综合布线系统的兴起与发展，是在计算机技术和通信技术发展的基础上进一步适应社会信息化和国际化的需要，也是办公自动化进一步发展的结果。它也是建筑技术与信息技术相结合的产物，是计算机网络工程的基础。

综合布线（Cabling System）是一种模块化的、灵活性极高的建筑物内或建筑群之间的信息传输通道。它既能使语音、数据、图像设备和交换设备与其他信息管理系统彼此相连接，也能使这些设备与外部通信网络相连接。它还包括建筑物外部网络或电信线路的连接点与应用系统设备之间的所有线缆及相关的连接部件。综合布线由不同种类和规格的部件组成，其中包括传输介质、相关连接硬件（如配线架、连接器、插座、插头、适配器）以及电气保护设备等。这些部件可用来构建各种子系统，它们都有各自的具体用途，不仅易于实施安装，而且能随需求的变化而平稳升级。

1.1　综合布线系统概述

1.1.1　综合布线的定义

所谓综合布线系统，就是指按标准的、统一的和简单的结构化方式编制和布置各种建筑物（或建筑群）内各种系统的通信线路，包括网络系统、电话系统、监控系统、电源系统和照明系统等。因此，综合布线系统是一种通用的信息传输系统。

综合布线系统是一个用于语音、数据、影像和其他信息技术的标准结构化布线系统。

综合布线系统是建筑物或建筑群内的传输网络，它能使语音和数据通信设备、交换设备和其他信息管理系统彼此相连接，包括建筑物到外部网络或电话局线路上的连接点与工作区的语音或数据终端之间的所有电缆及相关联的布线部件。

综合布线是集成化网络系统实现的基础，它能够支持数据、话音及图形图像等的传输要求，成为现今和未来的计算机网络和通信系统的有力支撑环境。同时，作为开放系统，综合布线也为其他系统的接入提供了有力的保障。

　　综合布线系统与智能大厦的发展紧密相关，是智能大厦的实现基础。智能大厦具有舒适性、安全性、方便性、经济性和先进性等特点。智能大厦也就是我们常说的三 A 大厦，即楼宇管理自动化、通信网络化和办公信息自动化。智能大厦一般包括中央计算机控制系统、楼宇自动控制系统、安防自动化控制系统、消防自动化系统、通信自动化系统、办公自动化系统等，它通过对建筑物的四个基本要素（结构、系统、服务和管理）以及它们内在联系最优化的设计，提供一个投资合理同时又拥有高效率的优雅舒适、便利快捷、高度安全的环境空间。综合布线系统正是实现这一目标的基础。

　　另一方面，综合布线是住宅小区智能化的基础。社会的信息化唤起了人们对住宅智能化的要求，人们从没有如此近地被各种信息和媒体联系在一起。业主们开始考虑在舒适的家中了解他们想知道的各种信息。在家办公、在家炒股、互动电视、智能家居等新生事物为他们所关注。智能化住宅小区近几年成了一个热门的话题。智能住宅小区系统这个概念有两层含义，它是由智能住宅（小区）综合布线系统和基于该系统上人性化的各种各样多媒体应用组成的。所以说综合布线系统又是智能化小区实现的基础。

1.1.2　综合布线的特点

　　综合布线同传统的布线相比较，有着许多优越性，是传统布线远不可及的。其特点主要表现在具有兼容性、开放性、灵活性、可靠性、先进性和经济性，而且在设计、施工和维护方面也给人们带来了许多方便。

　　1. 兼容性

　　综合布线的首要特点是它的兼容性。所谓兼容性是指它自身是完全独立的，与应用系统相对无关，可以适用于多种应用系统。

　　过去为一幢大楼或一个建筑群内的语音或数据线路布线时，往往是采用不同厂家生产的电缆线、配线插座以及接头等。例如用户交换机通常采用双绞线，计算机系统通常采用粗同轴电缆或细同轴电缆。这些不同的设备使用不同的配线材料，而连接这些不同配线的插头、插座及端子板也各不相同，彼此互不相容。一旦需要改变终端机或电话机位置时，就必须敷设新的线缆，以及安装新的插座和接头。

　　而现在一些办公场所，虽然计算机网络采用光缆或双绞线，而数据通信及电话系统还在采用双芯线。一旦某一种应用想改变成其他应用时，也必须重新铺设新的线缆以及安装新的连接器。

　　综合布线将语音、数据与监控设备的信号线经过统一的规划和设计，采用相同的传输介质、信息插座、交联设备、适配器等，把这些不同信号综合到一套标准的布线系统中。由此可见，这种布线比传统布线大为简化，可节约大量的物资、时间和空间。

　　在使用时，用户可不用定义某个工作区的信息插座的具体应用，只把某种终端设备（如个人计算机、电话、视频设备等）插入这个信息插座，然后在管理间和设备间的交接设备上做相应的接线操作，这个终端设备就被接入到各自的系统中了。

　　2. 开放性

　　对于传统的布线方式，只要用户选定了某种设备，也就选定了与之相适应的布线方式和传输介质。如果更换另一设备，原来的布线就要全部更换。对于一个已经完工的建筑物，这种变化是十分困难的，要增加很多投资。

综合布线由于采用开放式体系结构，符合多种国际上现行的标准，因此它几乎对所有著名厂商的产品都是开放的，如计算机设备、交换机设备等；并对所有网络通信协议也是支持的。

3. 灵活性

传统的布线方式是封闭的，其体系结构是固定的，若要迁移设备或增加设备是相当困难而麻烦的，甚至是不可能的。

综合布线采用标准的传输线缆和相关连接硬件，模块化设计，因此所有通道都是通用的。每条通道可支持多种终端、多种网络系统。所有设备的开通及更改均不需要改变布线，只需增减相应的应用设备，并在配线架上进行必要的跳线管理即可。另外，组网也可灵活多样，甚至在同一房间可有多用户终端，多种网络操作系统并存，为用户组织信息流提供了必要条件。

4. 可靠性

传统的布线方式由于各个应用系统互不兼容，因而在一个建筑物中往往要有多种布线方案。因此建筑系统的可靠性要由所选用的布线可靠性来保证，当各应用系统布线不恰当时，还会造成交叉干扰。

综合布线采用高品质的材料和组合压接的接线方式构成一套高标准的信息传输通道。所有线槽和相关连接件均通过 ISO 国际认证，每条通道都要采用专用仪器测试链路阻抗及衰减率，以保证其电气性能。应用系统布线全部采用点到点端接，任何一条链路故障均不影响其他链路的运行，这就为链路的运行维护及故障检修提供了方便，从而保障了应用系统的可靠运行。各应用系统往往采用相同的传输介质，因而可互为备用，提高了设备冗余性。

5. 先进性

综合布线系统多采用光纤与双绞线混合布线方式，极为合理地构成一套完整的布线。

所有布线均采用世界上最新通信标准，链路均按 8 芯双绞线配置。超五类双绞线带宽可达 100MHz，六类双绞线带宽可达 250MHz，七类双绞线带宽可达 600MHz。对于特殊用户的需求可把光纤引到桌面（Fiber to the Desk）。语音干线部分用铜缆，数据部分用光缆，为同时传输多路实时多媒体信息提供足够的带宽容量。

6. 经济性

综合布线相比传统布线具有经济性，主要综合布线可适应相当长时间需求，传统布线改造很费时间，耽误工作所造成的损失更是无法用金钱计算。

通过上面的介绍可知，综合布线较好地解决了传统布线方法存在的许多问题，随着科学技术的迅猛发展，人们对信息资源共享的要求越来迫切，越来越重视能够同时提供语音、数据和视频传输的集成通信网。因此，综合布线取代单一、昂贵、复杂的传统布线，是"信息时代"的要求，是历史发展的必然趋势。

1.1.3　综合布线的应用

在我们国家各项政策的推动下，综合布线行业拉动着相关产业发展，近几年的项目应用越来越广泛。由于现代化的智能建筑和建筑群体的不断涌现，综合布线系统的适用场合和服务对象逐渐增多，目前主要有以下几类：

（1）商业贸易类型：如商务贸易中心、金融机构（如银行和保险公司等）、高级宾馆饭店、股票证券市场和高级商城大厦等高层建筑。

（2）综合办公类型：如政府机关、群众团体、公司总部等办公大厦，办公、贸易和商业兼有的综合业务楼和租赁大厦等。

（3）交通运输类型：如航空港、火车站、长途汽车客运枢纽站、江海港区（包括客货运站）、城市公共交通指挥中心、出租车调度中心、邮政枢纽楼、电信枢纽楼、高速公路等公共服务建筑。

（4）新闻机构类型：如广播电台、电视台、新闻通讯社、书刊出版社及报社业务楼等。

（5）其他重要建筑类型：如医院、急救中心、气象中心、科研机构、高等院校和工业企业的高科技业务楼等。

此外，在军事基地和重要部门（如安全部门等）的建筑以及高级住宅小区等也需要采用综合布线系统。

总之：从行业领域划分来看，综合布线工程依然较多集中在政府、校园、医疗、酒店、金融（银行）和其他企业或工厂、机场和通信（运营商）等领域。其中企业工厂和政府领域的项目占据比例较大，其次是校园和医疗行业。从数据上看，政府行业的项目对比往年相对递减，而医疗和校园两个行业相比往年有一定的上升。由此可总结得出，综合布线项目应用由原来的政府行业慢慢走向校园、医疗。加上受目前政策或政府管制的影响，业界人士预计这一走势在未来两年将更加明显。

目前，随着科学技术的发展和人类生活水平的提高，综合布线系统的应用范围和服务对象会逐步扩大和增加，例如智慧城市、智能交通、智能家居（又称智能化社区）。从以上所述和建设规划来看，综合布线系统具有广泛使用的前景，为智能化建筑中实现传送各种信息创造有利条件，以适应信息化社会的发展需要，这已成为时代发展的必然趋势。

1.2 综合布线与智能建筑

1.2.1 智能建筑概述

智能建筑（Intelligent Building，IB）是指以计算机网络为核心的信息技术在建筑行业的最新应用，是当代高科技与古老的建筑技术相结合的产物，它成为当今世界各类建筑特别是大型建筑的主流。

智能建筑一般由土木建筑、电力设施、内外装潢、智能化设备和计算机网络五部分组成。智能建筑的最终目标就是系统集成，也就是能将建筑物中用于综合布线、楼宇自控、安防监控、计算机应用等系统中的所有设备有机地组合在一起，成为一个既相互关联又统一协调的整体；各种硬件与软件资源被优化组合成一个能满足用户功能需要的完整体系，并朝着高运行速度、高集成度、高性能价格比的方向发展。

1. 智能建筑的定义

智能建筑可以理解为具有智能的建筑物，但目前还没有关于智能建筑的统一定义。智能建筑的定义是不断发展的，以下是关于智能建筑的一些典型的定义。

国际智能工程学会对智能建筑的定义为："可提供相应的功能以及适应用户对建筑物用途、信息技术要求变动时的灵活性的建筑。智能建筑应具备安全、舒适、节能、系统综合等很强的功能，能满足用户实现高效率的需要。"

我国对智能建筑的定义重点在于使用先进的技术对楼宇进行控制、通信和管理，强调实现楼宇三个方面自动化的功能，即建筑物自动化（Building Automation，BA）、通信系统自动化（Communication Automation，CA）、办公自动化（Office Automation，OA）。

2．智能建筑的分类

智能建筑的发展已经并将继续呈现出多样化的特征，从单栋大楼到连片的建筑广场，从摩天大楼到家庭住宅，从集中布局的楼宇到地理分散的居民小区，均被统称为智能建筑。智能建筑能使人与人之间的距离拉近，实现零时间、零距离的交流。智能建筑有如下的常见类型和层次结构：

（1）智能大厦。智能大楼主要是指将单栋办公大楼建成综合性智能化大厦。智能大厦的基本框架是将 BA、CA、OA 三个子系统结合成一个完整的整体，发展趋势则是向系统集成化、管理综合化和多元化以及智能城市化的方向发展，真正实现智能大厦作为现代化办公和生活的理想场所。

（2）智能广场。智能建筑简单地说就是智能大厦的集合体，将单幢智能大厦组合成为成片开发的，形成一个位置相对集中的智能建筑群体，所以称之为智能广场。这时，智能建筑不再局限于办公类大楼，逐步向医院、学校、商场、公寓等建筑领域扩展。智能广场除具备智能大厦的所有功能外，还具有系统更庞大、结构更复杂的特点，一般应具有智能建筑集成管理系统——IBMS，能对智能广场中所有楼宇进行全面和综合性的管理。

（3）智能家居。智能家居的发展一般可分为三个层次：首先是家庭电子化，其次是住宅自动化，最后才是住宅智能化。智能家居在美国称为智慧屋，欧洲则称为时髦屋。

智能家居是指通过家居布线系统把住宅内的各种与信息相关的通信设备、家用电器和住宅保安装置都并入到一个网络之中，进行集中或异地的监视控制和住宅事务性管理，并保持这些住宅设施与住宅环境的协调，提供工作、学习、娱乐等各项服务，营造出具有多功能的信息化居住空间。

（4）智能小区。智能小区是对有一定智能程度的住宅小区的统称。智能小区是具有居家生活信息化、小区物业管理智能化、IC 智能卡通用化的住宅小区。智能小区建筑物除满足基本生活功能外，还要考虑健康、安全、节能、便利、舒适五大要素。住宅小区智能化是一个过程，它伴随着智能化技术的发展及人们需求的增长而不断完善，表明了可持续发展是小区智能化的重要特性。

（5）智能城市。在实现智能家居和智能小区后，城市的智能化程度将被进一步强化，出现以信息化为特征的智能化城市。

智能城市的主要标志首先是通信的高度发达。光纤到路边（Fiber to the Curb，FTTC）、光纤到楼宇（Fiber to the Building，FTTB）、光纤到办公室（Fiber to The Office，FTTO）、光纤到小区（Fiber to the Zone，FTTZ）、光纤到家庭（Fiber to the Home，FTTH）。其次是计算机的普及和城际网络化。计算机网络将渗入到人们的工作、学习、办公、购物、休闲等几乎所有领域，电子商务已成为时尚。还有就是无纸化办公和远程化办公。

（6）智能国家。智能国家是在智能城市的基础上，将各城际网络互联成广域网，地域覆盖全国，从而可方便地在全国范围内实现远程作业、远程会议、远程办公，也可通过 Internet 或其他通信手段与全世界相沟通，进入信息化社会，整个世界将因此而变成"地球村"。

3．智能建筑的功能

（1）应具有快速的信息处理功能。

（2）各种信息都能进行快速通信。信息通信的范围不局限于建筑物内部，也有可能在城市、地区或国家间进行。

（3）要能对建筑物内的照明、电力、暖通、空调、给排水、防灾、防盗和运输设备等进行综合的自动控制。

（4）能实现对建筑物内的各种设备运行状态进行监视和统计记录设备的管理自动化，并实现以安全状态监视与报警为中心的防灾自动化。

（5）建筑物应具有充分的适应性和可扩展性。它的所有功能应能随技术进步和社会需要而发展。

4. 智能建筑的组成

智能建筑或智能大厦通常包含三大基本组成要素，即建筑物自动化（Building Automation，BA）、通信系统的自动化（Communication Automation，CA）、办公自动化（Office Automation，OA），通常人们把它们称为3A。这三者是有机结合的，是一个综合性的整体。建筑环境是智能大厦基本组成要素的支持平台。有部分房地产开发商将建筑物自动化BA中的防火监控系统（Fire Automation System，FAS）和保安监控系统（Safety Automation System，SAS）独立出来，这样智能建筑就变成五大组成要素，即通常所说的5A。

在国际上，智能建筑的综合管理系统通常又被分解为若干个子系统，这些子系统分别是：

- 中央计算机管理系统（Central Computer Management System，CCMS）
- 办公自动化系统（Office Automation System，OAS）
- 楼宇设备自控系统（Building Automation System，BAS）
- 保安管理系统（Security Management System，SMS）
- 智能卡系统（Smart Card System，SCS）
- 火灾报警系统（Fire Alarm System，FAS）
- 卫星及共用电视系统（Central Antenna Television，CATV）
- 车库管理系统（CarParking Management System，CMS）
- 综合布线系统（Premises Distribution System，PDS）
- 局域网络系统（Local Area Network System，LANS）

智能建筑在物理上可分为 4 个基本组成部分：结构——建筑环境结构；系统——智能化系统；服务——住、用户需求服务；管理——物业运行管理。这 4 个基本组成部分缺一不可，它们既相互关联又相互依存，组成一个完整一致的智能建筑体系。

1.2.2　综合布线与智能家居

随着社会的发展、人们生活水平的提高，几乎所有的城市家庭都已经通过多种方式接入互联网。高带宽网络的出现，使有线电视网、计算机网、公用电话网三网合一成为可能，并能为大众提供集成的服务。而现代家庭娱乐、通信、安防的需求也在不断增长和提高，人们需要接入互联网；要在家办公（即 SOHO），也需要网络。这样，家庭网络布线已成为迫切的需求，规范的家用布线系统逐渐成为继水、电、气之后第四种必不可少的家庭基础设施。可以说，家用综合布线系统是家居智能化发展的必然产物。

随着人们生活水平的提高，在不久的将来，没有进行综合布线的房屋就会像没有通水、通电、通气一样不可思议了，家庭布线会变得和水、电、气一样必不可少。

（1）在现代家庭中，弱电线缆越来越多：有线电视线缆、电话线缆、计算机宽带网线、组合音响各种音频线、防盗报警信号线等，往往带来线大多、太乱的烦恼，如果使用家居综合布线管理系统预先暗埋全部弱电线缆，既省去了以后再拉明线的麻烦，又保证了家庭装修的美观和一致。

（2）随着国际互联网，特别是家用宽带网的迅速发展和普及，很快将会实现 VOD 视频点播、网上购物、SOHO 家庭办公、远程教育、远程医疗等，使家庭能真正高享受地工作、学习和娱乐，因此，以家居综合布线管理系统为基础所构建的家庭网络应该包括宽带互联网、家庭互联网和家庭控制网络等几方面。

（3）随着计算机技术、通信技术、自动化技术等多学科的发展和相互融合，家庭将在不远的将来真正实现智能化，利用住户家庭内的电话、电视、计算机等工具，通过家用综合布线管理系统将电、水、气等设备连成一体，并与互联网相连，从而达到自主控制、管理并实现如家用电器智能遥控、家庭防盗防灾报警等强大的功能。

根据用户的实际需求，可以灵活组合、使用家庭综合布线，从而支持电话/传真、上网、有线电视、家庭影院、音乐欣赏、视频点播、消防报警、安全防盗、空调自控、照明控制、煤气泄漏报警、水/电/煤气三表远程自动抄送等各种应用。

1.3 综合布线系统的组成

1.3.1 综合布线的术语

准确把握综合布线的术语有助于我们对综合布线标准的理解和布线工程设计，否则在进行方案设计时将无从着手，或者设计出的方案没有条理性，更为重要的一点是，无法按照结构化的方法进行系统的分析与设计，从而为系统的合理施工、有效运行、维护、升级等造成不必要的麻烦。

1. 综合布线基本结构
- 布线（cabling）
能够支持信息电子设备相连的各种缆线、跳线、接插软线和连接器件组成的系统。
- 建筑群子系统（campus subsystem）
由配线设备、建筑物之间的干线电缆或光缆、设备缆线、跳线等组成的系统。
- 建筑群配线设备（campus distributor）
连接建筑群主干缆线的配线设备。
- 建筑物配线设备（building distributor）
为建筑物主干缆线或建筑群主干缆线终接的配线设备。
- 楼层配线设备（floor distributor）
连接水平电缆、水平光缆和其他布线子系统缆线的配线设备。
- 建筑物入口设施（building entrance facility）
提供符合相关规范机械与电气特性的连接器件，将外部网络电缆和光缆引入建筑物内。
- 电信间（telecommunications room）
放置电信设备、电缆和光缆终端配线设备，并进行缆线交接的专用空间。

- 工作区（work area）

需要设置终端设备的独立区域。

- 信道（channel）

连接两个应用设备的端到端的传输通道。信道包括设备电缆、设备光缆和工作区电缆、工作区光缆。

- 链路（link）

一个 CP 链路或是一个永久链路。

- 永久链路（permanent link）

信息点与楼层配线设备之间的传输线路。它不包括工作区缆线和连接楼层配线设备的设备缆线、跳线，但可以包括一个 CP 链路。

- CP 链路（CP link）

楼层配线设备与集合点（CP）之间，包括各端的连接器件在内的永久性的链路。

- 集合点（Consolidation Point，CP）

楼层配线设备与工作区信息点之间水平缆线路由中的连接点。

2. 线缆

- 缆线（cable，包括电缆、光缆）

在一个总的护套里，由一个或多个同一类型的缆线线对组成，并可包括一个总的屏蔽物。

- 电缆、光缆单元（cable unit）

型号和类别相同的电缆线对或光纤的组合。电缆线对可有屏蔽物。

- 光缆（optical cable）

由单芯或多芯光纤构成的缆线。

- 设备电缆、设备光缆（equipment cable）

通信设备连接到配线设备的电缆、光缆。

- 建筑群主干电缆、建筑群主干光缆（campus backbone cable）

用于在建筑群内连接建筑群配线架与建筑物配线架的电缆、光缆。

- 建筑物主干缆线（building backbone cable）

连接建筑物配线设备至楼层配线设备及建筑物内楼层配线设备之间相连接的缆线。建筑物主干缆线可为主干电缆和主干光缆。

- 水平缆线（horizontal cable）

楼层配线设备到信息点之间的连接缆线。

- 永久水平缆线（fixed horizontal cable）

楼层配线设备到 CP 的连接缆线，如果链路中不存在 CP 点，则为直接连至信息点的连接缆线。

- CP 缆线（CP cable）

连接集合点（CP）至工作区信息点的缆线。

- 跳线（jumper）

不带连接器件或带连接器件的电缆线对与带连接器件的光纤，用于配线设备之间的连接。

- 线对（pair）

一个平衡传输线路的两个导体，一般指一个对绞线对。

- 平衡电缆（balanced cable）

由一个或多个金属导体线对组成的对称电缆。

- 屏蔽平衡电缆（screened balanced cable）

带有总屏蔽和/或每线对均有屏蔽物的平衡电缆。

- 非屏蔽平衡电缆（unscreened balanced cable）

不带有任何屏蔽物的平衡电缆。

- 接插软线（patch cable）

一端或两端带有连接器件的软电缆或软光缆。

3. 其他

- 连接器件（connecting hardware）

用于连接电缆线对和光纤的一个器件或一组器件。

- 光纤适配器（optical fibre connector）

将两对或一对光纤连接器件进行连接的器件。

- 信息点（Telecommunications Outlet，TO）

各类电缆或光缆终接的信息插座模块。

- 多用户信息插座（multi-user telecommunications outlet）

在某一地点，若干信息插座模块的组合。

- 交接（交叉连接，cross-connect）

配线设备和信息通信设备之间采用接插软线或跳线上的连接器件相连的一种连接方式。

- 互连（interconnect）

不用接插软线或跳线，使用连接器件把一端的电缆、光缆与另一端的电缆、光缆直接相连的一种连接方式。

综合布线的系统结构如图 1-1 所示。

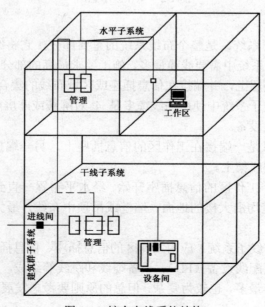

图 1-1　综合布线系统结构

1.3.2 综合布线系统的组成

1. 工作区

工作区包括办公室、写字间、作业间、技术室、机房等需用电话、计算机终端等设施和放置相应设备的区域。工作区布线系统由工作区内的终端设备连接到信息插座的线缆（3m 左右）组成。它包括带有多种插头的连接线缆和适配器，如 Y 型适配器、无源或有源适配器等各种连接器，起到工作区的终端设备与信息插座插孔之间的连接，并根据不同用户的终端设备配置相应的连接设备。

工作区可支持电话机、数据终端、计算机、电视机、监视器以及传感器等为终端设备。工作区的每一个信息插座均设计为 RJ-45 制式。它包括信息插座、信息模块、网卡和连接所需的跳线，并在终端设备和输入/输出（I/O）之间搭接，相当于电话配线系统中连接话机的用户线及话机终端部分。终端设备可以是电话、微机和数据终端，也可以是仪器仪表、传感器的探测器。

一个独立的工作区通常是一部电话机和一台计算机终端设备，如图 1-2 所示。

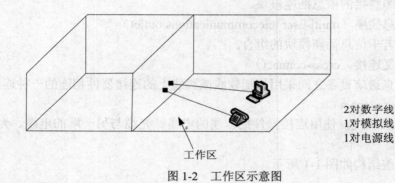

2对数字线
1对模拟线
1对电源线

工作区

图 1-2 工作区示意图

2. 配线子系统

配线子系统（水平子系统）是整个布线系统的重要部分，它将线缆从干线子系统延伸到用户工作区，是综合布线系统中需要线缆最多、施工要求最高的部分。一般来说，水平布线子系统多数总是处在一个楼层上，并端接在信息插座或区域布线的集合点上。

综合布线系统在配线子系统中使用的线缆多是 4 对屏蔽或非屏蔽双绞线和多模光纤，它们能支持大多数现代通信设备。

水平布线子系统可以是一端接在工作区的信息插座上，另一端接在干线接线间、卫星接线间或设备机房的管理配线架上。

水平子系统由每一个工作区的信息插座开始，经水平布置一直到管理区的内侧配线架的线缆组成。水平布线线缆均沿大楼的地面、墙壁或吊顶中布线，最大的水平线缆长度应不超过 90m。

配线子系统（水平布线子系统）应由工作区的信息插座、信息插座至楼层配线设备（FD）的配线电缆或光缆、楼层配线设备（FD）、设备缆线和跳线等组成，如图 1-3 所示。水平布线子系统在工程设计中内容最多，也较为复杂，但总的原则要考虑发展和冗余。配线子系统如图 1-3 所示。

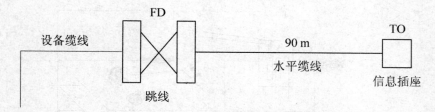

图 1-3　配线子系统的组成

主要设备：4 对屏蔽或非屏蔽双绞线、室内多模光纤、配线架等。配线子系统如图 1-4 所示。

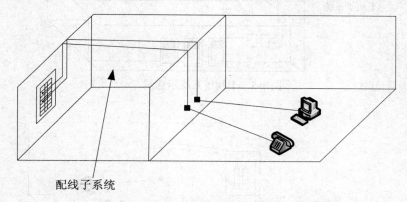

图 1-4　配线子系统示意图

3. 干线子系统

干线子系统是整个建筑物综合布线系统的一部分，它提供建筑物的主干线电缆的路由。通常由光缆或大对数铜缆组成，它的一端接在设备机房的主配线架上，另一端通常接在楼层接线间的各个管理分配线架上。

水平干线也可以是一端接在楼层接线间配线架上，另一端则接在卫星接线间的配线架上。

垂直干线子系统由建筑物内所有用作垂直干线的多种线缆组成，即由大对数铜缆、多模光纤、单模光纤以及将此光缆连接到其他地方的相关连接硬件组成，以提供设备间总配线架与干线接线间楼层配线架之间的干线路由。按照 EIA/TIA568 标准和 ISO/IEC11801 国际布线标准，规定了设备间主交叉连接架与中间交接架以及与楼层管理区的楼层配线架 IDF 之间各类主干线线缆布线的最长距离。干线子系统如图 1-5 所示。

主要设备：大对数线缆、多模光纤、单多模光纤、配线架和跳线等。

4. 建筑群子系统

从系统划分来说，建筑群子系统是结构化综合布线系统一个可能的组成部分，当布线系统覆盖不止一个大厦时，建筑群子系统就是一个必不可少的子系统；如布线系统只覆盖一幢大楼时，建筑群子系统就形同虚设，或者可以不设这个子系统。

建筑群子系统一个建筑物中的电缆延伸到建筑群的另外一些建筑物中的通信设备和装置上。它是整个布线系统中的一部分（包括传输介质）并支持提供楼群之间通信设施所需要的硬件，其中导线电缆、光缆和防止电缆的浪涌电压进入建筑物的电气保护设备。建筑群子系统如图 1-6 所示。

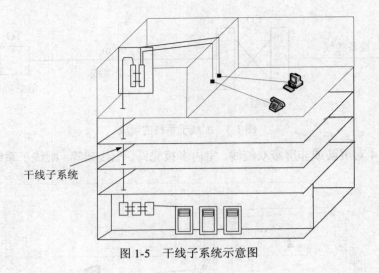

图 1-5　干线子系统示意图

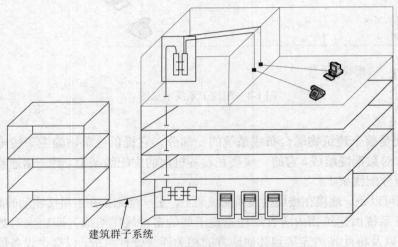

图 1-6　建筑群子系统示意图

主要设备：建筑群主干子系统由连接各建筑物之间的综合布线缆线、建筑群配线设备（CD）和设备缆线及跳线等组成。

5. 设备间

在大楼的适当地点设置电信设备和计算机网络设备，以及建筑物总配线设备（BD）安装的地点，也是进行网络管理的场所。对综合布线工程设计而言，设备间主要安装建筑物配线设备（BD），电话、计算机等各种主机设备及其进线保安设备不属综合布线工程设计的范围，但可合装在一起。当分别设置时，考虑到设备电缆有长度限制的要求，安装总配线架的设备间与安装程控电话交换机及计算机主机的设备间的距离不宜太远。

设备间内的所有总配线设备应采用色标区别各类用途的配线区。

设备间子系统由设备间中的跳线电缆、适配器组成，它把中央主配线架与各种不同设备互连起来、如 PBX、网络设备和监控设备等与主配线架之间的连接。通常该子系统设计与网络具体应用有关，相对独立于通用的结构布线系统。

6. 管理

管理是针对设备间、交接间和工作区的配线设备、缆线、信息插座等设施，按一定的模式进行标识和记录的规定。在管理点宜根据应用环境用标识来标出各个端接点。内容包括管理方式、标识、色标、交叉连接等，这些内容的实施将给今后维护和管理带来很大的方便，有利于提高管理水平，提高工作效率。特别是规模大和复杂的综合布线系统，统一采用计算机进行管理，其效果将十分明显。

目前，市场上已有现成的管理软件可供选用。有的布线产品利用布线模块和跳线设置电子的接点和网络设备，并经过专用的软件实现管理。这对于较大的布线工程管理有一定的优势，但也应考虑到工程的整体造价。

综合布线的各种配线设备应采用色标区分干线电缆、配线电缆或设备端接点，同时，还用标记条表明端接区域、物理位置、编号、容量、规格等特点，以便维护人员在现场一目了然地识别。

管理系统又由交叉连接、直接连接配线的连接硬件等设备组成，以提供干线接线间、中间接线间、主设备间各个楼层配线架、总配线架上水平线缆与干线线缆之间通信、线路定位与移位的管理。系统中各楼层配线架 IDF 可根据不同的连接硬件分别安装在各干线接线间墙面防火板上，以及安装在 19 英寸墙面安装铁架或 19 英寸机柜中。总配线架 MDF 可安装在设备机房总配线间的墙面防火板或专用配线架上。

通过卡或插接式跳线，交叉连接允许将端接在配线架一端的通信线路与端接于另一端配线架上的线路相连。插入线为重新安排线路提供一种简易的方法，而且不需要安装跨接线时使用的专用工具。互连完成交叉连接，只需要使用带插头的跳线、插座和适配器。光缆交叉连接要求使用光缆的跳线——在两端都有 ST 接头的光缆跳线。管理示意图如图 1-7 所示。

主要设备：24 口配线架、S110 配线架、光纤配线架、跳线、机柜等。

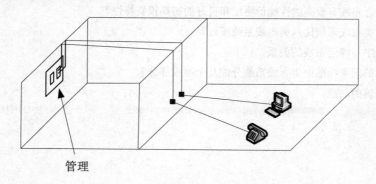

管理

图 1-7 管理示意图

交接间的数目应从所服务的楼层范围来考虑。如果配线电缆长度都在 90m 范围以内，如覆盖的信息插座为 200 个时，宜设置一个交接间，当超出这一范围时，可设两个或多个交接间并相应地在交接间内或紧邻处设置干线通道。

交接间的面积不应小于 $5m^2$，如采用墙挂机柜安装或信息点较少时也可减小面积，反之应适当增加面积。

在交接间应设置等电位的接地装置。

7. 进线间

进线间是建筑物外部通信与信息管线的入口部位，并可作为入口设施和建筑群配线设备的安装场地。旧的综合布线国家标准只将综合布线系统划分为 6 个子系统，而新国家标准GB20311 在系统设计内容中专门增加的，要求在建筑物前期系统设计中要有进线间，满足多家运营商业务需要，避免一家运营商自建进线间后独占该建筑物的宽带接入业务。进线间一般通过地埋管线进入建筑物内部，宜在土建阶段实施。

新规范对进线间是这样定义的：进线间是建筑物外部通信和信息管线的入口部位，并可作为入口设施和建筑群配线设备的安装场地。原先在进线部分没有明确定义，仅仅是在建筑群子系统作了简单说明。随着社会发展，拥有大规模的建筑群越来越多，因此建筑群之间的进线设施已经越来越不可忽视了。进线的铜缆要考虑线路浪涌保护装置、接地装置，室外线缆进入室内还需要考虑防火级别的变化等。

建筑群主干电缆和光缆、公用网和专用网电缆、光缆及天线馈线等室外缆线进入建筑物时，应在进线间转换成室内电缆、光缆，并在缆线的终端处可由多家电信业务经营者设置入口设施。入口设施中的配线设备应按引入的电缆、光缆容量配置。

电信业务经营者在进线间设置安装的入口设备应与 BD 或 CD 之间敷设相应的连接电缆或光缆，实现路由互通。线缆类型应与网络设备相一致。

在进线间线缆入口处的管孔数量应满足建筑物之间、外部接入业务及多家电信业务经营者缆线接入的需求，并应预留有 2～4 孔的余量。

习题一

1. 什么是综合布线？综合布线有哪些特点？
2. 为什么说综合布线有很高的性能价格比和良好的初期投资特性？
3. 为什么说七类布线系统比六类布线系统要好？
4. 简述智能楼宇与综合布线的关系。
5. 综合布线新的国家标准中将布线系统分成几个组成部分？
6. 简述智能建筑的功能。

第 2 章　综合布线系统使用的线缆

学习目标

本章对综合布线中常用的介质作了较为详尽的介绍，读者应掌握以下基本能力：

- 认识网络传输介质，能在具体的应用中正确选择
- 能将传输介质的性能参数运用于工程实际
- 在选择传输介质时，能说明选择理由
- 正确表述光纤的特性，并在不同应用选择合适的连接器
- 掌握关于无线的标准

在学习综合布线系统的设计和施工前，首先要了解综合布线系统中用到的各种传输介质。传输介质的物理特性直接决定了网络的传输性能极限，并一定程度上限定了网络连接的形式；第二个面临的问题是连接器，连接器的形状与工艺水平不仅影响到网络的连接形式，同时影响到网络的传输性能及网络的硬件兼容性。

目前，计算机通信分为有线通信和无线通信两种。有线通信是利用铜缆或光缆等有线介质来充当传输导体，通过连接器、配线设备及交换设备将计算机连接起来。无线通信是利用卫星、微波、红外线等无线技术，借助空气来进行信号的传输，通过相应的信号收发器将计算机连接起来。

有线通信中的线缆主要有两大类：铜缆、光纤。铜缆主要有两种形式：一种是同轴式电缆；另一种是双绞线式电缆，也包括大对数电缆。光纤依据其光信号在光纤中的传播模式来分，可分为单模光纤和多模光纤。

本章主要介绍双绞线，大对数，光缆的品种、性能、标准与安装规程。

2.1　网络传输介质的选择

当为计算机网络选择最佳介质时，充分考虑各种类型的介质的能力和局限性是很重要的，其包含的因素如下：

- 数据传输速度。
- 在某网络拓扑结构中的使用。
- 距离要求。
- 电缆和电缆组件的成本。
- 要求的其他网络设备。
- 安装的灵活性和方便性。
- 可防止外界干扰。
- 升级选择。

● 在具体实施时，应注意传输频率与传输速率的区别。

传输频率和传输速率是在综合布线系统设计中接触最多的两个基本概念。线缆的频带带宽（MHz）和线缆上传输的数据速率（Mb/s）是两个截然不同的概念。MHz 表示的是单位时间内线路中的信号振荡的次数，是一个表征频率的物理量，而 Mb/s 表示的是单位时间内线路中传输的二进制位的数量，是一个表征速率的物理量。

传输频率表示传输介质提供的信息传输的基本带宽，带宽取决于所用导线的质量、每一根导线的精确长度及传输技术。传输频率表征了器件或介质对信息进行传输的带宽，衡量器件或介质传输性能时，可以采用带宽。在这种情况下，传输性能的指标包括衰减和近端串音，整体链路性能的指标则用衰减/串音比 ACR 来衡量。带宽越宽传输越流畅，允许传输速率越高。网络系统中的编码方式建立了 MHz 和 Mb/s 之间的联系，某些特殊的网络编码方案能够在有限的频率带宽度上高速地传输数据。一般情况下，人们关心特定传输介质在满足系统传输性能下的最高传输速率。表 2-1 直观地体现了二者的区别。

表 2-1   传输频率与传输速率

	三类	四类	五/超五类	六类	七类
传输频率 MHz	16	20	100	250	600
传输速率 Mb/s	10	16	155	1000	10000

2.2   双绞线

双绞线是局域网布线中最常用到的一种传输介质，尤其在星型网络拓扑结构中，双绞线是必不可少的布线材料，已经成为网络中最常用的传输介质。

双绞线既可以传输模拟信号，又能传输数字信号。用双绞线传输数字信号时，其数据传输率与电缆的长度有关。距离短时，数据传输率可以高一些。

2.2.1   概述

双绞线（Twisted Pairwire，TP）是综合布线工程中最常用的一种传输介质，由两根具有绝缘保护层的铜导线组成。把两根绝缘的铜导线按一定密度互相绞在一起，可降低信号干扰的程度，每一根导线在传输中辐射的电波会被另一根导线上发出的电波抵消。双绞线一般由两根美国线规（AWG）22～26 号绝缘铜导线相互缠绕而成。如果把一对或多对双绞线放在一个绝缘套管中便成了双绞线电缆。在双绞线电缆（也称双扭线电缆）内，不同线对具有不同的扭绞长度，一般地说，扭绞长度在 13～14mm 内，按逆时针方向扭绞，相临线对的扭绞长度在 12.7cm 以上。与其他传输介质相比，双绞线在传输距离、信道宽度和数据传输速度等方面均受到一定限制，但价格较为低廉。目前，双绞线可分为非屏蔽双绞线（Unscreened Twisted Pair，UTP）和屏蔽双绞线（Screened Twisted Pair，STP）。

虽然双绞线主要是用来传输模拟声音信息的，但同样适用于数字信号的传输，特别适用于较短距离的信息传输。在传输期间，信号的衰减比较大，并且产生波形畸变。采用双绞线的局域网的带宽取决于所用导线的质量、长度及传输技术。只要精心选择和安装双绞线，就可以在有限距离内达到每秒几百万位的可靠传输率。当距离很短，并且采用特殊的电子传输技术时，五类/超五类双绞线的传输率可达 100～155Mb/s。由于利用双绞线传输信息时要向周围辐射，信息很容易被窃听，因此要花费额外的代价加以屏蔽。屏蔽双绞线电缆的外层由铝箔包裹，以减小辐射，但并不能完全消除辐射。

屏蔽双绞线在线径上要明显粗过非屏蔽双绞线，而且由于它具有较好的屏蔽性能，所以也具有较好的电气性能。但由于屏蔽双绞线的价格较非屏蔽双绞线贵，且非屏蔽双绞线的性能对于普通的企业局域网来说影响不大，甚至说很难察觉，所以在企业局域网组建中所采用的通常是非屏蔽双绞线。不过七类双绞线除外，因为它要实现全双工 10Gb/s 速率传输，以只能采用屏蔽双绞线，而没有非屏蔽的七类双绞线。六类双绞线通常也建议采用屏蔽双绞线。

所有的双绞线电缆根据其是否屏蔽可以分为两类：屏蔽双绞线电缆（STP）、非屏蔽双绞线电缆（UTP）。常用线缆分类如图 2-1 所示。

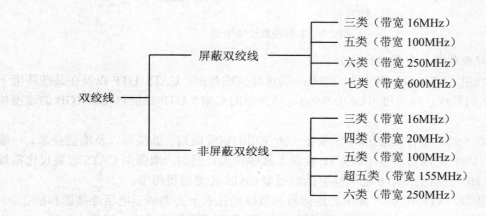

图 2-1　综合布线工程常用的双绞线种类

1．屏蔽双绞线

屏蔽双绞线（STP）电缆中的缠绕电线对被一种金属制成的屏蔽层包围，而且每个线对中的电线也是相互绝缘的。一些屏蔽双绞线电缆使用网状金属屏蔽层，该屏蔽层能将噪声转变成直流电。屏蔽层上的噪声电流与双绞线上的噪声电流相反，因而两者可以相抵消。影响屏蔽双绞线屏蔽作用的因素包括：环境噪声的级别和类型、屏蔽层的厚度和所使用的材料、接地方法以及屏蔽的对称性和一致性。

屏蔽双绞线缆的结构如图 2-2 所示。

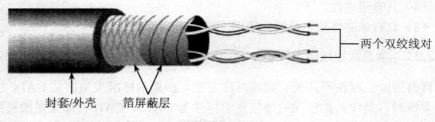

图 2-2　双绞线结构

2. 非屏蔽双绞线

非屏蔽双绞线（UTP）电缆包括一对或多对由塑料封套包裹的绝缘电线对。非屏蔽双绞线没有用来屏蔽双绞线的额外屏蔽层。因此，非屏蔽双绞线比屏蔽双绞线便宜，但其抗噪性也相对较低。IEEE 已将非屏蔽双绞线电缆命名为 X Base T，其中 X 代表最大数据传输速度为 XMb/s，Base 代表采用基带传输方法传输信号，T 代表 UTP。

非屏蔽双绞的结构如图 2-3 所示。

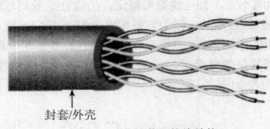

封套/外壳

图 2-3　非屏蔽双绞线结构

3. 屏蔽双绞线与非屏蔽双绞线的比较

（1）吞吐量。STP 和 UTP 能以 10Mb/s 的速度传输数据，CAT5 UTP 以及在某些环境下的 CAT3 UTP 的数据传输速度可达 100Mb/s。高质量的 CAT5 UTP 也能以每秒 1GB 的速度传输数据。

（2）成本。STP 和 UTP 的成本区别在于所使用的铜线级别、缠绕率以及增强技术。一般来说，STP 比 UTP 更昂贵，但高级 UTP 也是非常昂贵的。例如，增强型 CAT5 每英尺比常规 CAT5 多花费 20%，新的 CAT6 电缆甚至比增强型 CAT5 还要昂贵得多。

（3）连接器。STP 和 UTP 使用的连接器和数据插孔看上去类似于电话连接器和插孔。

（4）抗噪性。STP 具有屏蔽层，因而它比 UTP 具有更好的抗噪性。但是，在另一方面，UTP 可以使用过滤和平衡技术抵消噪声的影响。

（5）尺寸和可扩展性。STP 和 UTP 的最大网段长度都是 100m，即 328 英尺。它们的跨距小于同轴电缆所提供的跨距，这是因为双绞线更易受环境噪声的影响。双绞线的每个逻辑段最多仅能容纳 1024 个结点，整个网络的最大长度与所使用的网络传输方法有关。

另外，非屏蔽双绞线电缆具有以下优点：

（1）无屏蔽外套，直径小，节省所占用的空间。

（2）重量轻、易弯曲、易安装。

（3）将串扰减至最小或加以消除。

（4）具有阻燃性。

（5）具有独立性和灵活性，适用于结构化综合布线。

2.2.2　常见双绞线的型号

目前国际上存在不同的双绞线标注方法，如果是标准类型则按 CATx 方式标注，如常用的五类线和六类线，则在线的外包皮上标注为 CAT5、CAT6。如果是改进版，就按 xe 方式标注，如超五类线就标注为 5e（字母是小写，而不是大写），也有采用国际标准 ISO 11801 进行标注。

下面是对标准中规定的各双绞线类型的一些简单说明。计算机网络综合布线使用第三、四、五类、六类和七类。

（1）一类双绞线。一类线是 ANSI/EIA/TIA-568A 标准中最原始的非屏蔽双绞铜线电缆，但它开发之初的目的不是用于计算机网络数据通信，而是用于电话语音通信。

（2）二类双绞线。二类线是 ANSI/EIA/TIA-568A 和 ISO 2 类/A 级标准中第一个可用于计算机网络数据传输的非屏蔽双绞线电缆，传输频率为 1MHz，传输速率达 4Mb/s。二类线主要用于旧的令牌网。

（3）三类双绞线。三类线是 ANSI/EIA/TIA-568A 和 ISO 3 类/B 级标准中专用于 10Base-T 以太网络的非屏蔽双绞线电缆，传输频率为 16 MHz，传输速度可达 10Mb/s。三类线主要应用于语音和最高传输速率为 10Mb/s 的 10Base-T 以太网中，最大网段长度为 100m，连接器采用 RJ 形式。

（4）四类双绞线。四类线是 ANSI/EIA/TIA-568A 和 ISO 4 类/C 级标准中用于令牌环网络的非屏蔽双绞线电缆，传输频率为 20MHz，传输速度达 16Mb/s。四类线主要用于基于令牌的局域网和 10Base-T/100Base-T，最大网段长度也是 100m，连接器采用 RJ 形式。

（5）五类双绞线。五类线是 ANSI/EIA/TIA-568A 和 ISO 5 类/D 级标准中用于运行 CDDI（CDDI 是基于双绞铜线的 FDDI 网络）和快速以太网的非屏蔽双绞线电缆。由于五类双绞线增加了绕线密度，使用了特殊的绝缘材料，使其最高传输频率达到 100MHz，最高传输速率达 100Mb/s，既可用于语音，也可用于 100 Base-T 以太网的数据传输。其最大网段长度也是 100m，连接器采用 RJ 形式。

双绞线分为屏蔽双绞线与非屏蔽双绞线两大类。在这两大类中又分 100Ω电缆、双体电缆、大对数电缆、150Ω屏蔽电缆。具体型号有多种，图 2-4 为五类线的横截面。

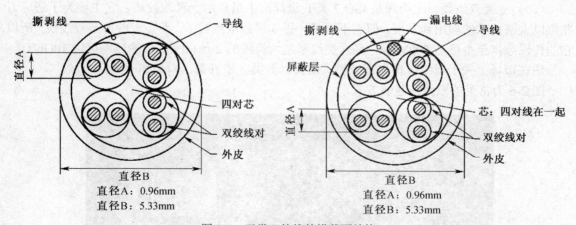

图 2-4　五类双绞线的横截面结构

（6）超五类双绞线。超五类线是 ANSI/EIA/TIA-568B.1 和 ISO 5 类/D 级标准中用于运行快速以太网的非屏蔽双绞线电缆，传输频率也为 100MHz，传输速度也可达到 100Mb/s。与五类线缆相比，超五类是增强型的五类双绞线，由于材料技术的提高，超五类双绞线在近端串扰、串扰总和、衰减和信噪比 4 个主要指标上都有较大的改进，故可以提供更坚实的网络基础，满足大多数应用的需求，给网络安装和测试带来了便利，成为目前国内网络应用中较好的解决方案。虽然原标准规定超五类的传输特性与普通五类的相同，但现在许多厂家的产品都已远远超出标准的要求，最高的传输频率可达 200MHz，在四对线都工作于全双工通信时，最高传输速率可达近 1000Mb/s。其最大网段长度也是 100m，连接器采用 RJ 形式。

（7）六类双绞线。六类线是 ANSI/EIA/TIA-568B.2 和 ISO 6 类/E 级标准中规定的一种非屏蔽双绞线电缆，它也主要应用于百兆位快速以太网和千兆位以太网中。因为它的传输频率可达 200～250MHz，是超五类线带宽的 2 倍，最大速度可达到 1000Mb/s，能满足千兆位以太网需求。其最大网段长度也是 100m，连接器采用 RJ 形式。六类线结构如图 2-5 所示。

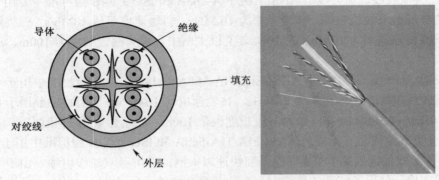

图 2-5   六类双绞线的结构

（8）超六类双绞线。超六类线是六类线的改进版，同样是 ANSI/EIA/TIA-568B.2 和 ISO 6 类/E 级标准中规定的一种非屏蔽双绞线电缆，主要应用于千兆位网络中。在传输频率方面与六类线一样，也是 200～250MHz，最大传输速度也可达到 1000Mb/s，只是在串扰、衰减和信噪比等方面有较大改善。

（9）七类双绞线。七类线是 ISO 7 类/F 级标准中最新的一种双绞线，它主要为了适应万兆位以太网技术的应用和发展。但它不再是一种非屏蔽双绞线了，而是一种屏蔽双绞线，所以它的传输频率至少可达 500MHz，是六类线和超六类线的 2 倍以上，传输速率可达 10Gb/s。

现在市场上关于双绞线种类有三类、四类、五类、超五类、六类和七类。

图 2-6 为常见的双绞线包装方式。

图 2-6   常见的双绞线包装方式

按我国《综合布线系统工程设计规范》GB50311-2007，铜缆布线系统的分级与类别如表 2-2 所示。

表 2-2　铜缆布线系统的分级与类别

系统分级	支持带宽（Hz）	支持应用器件	
		电缆	连接器件
A	100K	—	—
B	1M	—	—
C	16M	3 类	3 类
D	100M	5/5e 类	5/5e 类
E	250M	6 类	6 类
F	600M	7 类	7 类

2.2.3　双绞线有关的技术名词

对于双绞线，用户最关心的是表征其性能的几个指标，包括衰减、近端串扰、衰减串音比、阻抗特性、分布电容、直流电阻等。这里介绍与传输介质有关的技术名词，及综合布线中与介质相关的性能参数。

1. 接线图（Wiremap）

导通性主要包括线序是否正确，是否存在断路或短路、阻抗。

2. 长度（Length）

线缆的物理路径长度与电子长度是两个完全不同的概念，这里的长度是指电子长度。常见的标准中规定的长度参数一般都是指信号传输时所经过的距离，即电子长度。

3. 衰减（Attenuation）

电信号在介质上传输时，一定会有能量损耗，这就意味着在接收端接收到的信号能量一定会比发送端发送的信号能量小。如果信号经过损耗，其能量与干扰信号相当，则接收端就无法分辨原先所传送的信号。

衰减是沿链路的信号损失度量。衰减与线缆的长度有关系，随着长度的增加，信号衰减也随之增加。衰减用"dB"作单位，表示源传送端信号到接收端信号强度的比率。由于衰减随频率而变化，因此，应测量在应用范围内的全部频率上的衰减。

4. 近端串音（Near End Cross-talk，NEXT）

当电信号在线缆及连接器上传送时，会在导体周围产生一个电磁场。这个电磁场辐射到相邻线对上，就会对其信号传输造成不良干扰。

串扰分近端串扰和远端串扰（FEXT），近端串扰表征了这种干扰对同在近端的传送线对与接收线对所造成的影响。测试仪主要是测量 NEXT，由于存在线路损耗，因此 FEXT 的量值的影响较小。近端串扰（NEXT）损耗是测量一条 UTP 链路中从一对线到另一对线的信号耦合。对于 UTP 链路，NEXT 是一个关键的性能指标，也是最难精确测量的一个指标。随着信号频率的增加，其测量难度将加大。

NEXT 并不表示在近端点所产生的串扰值，它只是表示在近端点所测量到的串扰值。这个量值会随电缆长度不同而变化，电缆越长，其值变得越小。同时发送端的信号也会衰减，对其他线对的串扰也相对变小。实验证明，只有在 40m 内测量得到的 NEXT 是较真实的。如果另一端是远于 40m 的信息插座，那么它会产生一定程度的串扰，但测试仪可能无法测量到这个串扰值。因此，最好在两个端点都进行 NEXT 测量。现在的测试仪都配有相应设备，使得在链路一端就能测量出两端的 NEXT 值。NEXT 测试的结果参照表 2-3 和表 2-4。

表 2-3 信道衰减极限

频率（MHz）	最大衰减（dB）					
	A 级	B 级	C 级	D 级	E 级	F 级
0.1	16.0	5.5	—	—	—	—
1	—	5.8	4.2	4.0	4.0	4.0
16	—	—	14.4	9.1	8.3	8.1
100	—	—	—	24.0	21.7	20.8
250	—	—	—	—	35.9	33.8
600	—	—	—	—	—	54.6

表 2-4 信道 NEXT 衰减极限

频率（MHz）	最大衰减（dB）					
	A 级	B 级	C 级	D 级	E 级	F 级
0.1	27.0	40.0	—	—	—	—
1	—	25.0	39.1	60.0	65.0	65.0
16	—	—	19.4	43.6	53.2	65.0
100	—	—	—	30.1	39.9	62.9
250	—	—	—	—	33.1	56.9
600	—	—	—	—	—	21.2

5. 综合近端串扰（Power Sum Cross-talk，PSNEXT）

综合近端串扰表明 4 对线缆中 3 对线缆传输信号时对另一对在近端所造成的影响。

6. 平衡等级远端串扰（Equal Level Far End Cross-talk，ELFEXT）

平衡等级远端串扰是传送端的干扰信号对相邻线对在远端所造成的影响，平衡等级远端串扰对进行同步双向传输的应用极为重要。

7. 综合平衡等级远端串扰（Power Sum ELFEXT，PSELFEXT）

综合平衡等级远端串扰表明 3 对线缆处于通信状态时，对另一对线缆在远端所造成的干扰。

8. 衰减串扰比（Attenuation to Cross-talk Ratio，ACR）

衰减串扰比是在某一频率上测得的串扰与衰减的比值。这个比值是表征衰减与串扰关系的一个重要参数，它由最差的衰减量与 NEXT 量值的差值计算。对于一个两对线的应用来说，ACR 是体现整个系统信号与串扰比的唯一参数，因此 ACR 是体现系统性能余量的重要参数。如果 ACR 为负值，则说明噪音的强度高于所传送的信号强度。ACR 有时也以信噪比（Signal-Noise Ratio，SNR）表示，ACR 值较大，表示抗干扰的能力更强，一般系统要求其至少大于 10dB。

9. 综合衰减串扰比（Power Sum Attenuation to Cross-talk Ratio，PSACR）

综合衰减串扰比反映了 3 对线同时进行信号传输时对另一对线所造成的综合影响。它主要用于保证布线系统的高速数据传输，即多线对传输协议。

10. 回波损耗（Return Loss）

电信号在遇到端接点阻抗不匹配的情况时，部分能量会反射回传送端。回波损耗表征了因阻抗不匹配反射回来的能量大小，回波损耗对全双工传输的应用非常重要。

11. 传输时延差（Delay Skew）

传输时延差是不同线对的传输时延的差值，以传输时延的最小值为基准点，其余线对的时延与之的差值即为传输时延差。

12. 信道（Channel Link）

信道是通信系统中必不可少的组成部分，它是从发送输出端到接收输入端之间传送信息的通道。

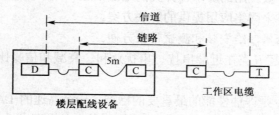

注：D 为设备，T 为终端。

图 2-7　信道与链路

以狭义来定义，它是指信号的传输通道，即传输介质，不包括两端的设备。综合布线系统中的有线信道和链路如图 2-7 所示，可看出信道不包括两端设备。

上述名词解释中关于"综合"一词的含义如图 2-8 所示。

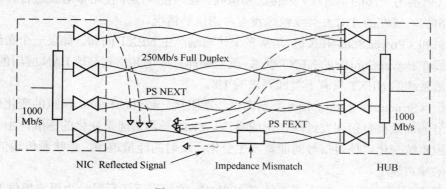

图 2-8　"综合"的含义

2.2.4　超五类布线系统

虽然双绞线的类型到目前为止已有七大类了，但在实际的企业局域网组建中，目前主要应用的还是中间的两大类，即五类和六类。七类线在一些大型企业网络中，为了支持 10 Gb/s 万兆位网络才采用，该网络构建成本非常贵，一般企业在目前来说是不可能采用的。

在五类和六类中又可细分为五类、超五类、六类、超六类（有的称为"增强型六类"）4种。虽然是在性能指标上这4个小类各有不同，但总地来说，这4个小类的双绞线都差不多，而且在局域网组建中基本上都是采用非屏蔽类型。

超五类双绞线国际标准于1999年正式发布。与五类双绞线一样，它也有屏蔽双绞线（STP）与非屏蔽双绞线（UTP）两类，但在企业局域网组建中，基本都是采用廉价的非屏蔽双绞线布线系统。

超五类布线系统通常是一个非屏蔽双绞线（UTP）布线系统，通过对其"链路"和"信道"性能的测试表明，它超过 TIA/EIA568 的五类线要求。与普通的五类 UTP 比较，其衰减更小，串扰更少，同时具有更高的衰减与串扰的比值（ACR）和信噪比（SRL）、更小的时延误差，性能得到了提高。它具有四大优点：

（1）提供了坚实的网络基础，可以方便转移、更新网络技术。

（2）能够满足大多数应用的要求，并且满足低偏差和低串扰总和的要求。

（3）被认为是为将来网络应用提供的解决方案。

（4）充足的性能余量，给安装和测试带来方便。

与五类线缆相比，超五类在近端串扰、串扰总和、衰减和信噪比四个主要指标上都有较大的改进。

近端串扰（NEXT）是评估性能的最重要的标准。一个高速的 LAN 在传送和接收数据时是同步的。NEXT 是当传送与接收同时进行时所产生的干扰信号。NEXT 的单位是 dB，它表示传送信号与串扰信号之间的比值。

在普通应用中，衡量 NEXT 的标准方法是用一对线进行传送，另一对线用于接收，如 10Base-T 和 Token Ring，甚至 100Base-T 和 155Mb/s ATM。但是，有时候也可以使用另外两对线，并接到另一工作站，这样可以加快 LAN 的速度，如 622Mb/s ATM 和 1000Base-T，不只用一对（可能用全部的4对线）来传送和接收。在一根线缆中使用多对线进行传送会增加这根线缆的串扰。现在的4对五类双绞线没有考虑这种情况。

串扰总和（Power Sum NEXT）是从多个传输端产生 NEXT 的和。如果一个布线系统能够满足五类线在 Power Sum 下的 NEXT 要求，就能处理从应用共享到高速 LAN 应用的任何问题。超五类布线系统的 NEXT 只有五类线要求的 1/8。

信噪比（Structural Return Loss）是衡量线缆阻抗一致性的标准，阻抗的变化引起反射。一部分信号的能量被反射到发送端，形成噪声。SRL 是测量能量变化的标准，由于线缆结构变化而导致阻抗变化，使得信号的能量发生变化。反射的能量越少，意味着传输信号越完整，在线缆上的噪声越小。

比起普通五类双绞线，超五类系统在 100MHz 的频率下运行时，为用户提供 8dB 近端串扰的余量，用户的设备受到的干扰只有普通五类线系统的 1/4，使系统具有更强的独立性和可靠性。

超五类布线系统性能大大超过五类 UTP 的性能要求，五类 UTP 系统传输速率为 100MHz，而超五类布线系统传输速率可达 350MHz。

1．超五类系统的主要性能与测试

超五类布线系统的主要性能指标如下（100m 长度、100MHz 时）：

频率范围：100MHz

电缆插入损耗：22.0dB

连接器插入损耗：0.4dB

线对间的近端串扰：35.3dB

线对间的综合近端串扰：32.3dB

连接器线对间的近端串扰：40.3dB

连接器线对间的综合近端串扰：40.0dB

信道的近端串扰：30.1dB

信道的综合近端串扰：27.1dB

衰减串扰比：6.1dB

综合衰减串扰比：3.1dB

电缆的远端串扰：23.8dB

电缆的综合远端串扰：20.8dB

连接器的远端串扰：35.1dB

连接器的综合远端串扰：32.1dB

信道的远端串扰：17.4dB

信道的综合远端串扰：14.4dB

电缆回波损耗：20.1dB

连接器回波损耗：20.0dB

信道回波损耗：10.0dB

缆线最大延时：538ns

连接器最大延时：2.5ns

信道最大延时：548ns

缆线最大延时差：45ns

连接器最大延时差：1.25ns

信道最大延时差：50ns

2．超五类双绞线的应用

超五类双绞线一般用于星型网络的布线，每条双绞线通过两端安装的 **RJ-45 连接器**（又称水晶头）与网卡和集线器或交换机相连，最大网线长度为 100m，如果要加大网络的范围，可在两段双绞线电缆间安装中继器。中继器可以通过共享式集线器或交换机实现，但在实际应用中注意一条链路最多可安装 4 个中继器进行级联，使网络的最大范围达到 500m。

RJ-45 接头中的 8 个 **PIN** 分布如图 2-9 所示。其中 1 脚为发送的正极 **TX+**，2 脚为发送的负极 **TX-**，3 脚为接收的正极 **RX+**，6 脚为接收的负极 **RX-**。

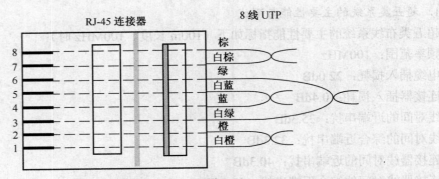

图 2-9   RJ-45 引脚步分布

2.2.5   六类布线系统

在过去 10 年中，满足高带宽应用需要的布线技术发生了巨大的变化，布线系统支持的带宽已从最初的 10MHz 发展到今天的 250MHz。六类技术采用与以往超五类之前完全不同的线缆结构，可支持高达 250MHz 的网络传输带宽。尽管布线厂商采用不同的制造工艺和布线结构，但是殊途同归，最后必须满足六类标准规定的 250MHz 带宽要求。

2002 年 6 月，TIA/EIA 组织最终核准了六类布线标准，这是对电信业及智能建筑业的巨大贡献。六类标准的推出将最终促使所有厂商的布线产品实现标准化，而网络设备制造商也将保证它们的设备在六类布线上高速运行。

六类布线系统的性能等级定义为 200MHz，是五类系统带宽的 2 倍。因此，五类涉及的一些性能参数同样也定义于六类系统，如近端串扰、衰减等，只不过六类的带宽更大，它表明六类的数据传输通道比五类宽一倍，就好比马路被拓宽了一倍的道理一样。

当系统传输带宽从 100MHz 扩展到 200MHz。任何微小的性能不匹配都可能对整个系统性能产生很大影响，例如跳线。也许，某一元器件的性能作了提升，但整个系统的性能却并未提升。因此，将系统中的所有器件作为一个有机的整体来设计整个系统是非常重要的。这就是布线设计中的"端到端设计理念（End to End）"。

端到端的设计方式将确保整个系统发挥最高性能。因为其设计是从信源端到信宿端，所以系统的性能衡量应该是从信息的发出端到信息的接收端，而不是网络的各个链路段和设备。

1. 六类系统与五类系统的主要区别

尽管六类线缆被认为是一种标准的 4 对线缆，但是，它与五类或超五类线缆完全不同。六类线缆一般由稍粗一些的线缆构成，具体情况视各布线厂商的六类技术而定。由于采用较粗的线缆规格，六类线缆能够支持更高的网络传输带宽。此外，与五类或超五类线缆不同，六类线缆通常在线缆护套中包含隔离构件，这种构件用来隔离不同的线缆对。通过将同一条线缆中的线缆对相互隔离，减少了串音干扰，并提高了传输质量。因此，六类线缆的总直径略粗一些，线缆体一般也更硬。

除了六类线缆本身的物理差异之外，六类连接硬件的差异也必须予以考虑。由于线缆中采用更粗的导线，因此，六类连接硬件（插座、面板等）一般使用更粗规格的端接针。与五类或超五类连接硬件不同，这些端接针常常是偏置排列（offset）而非平行（inline）排列，因此，选择六类布线产品时，一定要同时关注六类连接硬件和六类线缆两方面的因素。

TIA/EIA 规定的六类系统的标准与五类系统有较大的差别，主要有以下几个方面：

（1）结构变化。新的 568-B 标准从结构上分为三部分：568-B1 综合布线系统总体要求、568-B2 平衡双绞线布线组件和 568-B3 光纤布线组件。

568-B1 综合布线系统总体要求：在新标准中，包含电信布线系统设计原理、安装准则与现场测试相关的内容。

568-B2 平衡双绞线布线组件：在新标准中，包含组件规范、传输性能、系统模型和用于验证电信布线系统的测量程序相关内容。

568-B3 光纤布线组件：在新标准中，包含与光纤电信布线系统的组件规范和传输相关要求的内容。

（2）关键新项目。568-B 标准除了结构上的变化外，还增加了一些关键新项目。

新术语：术语"衰减"改为"插入损耗"，用于表示链路与信道上的信号损失量，电信间 TC 改为 TR。

介质类型：在水平电缆方面，为 4 对 100Ω三类 UTP 或 SCTP；4 对 100Ω超五类 UTP 或 SCTP；4 对 100Ω六类 UTP 或 SCTP；2 条或多条 62.5/125μm 或 50/125μm 多模光纤。在主干电缆方面，为 100 Ω双绞线，三类或更高；62.5/125μm 或 50/125μm 多模光纤；单模光纤。568B 标准不认可 4 对四类和五类电缆。150 Ω屏蔽双绞线是认可的介质类型，然而，不建议在安装新设备时使用。混合与多股电缆允许用于水平布线，但每条电缆都必须符合相应等级要求，并符合混合与多股电缆的特殊要求。

接插线、设备线与跳线：对于 24AWG（0.51mm）多股导线组成的 UTP 跳接线与设备线的额定衰减率为 20%，采用 26AWG（0.4mm）导线的 SCTP 缆线的衰减率为 50%。多股线缆由于具有更大的柔韧，建议用于跳接线装置。

距离变化：现在，对于 UTP 跳接线与设备线，水平永久链路的两端最长为 5m（16 英尺），以达到 100m（328 英尺）的总信道距离。对于二级干线，中间跳接到水平跳接（IC 到 HC）的距离减为 300m（984 英尺）。从主跳接到水平跳接（MC 到 HC）的干线总距离仍遵循 568-A 标准的规定。中间跳接中与其他干线布线类型相连的设备线和跳接线不应超过 20m（66 英尺）改为不得超过 20m（66 英尺）。

安装规则：4 对 SCTP 电缆在非重压条件下的弯曲半径规定为电缆直径的 8 倍。2 股或 4 股光纤的弯曲半径在非重压条件下是 25mm，在拉伸过程中为 50mm。电缆生产商应确定光纤主干线的弯曲半径要求。如果无法从生产商获得弯曲半径信息，则建筑物内部电缆在非重压条件下的弯曲半径是电缆直径的 10 倍，在重压条件下是 15 倍。2 芯或 4 芯光纤的牵拉力是 222N（501bf）。超五类双绞线开绞距离距端接点应保持在 13mm 以内，三类双绞线应保持在 75mm 以内。

（3）永久链路替代基本链路。水平布线永久链路测试连接方式和测试指标要求永久链路方式供安装人员和数据电信用户用来认证永久安装电缆的性能，今后将替代基本链路方式。永久链路信道由 90m 水平电缆和一个接头，必要时再加一个可选转接/汇接头组成。永久链路配置不包括现场测试仪插接软线和插头。

超五类及六类双绞线除了测试接线图、线缆链路长度、特性阻抗、直流环路电阻、衰减、近端串扰损耗外，还在各项测试参数上有一定区别。

（4）测试参数的变化。超五类及六类双绞线除了测试导通性（Wiremap）、线缆链路长度、特性阻抗、直流环路电阻、衰减、近端串扰、插入损耗外，各项测试参数的限定值上也有所变化。

六类布线系统测量中新增加的两个参数为传播时延、传播时延差。

传播时延是传播信号延长时间。在确定通道和基本链路传播时延时，连接硬件的传播时延在 1MHz 至 250MHz 的范围内不超过 2.5ns。所有各类通道配置的最大传播时延不超过 10MHz 下的 555ns。所有各类基本链路配置的最大传播时延不超过 100MHz 下的 518ns 和 250MHz 下的 498ns。

延时偏移是最快线对与最慢线对发送信号延时差的尺度。对于安装每米的配备接线来说，延时偏移不超过 1.25ns。对于所有各类通路配置的最大延时倾斜不大于 50ns。所有各类链路配置的最大延时偏移不超过 45ns。

（5）推动高速应用。为保证网络的高效运行以及对未来高速网络的支持，目前至少要选择超五类电缆系统。而对于更高要求，特别是考虑长远的投资时，建议选择六类布线系统。它使高速数据的传输变得简单，用户可以利用更廉价的 1000Base-TX 设备。其传输性能远远高于超五类标准，适用于传输速率等于或高于 1Gb/s 的应用，打开了通往未来高速应用发展的大门。六类布线不仅提供了新的网络应用平台，还大大提升了数字话音和视频应用到桌面的服务质量。六类标准的出台，极大推动了电信工业的发展。

2. 六类产品

目前的六类产品主要有：六类双绞线、六类 RJ-45 连接器、六类布线架、六类信息插座等，如图 2-10 所示。

图 2-10　六类布线产品

3. 六类系统的安装注意事项

六类布线系统在传输速率上可提供高于超五类 2.5 倍的高速带宽，在 100MHz 时高于超五类 300%的 ACR 值。在施工安装方面，六类比超五类难度也要大很多。

六类布线系统的施工人员必须按照国际标准要求的规范去执行。因为越是高级的铜缆，对外界的异常就越敏感。随着传输速率的上升,安装施工的正确与否对系统性能的影响就越大。不合理的管线设计、不规范的安装步骤、不到位的管理体制,都会对六类布线的测试结果(包括物理性能和电气性能)带来影响,而且有些会成为难以修复的故障,甚至只能重新敷设一条链路来代替。

六类布线系统施工时应该注意以下六大方面:

(1)由于六类线缆的外径要比一般的五类线粗,为了避免线缆的缠绕(特别是在弯头处),在管线设计时一定要注意管径的填充度,一般内径 20mm 的线管以放 2 根六类线为宜。

(2)桥架设计合理,保证合适的线缆弯曲半径。上下左右绕过其他线槽时,转弯坡度要平缓,重点注意两端线缆下垂受力后是否还能在不压损线缆的前提下盖上盖板。

(3)放线过程中主要是注意对拉力的控制,对于带卷轴包装的线缆,建议两头至少各安排一名工人,把卷轴套在自制的拉线杆上,放线端的工人先从卷轴箱内预拉出一部分线缆,供合作者在管线另一端抽取,预拉出的线不能过多,避免多根线在场地上缠结环绕。

(4)拉线工序结束后,两端留出的冗余线缆要整理和保护好,盘线时要顺着原来的旋转方向,线圈直径不要太小,有可能的话用废线头固定在桥架、吊顶上或纸箱内,做好标注,提醒其他人员勿动勿踩。

(5)在整理、绑扎、安置线缆时,冗余线缆不要太长,不要让线缆叠加受力,线圈顺势盘整,固定扎绳不要勒得过紧。

(6)在整个施工期间,工艺流程及时通报,各工种负责人做好沟通,发现问题马上通知甲方,在其他后续工种开始前及时完成本工种任务。

2.2.6　七类布线系统

飞速发展的网络应用对带宽的需求不断增加。六类布线系统凭借其 250MHz 的带宽满足了目前大多数的商业应用。然而,随着技术的不断进步,250MHz 带宽要充分地满足人们的需求只是一个时间的问题。

早在 1997 年布线标准化机构和制造商就已经提出了七类铜缆布线系统的构想,其中康宁公司在 1997 年发布了 600MHz 的七类布线。它能提供至少 500MHz 的综合衰减对串扰比和600MHz 的整体带宽,其连接头要求在 600MHz 时所有的线对提供至少 60dB 的综合近端串绕。而超五类系统只要求在 100MHz 提供 43dB,六类在 250MHz 的数值为 46dB。而且,由于其绝佳的屏蔽设计和高带宽,一个典型的七类信道甚至可以同时提供一对线 862MHz 的带宽用于传输有线电视信号,在另外一个线对传输模拟音频信号,然后在第三、四线对传输高速局域网信息。这种应用在目前是无法想象的,但不久将由七类布线系统实现,目前的七类布线系统已经领先业界达到 1200MHz 的带宽。

七类标准是一套在 100Ω 双绞线上支持最高 600MHz 带宽传输的布线标准。1997 年 9 月,ISO/IEC 确定七类布线标准的研发。与四类、五类,超五类和六类相比,七类具有更高的传输带宽(至少 600MHz)。从七类标准开始,布线历史上出现和"RJ 型"和"非 RJ"型接口的划分。由于"RJ 型"接口目前达不到 600MHz 的传输带宽,七类标准还没有最终论断,目前国际上正在积极研讨七类标准草案。但是在 1999 年 7 月,ISO/IEC 接受了西蒙 TERA 为非 RJ类接口标准,并于 2002 年 7 月最终确定西蒙的 TERA 为七类非 RJ 接口。

在 FCC(美国联邦通信委员会标准和规章)中 RJ(Registered Jack)是描述公用电信网络

的接口，常用的有 RJ-11 和 RJ-45，计算机网络的 RJ-45 是标准 8 位模块化接口的俗称。在以往的四类、五类、超五类，包括刚刚出台的六类布线中，采用的都是 RJ 型接口。

"非-RJ 型"七类布线技术完全打破了传统的 8 芯模块化 RJ 型接口设计，从 RJ 型接口的限制脱离出来，不仅使七类的传输带宽达到 1.2GHz，还开创了全新的 1、2、4 对的模块化形式。这是一种新型的满足线对和线对隔离、紧凑、高可靠、安装便捷的接口形式。

七类布线系统的竞争优势主要体现在以下几个方面：

（1）至少 600MHz 的传输速率。正在制定中的"非-RJ 型"七类标准，不仅要求七类部件的链路和信道标准将提供过去双绞布线系统不可比拟的传输速率（逼近光纤传输速率，目前标准要求七类的传输带宽高达 600MHz），而且要求使用"全屏蔽"的电缆，即每线对都单独屏蔽而且总体也屏蔽的双绞电缆，以保证最好的屏蔽效果。此七类系统的强大噪声免疫力和极低的对外辐射性能使得高速局域网（LAN）不需要更昂贵的电子设备来进行复杂的编码和信号处理。

"全屏蔽"的七类电缆在外径上比六类电缆大得多，并且没有六类电缆的柔韧性好。这要求在设计安装路由和端接空间时要特别小心，要留有很大的空间和较大的弯曲半径。另外二者在连接硬件上也有区别。正制定中的七类标准要求连接头要在 600MHz 时，提供至少 60dB 的线对之间的串扰隔离，这个要求比超五类在 100MHz 时的要求严格 32dB，比六类在 250MHz 时的要求严格 20dB，因此，七类具有强大的抗干扰能力。

（2）节约一半成本。人们可能有这样的疑问：既然"非-RJ 型"七类布线可以达到光纤的传输性能，为什么不使用光纤来代替"非-RJ 型"七类布线系统呢？

其一是成本问题。与一个光纤局域网（LAN）的全部造价相比较，"非-RJ 型"七类布线具有明显优势。对 24 个 SYSTEM7（SYSTEM7 采用全屏蔽的 TERA 连接头，具有每一线对可达 1GHz 传输性能的标准双绞布线系统解决方案）和 62.5/125μm 多模光纤信道系统的安装作一个成本比较研究后发现，二者的安装成本接近，但一个光纤局域网设备大约是铜缆设备的 6 倍。当考虑全部的局域网络安装成本时，SYSTEM7 不仅能提供高带宽，而且其成本只是多模光纤的一半。

其二是"非-RJ 型"七类/F 级具有光纤所不具备的功能。由于"非-RJ 型"七类/F 级的每对均单独屏蔽，极大地减少了线对之间的串扰，这样允许 SYSTEM7 能在同一根电缆内支持语音、数据、视频多媒体三种应用。

2.3　光纤

自从 1975 年光纤革命以来，在过去的 25 年里，我们已经看到了巨大的变化。光纤作为一种通信链路，其幼年时期是从 1975 年开始的。从那以后它的发展令人惊奇。由光纤带来的带宽革命将在未来几十年里继续保持快速发展势头。

2.3.1　什么是光纤

因光在不同物质中的传播速度是不同的，所以光从一种物质射向另一种物质时，在两种物质的交界面处会产生折射和反射。而且，折射光的角度会随入射光的角度变化而变化。当入射光的角度达到或超过某一角度时，折射光会消失，入射光全部被反射回来，这就是光的全反射。

不同的物质对相同波长光的折射角度是不同的（即不同的物质有不同的光折射率），相同的物质对不同波长光的折射角度也是不同的。光纤通信就是基于以上原理而形成的。

光纤即光导纤维，是一种传输光束的细而柔韧的媒质。光导纤维电缆由一捆纤维组成，简称为光缆。光缆是数据传输中最有效的一种传输介质。

光纤和同轴电缆相似，只是没有网状屏蔽层。光纤通常是由石英玻璃制成，其横截面积很小的双层同心圆柱体，也称为纤芯，中心是光传播的玻璃芯。在多模光纤中，芯的直径是 15～50mm，大致与人的头发的粗细相当。而单模光纤芯的直径为 8～10mm。芯外面包围着一层折射率比芯低的玻璃封套，以使光纤保持在芯内。再外面是一层薄的塑料外套，用来保护封套。光纤通常被扎成束，外面有外壳保护。纤芯通常是由石英玻璃制成的横截面积很小的双层同心圆柱体，它质地脆，易断裂，因此需要外加一保护层。其结构如图 2-11 所示。

随着光通信技术的飞速发展，现在人们已经可以利用光导纤维来传输数据。人们用光脉冲的出现表示"1"，不出现表示"0"。由于可见光所处的频段为 108MHz 左右，因而光纤传输系统可以使用的带宽范围极大。

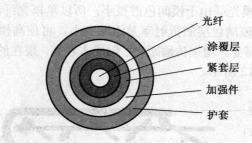

图 2-11　光纤剖面结构示意图

事实上，目前为止的光纤传输技术使得人们可以获得超过 50000GHz 的带宽，今后还可能更高。当前实际使用的 10Gb/s 限制是因为光/电以及电/光信号转换的速度跟不上。在实验室里，短距离可以获得 100Gb/s 的带宽，甚至更高。今后将有可能实现完全的光交叉和光互连，即构成全光网络，到那时网络的速度将成倍地增加。

2.3.2　光纤的种类

1. 光纤的种类

（1）按光在光纤中的传输模式可分为：单模光纤和多模光纤。

多模光纤（Multi Mode Fiber）是在给定的工作波长上，能以多个模式同时传输的光纤。中心玻璃芯较粗（50μm 或 62.5μm），可传多种模式的光。但其模间色散较大，这就限制了传输数字信号的频率，而且随距离的增加会更加严重。例如：600MB/km 的光纤在 2km 时则只有 300MB 的带宽了。因此，多模光纤传输的距离就比较近，一般只有几公里。

单模光纤（Single Mode Fiber）中心玻璃芯较细（芯径一般为 8μm 或 10μm），只能传一种模式的光。因此，其模间色散很小，适用于远程通信，但其色度色散起主要作用，这样单模光纤对光源的谱宽和稳定性有较高的要求，即谱宽要窄，稳定性要好。

单模和多模光纤的特性比较如表 2-5 所示。

表2-5　光纤单模、多模特性比较

单模	多模
用于高速度、长距离	用于低速度、短距离
成本高	成本低
窄芯线，需要激光源	宽芯线，聚光好
耗散小，高效	耗散大，低效

（2）按最佳传输频率窗口分：常规型单模光纤和色散位移型单模光纤。

常规型：光纤生产厂家将光纤传输频率最佳化在单一波长的光上，如 1300μm。

色散位移型：光纤生产厂家将光纤传输频率最佳化在两个波长的光上，如 1300μm 和 1550μm。

（3）按折射率分布情况分：突变型和渐变型光纤。

突变型：光纤中心芯到玻璃包层的折射率是突变的。其成本低，模间色散高。适用于短途低速通信，如工控。但单模光纤由于模间色散很小，所以单模光纤都采用突变型。

渐变型：光纤中心芯到玻璃包层的折射率是逐渐变小，可使高模光按正弦形式传播，这能减少模间色散，提高光纤带宽，增加传输距离，但成本较高，现在的多模光纤多为渐变型光纤。光束的传输过程如图 2-12 所示。

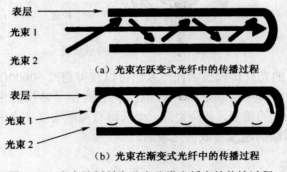

（a）光束在跃变式光纤中的传播过程

（b）光束在渐变式光纤中的传播过程

图 2-12　光在按折射率分布分类光纤中的传输过程

（4）常用光纤规格。

单模：8/125μm，9/125μm，10/125μm。

多模：50/125μm 欧洲标准、62.5/125μm 美国标准。

工业、医疗和低速网络：100/140μm，200/230μm。

塑料：98/1000μm，用于汽车控制。

2. 光纤的优点

（1）光纤的通频带很宽，理论可达 30 亿兆赫兹。

（2）无中继段长。几十到 100 多公里，铜线只有几百米。

（3）不受电磁场和电磁辐射的影响。

（4）重量轻，体积小。例如：通 2.1 万话路的 900 对双绞线，其直径为 3 英寸，重量 8 吨/km。而通信量为其十倍的光缆直径为 0.5 英寸，重量 450kg/km。

（5）光纤通信不带电，使用安全可用于易燃，易爆场所。

（6）使用环境温度范围宽。

（7）耐化学腐蚀，使用寿命长。

3. 光纤通信概述

光缆在普通计算网络中的安装是从用户设备开始的。因为光缆只能单向传输，为实现双向通信，必须成对出现，一个用于输入，另一个用于输出。光缆两端接到光学接口器上。

光纤透明、纤细，虽比头发丝还细，却具有把光封闭在其中并沿轴向进行传播的导波结构。光纤通信就是因为光纤的这种神奇结构而发展起来的以光波为载频，光导纤维为传输介质的一种通信方式。

光纤通信系统主要由光源、光纤、光发送机和光接收机组成，如图 2-13 所示。

（1）光源。光源是光波产生的根源。

（2）光纤。光纤是传输光波的导体。

（3）光发送机。光发送机负责产生光束，将电信号转变成光信号，再把光信号导入光纤。

（4）光接收机。光接收机负责接收从光纤上传输过来的光信号，并将它转变成电信号，经解码后再作相应处理。

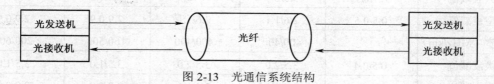

图 2-13　光通信系统结构

通过光波进行信号传输时，传输行为和光的波长有关。有些波长的光在光纤中进行传输时比其他波长的光效率更高。光的波长所使用的计量单位为纳米（nm）。可见光的波长范围是400～700nm，这种波长的光在光纤中进行传输时，其数据传输的效率不高。使用波长范围为700～1600nm 的红外光进行数据传输的效率较高。光波通信的理想波长范围或者说窗口有 3 个，分别是 850nm、1300nm、1550nm。高速的数据传输使用的波长窗口为 1300nm。

使用光学信号进行数据传输，当光信号到达接收方时必须具有足够的强度，这样接收方才能够准确地检测到它。光衰减是指当信号从源节点（传送节点）向目标节点进行传输时，光信号在通信介质中的损失。在光纤中的衰减是用分贝（dB）进行度量的。光信号的能量损失与光纤的长度、光纤弯曲的程度、弯曲的数量有直接关系。在光波经过接合点或结合部时也会有能量损失。

为了能够准确地传输到接收方，当光波离开传输设备时，必须具有一定的能量级别。这个最小的能量级别称为功率分配。对于光纤电缆通信而言，功率分配就是按分贝度量传送能量和接收方最终得到的信号强度之间的关系。它是发送信号能够完好无损地到达接收方所必须具有的最小发送能量和接收方敏感度。对于高速通信，光功率分配必须为 11dB。

光纤通信的主要特点如下：

（1）传输频带宽、通信容量大，短距离时达几千兆的传输速率；

（2）线路损耗低、传输距离远；

（3）抗干扰能力强，应用范围广；

（4）线径细、质量小；

（5）抗化学腐蚀能力强；

（6）光纤制造资源丰富。

正是由于光纤的以上优点，使得从 20 世纪 80 年代开始，宽频带的光纤逐渐代替窄频带的金属电缆。但是，光纤本身也有缺点，如质地较脆、机械强度低就是它的致命弱点。稍不注意就会折断于光缆外皮中。施工人员要有比较好的切断、连接、分路和耦合技术。然而，随着技术的不断发展，这些问题是可以克服的。

在网络工程中，一般是 62.5/125μm 规格的多模光纤，有时也用 50/125μm 和 100/140μm 规格的多模光纤。户外布线大于 2km 时可选用单模光纤。在进行综合布线时需要了解光纤的基本性能，下面以 AMP（安普）公司的光纤线缆产品为例介绍多模光纤的特性、光纤的温度适用范围，如表 2-6 和表 2-7 所示。

表 2-6　光纤特性说明

		单模 （1310/1550nm）	多模 50/125μm （850/1330nm）	多模 LSZH 50/125μm （850/1330nm）	多模 62.5/125μm （850/1330nm）	多模扩展型 Grade 62.5/125 μm （850/1330nm）
室内光纤	最大衰减值	0.7/0.7	3.5/2.0	3.5/2.0	3.5/1.0	3.5/1.0
	典型衰减值	0.5/0.5	2.6/1.1	2.6/1.1	2.9/0.9	2.9/0.9
	带宽（MHz/km）	–/–	400/400	400/400	160/500	200/600
室外光纤	最大衰减值	0.5/0.4	3.5/2.0	3.5/2.0	3.5/1.0	3.5/1.0
	典型衰减值	0.4/0.3	2.6/1.1	2.6/1.1	2.9/0.9	2.9/0.9
	带宽（MHz/km）	–/–	400/400	400/400	160/500	200/600

2.3.3　单模光纤和多模光纤

光纤主要有两种分类的方法：一是按照模数来分，可分为单模、多模；二是按照折射率分布来分，可分为跳变式光纤和渐变式光纤。

表 2-7　光纤使用温度范围

	室内和阻燃型	低烟及无毒气性能（SZH）
室内光纤		
储存	–40～+85℃（–40～+185℉）	–10～+60℃（–40～+140℉）
应用	–20～+85℃（–40～+185℉）	–10～+60℃（–40～+140℉）
	标准光纤	LSZH 及铝外衣
室内光纤		
储存	–40～+75℃（–40～+167℉）	–20～+60℃（–4～+190℉）
应用	–40～+75℃（–40～+167℉）	–20～+60℃（–4～+190℉）

1. 单模/多模

光纤网线可分为单模、多模两类。它们主要的区别在于模的数量，或者说是它们能够携带的信号的数量。

　　单模光纤（Single Mode Fiber，SMF）主要用于长距离通信，纤芯直径很小，其芯直径为 8～10μm，而包层直径为 125μm。单模光纤在给定的时间、给定的工作波长上只能以单一模式传输，即只能有一个光波在光纤中进行传输，所以传输频带宽，传输容量大。单模光纤使用的通信信号是激光。激光光源包含在发送方发送接口中，由于带宽相当大，所以能够以很高的速度进行长距离传输。

　　单模光纤中光的传输如图 2-14 所示。

光纤

图 2-14　单模光纤

　　TIA/TIS-568A 规范规定的单模光纤电缆的主要特征如表 2-8 所示。

表 2-8　标准中的单模光纤规格

属性	值或特征
主干段的最大长度	3000m
一水平段（到桌面）的最大长度	不建议用于水平布线
每段上结点的最大数目	2
最大衰减	不高于 0.5dB/km
缆线类型	8.3/125μm
连接器	ST 或 SC 连接器

　　多模光纤（Multi Mode Fiber，MMF）是在给定的工作波长上，能以多个模式同时传输的光纤。在传输距离上没有单模光纤那么长，因为其可用的带宽较小，光源也较弱。对于多模光纤，在传输时使用的光源为 LED，该设备位于发送结点的网络接口中。

　　多模光纤中光的传输如图 2-15 所示。

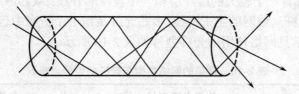

图 2-15　多模光纤

　　TIA/TIS-568A 规范规定的多模光纤电缆的主要特征如表 2-9 所示。

表 2-9　标准中的单模光纤规格

属性	值或特征
主干段的最大长度	2000m
一水平段（到桌面）的最大长度	100m

续表

属性	值或特征
每段上结点的最大数目	2
最大衰减	850nm 波长下传输的衰减为 3.75 dB/km 1300nm 波长下传输的衰减为 1.5 dB/km
段的最大数目	1024
带有结点的段的最大数目	1024
菊花链集线器的最大数目	4
缆线类型	62.5/125μm
连接器	ST 或 SC 连接器

2. 折射率分布

跳变式光纤芯的折射率和保护层的折射率都是常数。在纤芯和保护层的交界面折射率呈阶梯型变化。

渐变式光纤芯的折射率随着半径的增加而按一定规律减小，到纤芯与保护层交界处减小为保护层的折射率。纤芯的折射率的变化近似抛物线型。

3. 光纤的其他分类方法

可用波长：即用来传输数据的光的波长，一个特定的光源的波长是指从光源发出的一束标准光波中相邻波峰间的距离，这个长度是以 nm 来度量的。由此可以分为长波与短波光纤。一般来说光纤使用波长在 800nm 到 1500nm 之间的光信号，具体由光源而定。

芯层/包层的尺寸：芯层和包层的尺寸是指网线中一根单个光纤的芯层和包层的尺寸，一根光纤常常以芯层和包层的尺寸来划分等级，这个尺寸包括两个数字，用一个比值来表示。第一个数据是光纤芯层的直径，单位是μm，第二个数据是光纤包层的外径，单位也是μm。现在常见的主要有 3 种：8/125 主要应用于高速网，如 FDDI、ATM 等；62.5/125 作为一种通用光纤使用在局域网或广域网中；100/140 主要应用于令牌环网中。

光纤线芯的数目：线芯的数目指一根缆线中的线芯个数，主要有 3 类：单芯的网线护套中只有一根光纤，通常有一个较大的缓冲层和一个较厚的外衣；双芯网线的网线护套中有两根光纤线芯，通常用于光纤局域网的主干网线；多芯光纤是指一个护套中包裹了两根以上的线芯，主要应用于局域网。常见网络使用的光纤型号如表 2-10 所示。

表 2-10　常见的网络类型与光纤的型号对照表

网络类型	单模光纤波长－尺寸	多模光纤波长－尺寸
以太网	1300nm－8/125μm	850nm－62.5/125μm
高速以太网	1300nm－8/125μm	1300nm－62.5/125μm
令牌环网	专利－8/125μm	专利－62.5/125μm
ATM 网	1300nm－8/125μm	1300nm－62.5/125μm
高速光纤环网	1300nm－8/125μm	1300nm－62.5/125μm

2.3.4 光缆

1. 光缆的制造

光缆的制造过程一般分以下几个过程：

（1）光纤的筛选。选择传输特性优良和张力合格的光纤。

（2）光纤的染色。应用标准的全色谱来标识，要求高温不褪色、不迁移。

（3）二次挤塑。选用高弹性模量，低线胀系数的塑料挤塑成一定尺寸的管子，将光纤纳入并填入防潮防水的凝胶，最后存放几天（不少于两天）。

（4）光缆绞合。将数根挤塑好的光纤与加强单元绞合在一起。

（5）挤光缆外护套。在绞合的光缆外加一层护套。

2. 光缆的种类

（1）按敷设方式分有：自承重架空光缆、管道光缆、铠装地埋光缆和海底光缆。

（2）按光缆结构分有：束管式光缆、层绞式光缆、紧抱式光缆、带式光缆、非金属光缆和可分支光缆。

（3）按用途分有：长途通信用光缆、短途室外光缆、混合光缆和建筑物内用光缆。

光缆的截面图如图 2-16 所示。

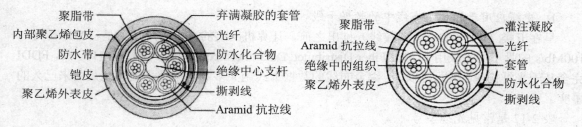

图 2-16 某种室外光缆截面图

3. 光缆的标号

光缆型号及规格标注形式如图 2-17 所示。

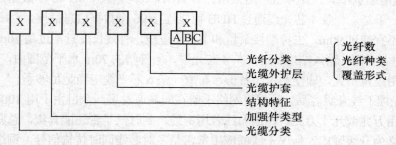

图 2-17 光缆型号标注形式

光缆型号中的常见代号如表 2-11 所示。

表 2-11　光缆型号中的常见符号

分类代号		加强件类型		结构特征		护套		外护层	
代号	含义	代号	含义	代号	含义	代号	含义	代号	含义
GY	通信用室（野）外光缆		金属加强件	T	填充式光缆	Y	聚乙烯护套	23	绕包钢带铠装聚乙烯护层
GR	通信用软光缆	F	非金属加强件		非填充式光缆	V	聚氯乙烯护套	22	绕包钢带铠装聚氯乙烯护层
GJ	通信用室（局）内用光缆	G	金属重型加强件	Z	自承式结构	U	聚氨酯护套	53	纵包钢带铠装聚乙烯护层
GS	通信用设备内光缆	H	非金属重型加强件	B	扁平形状	A	铝塑综合护套	52	绕包钢带铠装聚氯乙烯护层
GH	通信用海底光缆					S	钢塑综合护套	33	细圆钢丝铠装聚乙烯护层
						L	铝护套	32	细圆钢丝铠装聚氯乙烯护层

2.3.5　光缆在综合布线中的应用

1. 光缆应用于结构化布线中的数据干线

早在五类 UTP（非屏蔽双绞线）推出之前，计算机网络的桌面应用速率是 10Mb/s 时，100Mb/s 的骨干网是采用 FDDI（Fiber Distributed Data Interface，光纤分布数据接口）网，FDDI 完全基于光纤构建。因此可以说，综合布线的数据干线绝大多数工程都采用光缆是由来已久的事实。

表 2-12 是常见光缆型号。

在计算机网络引入基于 100Mb/s 的以太网以来，光纤在综合布线系统中的应用仍然主要集中于干线级，只是在拓扑结构上发生了变化。

大约是 1996 年前后，尽管是出现了可以支持快速以大网的五类 UTP，价格大大低于光缆线，并且易于安装。但是，至今在主干级，鉴于以下原因，人们一直倾向于选择光缆。

（1）干线用缆量不大。计算机网络采用光纤 HUB（集线器），每 48 个数据信息插座只需要配置 2 根光纤。于是，一条 4 芯光缆通过 HUB 可以连接 96 个数据信息插座。众所周知，UTP 的水平布线长度不宜超过 90m，去掉端接余量和上、下走线，有效长度只不过是 70m 左右。也就是说，在 HUB 的主干侧（输入端口）用一条 4 芯光缆，所管辖的 70m 水平范围内，可有 96 个数据点。可见干线用缆量不大，即便是考虑备份，布放一条 6 芯光缆应当是足够了。

（2）用光缆干线升级容易。计算机网络不断在向高速发展，今日主干用 1000Mb/s，过若干年就很可能要用万兆或几十万兆。网络布线若用铜缆，到时候是否还能升级，总归是个问题；若用光缆，则不必为升级疑虑。何况干线的应用常常是多对芯线同时传输信号，铜缆容易引入线对之间的近端串扰（NEXT）以及它们之间的叠加问题，对高速数据传输十分不利。

（3）对于电磁干扰较严重的弱电井，光缆比较理想。光缆布线具有最佳的防电磁干扰性能，既能防电磁泄漏，也不受外界电磁干扰影响，这对于干线处于电磁干扰较严重的弱电井情况来说，是比较理想的防电磁干扰布线系统。

表 2-12　常见的光缆型号

产品名称	产品描述
标准全介质自承式光缆 ADSS 松套管 填充绳 FRP 加强件 包带层 PE 内护套 纺纶加强 PE 外护套或耐电痕 PE 包护套	ADSS 光缆采用松套层绞式结构，将单模或多模光纤套入由高模量的塑料做成的松套管中，套管内填充阻水化合物。松套管（和填充绳）围绕中心非金属加强芯（FRP）绞合成紧凑和圆形的缆芯，缆芯内的缝隙充以阻水填充物，缆芯外挤制聚乙烯内护套，然后双向绞绕两层起加强作用的芳纶，最后挤制聚乙烯外护套或耐电痕外护套
标准非金属松套管层绞式光缆 GYFTY FRP 加强件 松套管 光纤及油膏 包带层 PE 护套	GYFTY 光缆的结构是将单模或多模光纤套入由高模量的塑料做成的松套管中，套管内填充阻水化合物。缆芯的中心是一根非金属加强芯（FRP），对于某些芯数的光缆来说，非金属加强芯外还需挤上一层聚乙烯，松套管（和填充绳）围绕中心加强芯绞合成紧凑和圆形的缆芯，缆芯内的缝隙充以阻水填充物，最后挤制聚乙烯护套成缆
标准松套管加强铠装光缆 GYTA53 加强钢丝 铝塑复合带 松套管 光纤及油膏 扎纱层 PE 内护套 皱纹钢带 PE 外护套	GYTA53 光缆的结构是将单模或多模光纤套入由高模量的塑料做成的松套管中，套管内填充阻水化合物。缆芯的中心是一根金属加强芯，对于某些芯数的光缆来说，金属加强芯外还需挤上一层聚乙烯，松套管（和填充绳）围绕中心加强芯绞合成紧凑和圆形的缆芯，缆芯内的缝隙充以阻水填充物。涂塑铝带（APL）纵包后挤上一层聚乙烯护层，双面涂塑钢带（PSP）纵包后聚乙烯外护套成缆
标准松套管层绞式非铠装光缆 GYTA 磷化钢丝 阻水油膏 松套管或填充 光纤及油膏 扎纱层 铝塑复合带 MDPE 护套	GYTA 光缆的结构是将单模或多模光纤套入由高模量的塑料做成的松套管中，套管内填充阻水化合物。缆芯的中心是一根金属加强芯，对于某些芯数的光缆来说，金属加强芯外还需挤上一层聚乙烯，松套管（和填充绳）围绕中心加强芯绞合成紧凑和圆形的缆芯，缆芯内的缝隙充以阻水填充物。涂塑铝带（APL）纵包后聚乙烯外护套成缆

（4）光缆在弱电井布放，安装难度较小。况且光缆的布放和安装，供货厂商本来就是提供一条龙服务，由专业技术人员实施，保证工程质量。

（5）对于大对数"超五类"线缆提出质疑。大对数超五类线缆，所有线对都全双工传输信号时，是否能保证 5E 系统的 Power Sum？有些厂商将优于五类的大对数电缆称为"超五类大对数电缆"。超五类相对于千兆以太网，必须强调各参数的功率和 Power Sum 指标。

2. 全光网

全光网络是指光信息流在网络中的传输及交换时始终以光的形式存在，而不需要经过光/电、电/光变换。也就是说，信息从源结点到目的结点的传输过程中始终在光域内，波长成为全光网络的最基本积木单元。由于全光网络中的信号传输全部在光域内进行，因此，全光网络具有对信号的透明性，它通过波长选择器件实现路由选择。全光网络以其良好的透明性、波长路由特性、兼容性和可扩展性，成为下一代高速（超高速）宽带网络的首选。

全光网波分复用技术分涉及传输技术、结点技术、网络管理技术和成网技术等。

（1）传输技术：具有动态可调增益的宽带增益平坦型光纤放大器（EDFA）和光纤非线性对抗技术是当前波分复用技术传输中的关键性技术。目前，EDFA 的带宽已达 35～40nm，只能够满足普通波长密度（即每根光纤 4～16 个波长）的 WDM 系统的传输要求。另外，WDM 通信网要求网络中 EDFA 能够根据信号的变化，实时地动态调整自身的工作状态，从而减小信号波动的影响，保证整个信道的稳定。光纤通信系统中非线性现象存在于光纤信道的各个部分，其累计效应非常可观。光纤中非线性现象主要有自相位调制（SPM）、互相位调制（XPM）、四波混频（FWM）、受激布里渊散射（SBS）和受激喇曼散射（SRS）。影响最大的是互相位调制，只能通过增大光纤有效面积的办法来解决。

（2）结点技术：WDM 全光网中结点分为光上下路结点（OADM）、光交叉连接结点（OXC）和混合结点（兼有 OADM 和 OXC 功能的结点）。OADM 结点利用 WDM 技术直接实现光波信号的上下。OADM 结点可分为静态 OADM 结点和动态 OADM 结点。静态 OADM 中，使用上下固定波长的光路信号。动态 OADM 结点中，可以根据需要选择上下不同波长的光路信号。OXC 结点也可分为静态 OXC 结点和动态 OXC 结点。静态 OXC 结点中，不同光信号的物理连接是固定的。动态 OXC 结点中不同光路信号的物理连接状态则是可以根据需要进行实时改变的，是真正实现全光网许多关键性功能的必要前提。

（3）网络管理技术：监测、控制和管理是所有网络运营的基本问题。

网络及其各组成系统的电气特性（或光频特性）的监测，包括对光信号功率变化与波长（或频率）的系统噪声与非线性效应、系统的传输色散与衰减、系统各单元部件的接口状态等的监测，还包括对网络的部分单元工作状态的控制等。网络的故障监测与保护管理包括局部或全部的故障诊断（故障位置诊断和故障状态诊断）、故障结点或路由的回避、自适应实时保护倒换和网络自愈、重构的实现控制等。

（4）成网技术：成网技术主要处理对全光网的设计规划，如网络传输结构管理，包括波长路由管理、波长变换的控制管理等，这是在光域内实现网络无阻塞连接和重组的关键。

在全光网中，主要设备在于光交换和光路由。光交换/光路由属于全光网络中的关键光结点，主要完成光结点处任意光纤端口之间的光信号交换及路由选择，它完成的最关键工作就是波长变换。由于实质上是对光的波长进行处理，所以更确切地说，光交换/光路由应该称为波长交换/波长路由。全光网络的几大优点（如带宽优势、透明传送、降低接口成本等）都是通过该技术体现的。从功能上划分，光交换/光路由、OXC、OADM 是顺序包容的，即 OADM 是 OXC 的特例，而 OXC 是光交换/光路由的特例。由于 OXC 和光交换/光路由还在发展之中，目前对光交换/光路由的命名比较混乱。有的把现有的 OADM、OXC 都称为光交换系列，有的又称之为光路由器。所以目前的光交换/光路由大多以 OXC 甚至 OADM 暂时充当。

通常 OXC 有 3 种实现方式：光纤交叉连接、波长交叉连接和波长变换交叉连接。其中，光纤交叉连接以一根光纤上所有波长的总容量为基础进行交叉连接，容量大但不灵活；波长交叉连接可将任何光纤上的任何波长交叉连接到使用相同波长的任何光纤上。比如，波长 λ_1、λ_2、λ_3 和 λ_4 从输入端 1 号光纤输入，波长交叉连接可以将这 4 个波长选路到输出端口的 1～4 号光纤上去。现在也有人将这种波长交叉连接称为无源光路由器，它的波长可以通过空间分割实现重用。波长的选路路由由内部交叉矩阵决定，一个交叉矩阵可以同时建立 N^2 条路由。它的其他几个别名是拉丁路由器、波导光栅路由器 WGRs 和波长路由器 WRs；波长变换交叉连接可将任何光纤上的任何波长交叉连接到使用不同波长的任何光纤上，具有最高的灵活性。它和波长交叉连接的区别是可以进行波长转换。

3．全光网络中的新型光纤

全光网络的出现，使原来为单波长信道设计的光纤已经不能满足全光网络的要求，即波长窗口多且宽（即能容纳更多波长）、允许注入更高的光功率（满足每个波长信号对光功率的要求）等。开发适合全光网络的光纤已经成为开发全光网络基础设施的重要组成部分。为适应全光网飞速发展的需要，新一代各具特色的非零色散光纤已经应运而生。

由于城域网的典型距离小于 80km，光放大器很少被使用，而且光纤的群速度色散并不是首要的限制。更为重要的是，城域网通常要求支持大量到端的用户，并且倾向于频率带宽的不断增加以及加强管理能力，减少光纤中增加业务和取消业务的成本。实现这一要求的办法之一是将业务分配到数百个波长上（每个波长采用低速中等速率）并采用全光的分路、上下波长。能够被单模光纤传输的波长数目在短波长端受到光纤截止波长的限制（大约在 1260nm），并且在长波长端受到二氧化硅材料吸收和弯曲引入损耗的限制（大约在 1650mm）。从这个角度考虑，理想的光纤应当能够容纳最多数目的波长。

新型光纤中，单位面积上的光功率的强度小。

海底光纤通信系统的特点是在几千公里的传输途中仅需少量或不需要上下业务，使用具有大有效面积光纤可以减少昂贵的光放大器的数量来节省开支。这种光纤的大有效面积减小了光纤中单位面积上的光功率的强度，允许更大光功率入射进光纤。因此，信号传输更远的距离后才需要放大。另外，与光纤的正色散相关的一种被称为调制不稳定性的光纤非线性效应，会使光信号通过长距离海底后变差。在实际的海底光纤通信系统线路中巧妙地采用大有效面积光纤、具有负色散的光纤和色散非位移光纤混合使用的办法来解决这个问题。色散非位移光纤的正色散用来补偿负色散，从而实现整个线路的平均色散接近于零。

对不同波长的群速度色散，其变化量应达到最小。

陆地长途光缆网中光纤的波长带宽应更宽，每个波长传输的信号具有更高速率。在光纤中，传输的不同波长的光产生的群速度色散变化量应达到最小，尽量少用或者不用复杂而昂贵的色散补偿器件。

2.3.6　光纤连接器

光纤连接器是很独特的，光纤必须同时在其中建立光学连接和机械连接。这种连接不像铜介质网线的连接器，铜介质网线的连接器只要金属针接触就可以建立起足够的连接。光纤连接器则必须使网线中的光纤几乎完美地对齐在一起。

在安装所有的光纤系统时，都必须考虑以低损耗的方法把光纤或光缆相互连接起来，以实现光链路的接续。光纤链路的接续，又可以分为永久性的和活动性的两种。永久性的接续，大多采用熔接法、粘接法或固定连接器来实现；活动性的接续，一般采用活动连接器来实现。因为布线中连接器与光纤的连接只使用活动连接器，这里只对活动连接器作介绍。

光纤活动连接器，俗称活接头，一般称为光纤连接器，是用于连接两根光纤或光缆形成连续光通路的可以重复使用的无源器件，已经广泛应用在光纤传输线路、光纤配线架和光纤测试仪器、仪表中，是目前使用数量最多的光无源器件。

1. 光纤连接器的一般结构

光纤连接器的主要用途是实现光纤的接续。现在已经广泛应用在光纤通信系统中的光纤连接器，其种类众多，结构各异。但细究起来，各种类型的光纤连接器的基本结构是一致的，即绝大多数的光纤连接器一般采用高精密组件（由两个插针和一个耦合管共三个部分组成）实现光纤的对准连接。

这种方法是将光纤穿入并固定在插针中，将插针表面进行抛光处理后，在耦合管中实现对准。插针的外组件采用金属或非金属的材料制作。插针的对接端必须进行研磨处理，另一端通常采用弯曲限制构件来支撑光纤或光纤软缆以释放应力。耦合管一般是由陶瓷、或青铜等材料制成的两半合成的、紧固的圆筒形构件做成，多配有金属或塑料的法兰盘，以便于连接器的安装固定。为尽量精确地对准光纤，对插针和耦合管的加工精度要求很高。

2. 光纤连接器的性能

首先是光学性能，此外还要考虑光纤连接器的互换性、重复性、抗拉强度、温度和插拔次数等。

（1）光学性能。对于光纤连接器的光性能方面的要求，主要是插入损耗和回波损耗这两个最基本的参数。

插入损耗（Insertion Loss）即连接损耗，是指因连接器的导入而引起的链路有效光功率的损耗。插入损耗越小越好，一般要求应不大于 0.5dB。

回波损耗（Return Loss, Reflection Loss）是指连接器对链路光功率反射的抑制能力，其典型值应不小于 25dB。实际应用的连接器，插针表面经过专门的抛光处理，可以使回波损耗更大，一般不低于 45dB。

（2）互换性、重复性。光纤连接器是通用的无源器件，对于同一类型的光纤连接器，一般都可以任意组合使用，并可以重复多次使用，由此而导入的附加损耗一般都在小于 0.2dB 的范围内。

（3）抗拉强度。对于做好的光纤连接器，一般要求其抗拉强度应不低于 90N。

（4）温度。一般要求，光纤连接器必须在-40℃～+70℃的温度下能够正常使用。

（5）插拔次数。目前使用的光纤连接器一般都可以插拔 1000 次以上。

3. 部分常见光纤连接器

按照不同的分类方法，光纤连接器可以分为不同的种类，按传输媒介的不同可分为单模光纤连接器和多模光纤连接器；按结构的不同可分为 FC、SC、ST、D4、DIN、Bionic、MU、LC、MT 等类型；按连接器的插针端面可分为 PC（UPC）和 APC；按光纤芯数还有单芯、多芯之分。

下面具体介绍插针端面 PC 与 APC。

PC 型：端面呈球形，表明其对接端面是物理接触。即端面呈凸面拱型结构，微球面研磨抛光，常应用于数据传输网，应用普遍。

APC 型：接触端中央部分仍保持 PC 型的球面，但端面其他部分加工成斜面，增大接触面积。端面与光纤轴线夹角一般为 8°，插入损耗小于 0.5dB，俗称斜八度，常用于广播电视光纤传输系统。所以光纤连接器的型号一般表示为结构形式/端面形式，如 FC/PC-FC/APC、FC/PC-ST/PC 等。

在实际应用过程中，一般按照光纤连接器结构的不同来加以区分。以下简单介绍一些目前比较常见的光纤连接器。

（1）FC 型光纤连接器。这种连接器最早是由日本 NTT 研制。FC 是 Ferrule Connector 的缩写，表明其外部加强方式是采用金属套，紧固方式为螺丝扣。最早，FC 类型的连接器采用的陶瓷插针的对接端面是平面接触方式（FC）。此类连接器结构简单，操作方便，制作容易，但光纤端面对微尘较为敏感，且容易产生菲涅尔反射，提高回波损耗性能较为困难。后来，对该类型连接器做了改进，采用对接端面呈球面的插针（PC），而外部结构没有改变，使得插入损耗和回波损耗性能有了较大幅度的提高。

（2）SC 型光纤连接器。这是一种由日本 NTT 公司开发的光纤连接器。其外壳呈矩形，所采用的插针和耦合套筒的结构尺寸与 FC 型完全相同，其中插针的端面多采用 PC 或 APC 型研磨方式；紧固方式是采用插拔销闩式，不需要旋转。此类连接器价格低廉，插拔操作方便，介入损耗波动小，抗压强度较高，安装密度高。

（3）双锥型连接器（Biconic Connector）。这类光纤连接器中最有代表性的产品由美国贝尔实验室开发研制，它由两个经精密模压成形的端头呈截头圆锥形的圆筒插头和一个内部装有双锥形塑料套筒的耦合组件组成。

（4）DIN47256 型光纤连接器。这是一种由德国开发的连接器。这种连接器采用的插针和耦合套筒的结构尺寸与 FC 型相同，端面处理采用 PC 研磨方式。与 FC 型连接器相比，其结构要复杂一些，内部金属结构中有控制压力的弹簧，可以避免因插接压力过大而损伤端面。另外，这种连接器的机械精度较高，因而介入损耗值较小。

（5）MT-RJ 型连接器。MT-RJ 起步于 NTT 开发的 MT 连接器，带有与 RJ-45 型 LAN 电连接器相同的闩锁机构，通过安装于小型套管两侧的导向销对准光纤，为便于与光收发信机相连，连接器端面光纤为双芯（间隔 0.75mm）排列设计，是主要用于数据传输的下一代高密度光连接器。

（6）LC 型连接器。LC 型连接器是著名 Bell 研究所研究开发出来的，采用操作方便的模块化插孔（RJ）闩锁机理制成。其所采用的插针和套筒的尺寸是普通 SC、FC 等所用尺寸的一半，为 1.25mm。这样可以提高光纤配线架中光纤连接器的密度。目前，对于单模，LC 类型的连接器实际已经占据了主导地位，在多模方面的应用也增长迅速。

（7）MU 型连接器。MU（Miniature Unit Coupling）连接器是以目前使用最多的 SC 型连接器为基础，由 NTT 研制开发出来的世界上最小的单芯光纤连接器，该连接器采用 1.25mm 直径的套管和自保持机构，其优势在于能实现高密度安装。利用 MU 的 1.25mm 直径的套管，NTT 已经开发了 MU 连接器的系列。它们有用于光缆连接的插座型光连接器（MU-A 系列）、具有自保持机构的底板连接器（MU-B 系列）、用于连接 LD/PD 模块与插头的简化插座（MU-SR 系列）等。随着光纤网络向更大带宽、更大容量方向的迅速发展和 DWDM 技术的广泛应用，对 MU 型连接器的需求也将迅速增长。

图 2-18 为常用的几种光纤连接器。

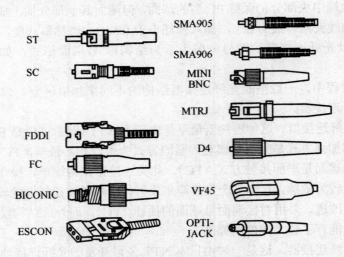

图 2-18   常用的几种光纤连接器

（8）光纤接头小结。

- FC 圆形带螺纹，ST 卡接式圆形，SC 卡接式方形，LC 类似于 SC，但体形小一半。
- PC 微球面研磨抛光，APC 呈 8°并做微球面研磨抛光，MR-TJ 方型，一头是双纤收发一体（多为 3COM 上用）。
- GBIC 使用的光纤接口多为 SC 或 ST 型。
- SFP、小型封装 GBIC 使用的光纤为 LC 型。
- 单模 L，波长 1310；单模长距 LH，波长 1310、1550；多模 SM，波长 850；
- SX/LH 表示可以使用单模或多模光纤。

图 2-19 为常用的几种光纤接头。

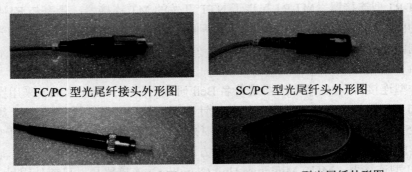

FC/PC 型光尾纤接头外形图   SC/PC 型光尾纤头外形图

ST/PC 型光尾纤接头外形图   FC/PC－SC/PC 型光尾纤外形图

图 2-19   常用的几种光纤接头

4. 常用的光纤跳线

（1）LC-LC。图 2-20 是 LC 到 LC 的，LC 就是路由器常用的 SFP、Mini-GBIC 所插的线头。LC 接头和 SC 接头形状相似，较 SC 接头小些。插拔式锁紧结构的外形为矩形。Cisco 比较新的设备基本上都是这种接口了。

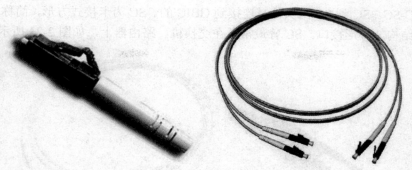

图 2-20　LC-LC 光纤跳线

（2）FC-SC。FC 到 SC，FC 一端插光纤布线架，SC 一端就是 catalyst 交换机或其他设备上面的 GBIC 所插线缆，如图 2-21 所示。

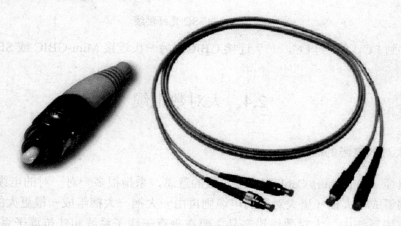

图 2-21　FC-SC 光纤跳线

（3）ST-FC。ST 到 FC，对于 10Base-F 连接来说，连接器通常是 ST 类型，ST 为卡接式圆形，即金属圆形卡口式结构，圆形接口，通过卡口连接。ST 头插入后旋转半周后，由一卡口固定。另一端 FC 连的是光纤布线架，如图 2-22 所示。

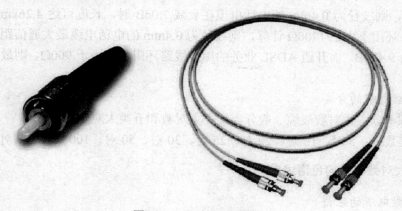

图 2-22　ST-FC 光纤跳线

（4）SC-SC。SC 到 SC 两头都是连接到 GBIC 的。SC 为卡接式方形，简称大方。即塑料矩形插拔式结构，方形接口。SC 曾最常用在交换机、路由器上，如图 2-23 所示。

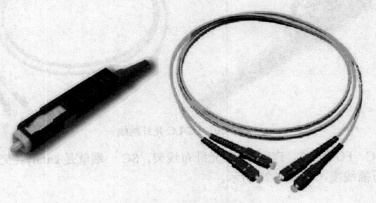

图 2-23   SC-SC 光纤跳线

（5）SC 到 LC。SC 到 LC，一头连接 GBIC，另一头连接 Mini-GBIC 或 SFP。

2.4   大对数电缆

2.4.1   大对数电缆的概念

大对数电缆（Multipairs Cable）即多对数的意思，系指很多一对一对的电缆组成一小捆，再由很多小捆组成一大捆（更大对数的电缆则再由一大捆一大捆组成一根更大的电缆）。

在综合布线系统中，大对数线缆产品主要在垂直干线子系统和建筑群子系统中作为语音主干。

1. 大对数电缆的传输距离

传输距离与对数的多少没有关系。

线径为 0.4mm 的电话电缆每公里损耗为 1.64dB、环阻为 296Ω。如果允许用户线路的最大衰减为 7.0dB，则线径为 0.4mm 的电话电缆在衰减 7.0dB 时，长度可达 4.26km；如果按用户线路（话音）环阻不大于 1700Ω 计算，则线径为 0.4mm 的电话电缆最大通信距离为 5.74km，但此时衰减为 9.42dB。而开通 ADSL 业务的用户线路环阻应当小于 900Ω，则最大传输距离不大于 3km。

2. 大对数电缆的分类

按传输频率分：大对数线缆一般分为三类大对数和五类大对数；

按线缆芯数分：5 对、10 对、20 对、25 对、30 对、50 对、100 对、200 对、300 对等。

2.4.2   大对数电缆的色谱组成

1. 大对数电缆的色谱

大对数通信电缆色谱组始终由 10 种颜色组成，5 种主色和 5 种次色；5 种主色和 5 种次色又组成 25 种色谱，不管通信电缆对数多大，通常大对数通信电缆都是按 25 对色为一小把标识组成。

线缆主色为：白、红、黑、黄、紫；

线缆配色为：蓝、橙、绿、棕、灰。

其中红字最为关键，一般把"白红黑黄紫"称做 a 线，把"蓝橙绿棕灰"称做 b 线。

2．大对数电缆的分组

一组线缆为 25 对，以色带来分组，一共分到 24 组：

1～5 组：白兰、白桔、白绿、白棕、白灰

6～10 组：红兰、红桔、红绿、红棕、红灰

11～15 组：黑兰、黑桔、黑绿、黑棕、黑灰

16～20 组：黄兰、黄桔、黄绿、黄棕、黄灰

21～24 组：紫兰、紫桔、紫绿、紫棕

分到 24 组后就有 600 对了，每 600 对再分成一大组，每大组用白、红、黑、黄、紫分别来标识，就可以标识 3000 对线了。

3．大对数电缆的线对序

50 对通信大对数电缆色谱线序：

说明：50 对通信电缆里有 2 种标识线，前 25 对是用"白兰"标识线缠着的，后 25 对是用"白桔"标识线缠着的。

第 1 对到第 25 对的线序是：

1～5 对：白兰、白桔、白绿、白棕、白灰

6～10 对：红兰、红桔、红绿、红棕、红灰

11～15 对：黑兰、黑桔、黑绿、黑棕、黑灰

16～20 对：黄兰、黄桔、黄绿、黄棕、黄灰

21～24 对：紫兰、紫桔、紫绿、紫棕、紫灰

第 26 对到第 50 对的线序同上。关于大对数的线序图可以通过图 2-24 记忆。

主色 \ 次色	蓝	橙	绿	棕	灰
白	1	2	3	4	5
红	6	7	8	9	10
黑	11	12	13	14	15
黄	16	17	18	19	20
紫	21	22	23	24	25

图 2-24　25 对大对数电缆的线序图

习题二

1. 综合布线中的传输介质主要性能参数有哪些？
2. IEEE 对双绞线是如何分类的？试比较各类双绞线的性能。
3. 试说明 End to End 布线理念。
4. 按照光在光纤中的传播模式来分，光纤可分为哪几类？各有什么特点？
5. 按照适用于光纤传输的波长分类，光纤可分为哪几类？
6. 光纤通信有哪些特点？
7. 常见的光纤连接器有哪些？
8. 光纤接续分为哪两种？分别适用于什么场合？

第 3 章　综合布线系统常用器材

学习目标

本章主要讲述综合布线系统工程中常用的设备和器材，并对这些设备与器材的形状、功能及使用方法进行描述。通过对本章的学习，读者应掌握以下基本能力：

- 认识综合布线系统工程中较常用设备。
- 能进行简单的综合布线工程的设计，并在设计中准确使用这些设备。
- 能在设计中熟练选择布线设备及器材。
- 在特殊情况下，能根据用户的实际需要合理选择布线设备。

3.1　综合布线系统常用器材

3.1.1　面板与信息盒

信息盒是位于工作区子系统的综合布线产品，面板覆盖在信息盒的外表面上，用于在信息出口位置固定信息模块。国内市场常用的信息面板一般是 86mm×86mm 规格，分白色和象牙色两种，材质多为 ABS/PC 工程塑料。常见有单口和双口型号，如图 3-1 所示。

图 3-1　信息面板

面板有带盖和不带盖之分，面板盖主要是为了防止灰尘和污物进入模块内部。有盖面板又分扣式防尘盖和弹簧防尘盖两大系列。

在工作区信息面板安装方式一般有 3 种：墙面上、桌面上和地面上。

1. 安装在墙面上

这种安装方式一般是将信息盒安装于新建建筑的墙面或软间壁墙上，是综合布线中最常用的信息盒安装方法。它需要在土建时将建筑用标准 86 底盒安装于大开间的墙面上，也可以在内部装饰时将标准 86 底盒埋于软间壁墙中。它在造价、整洁、安装与维护等方面都很有优势。

2. 安装在桌面上

在建筑内装修已经完成后需要再增加信息点时，就只能采用这种安装方式。它是将综合布线专用的桌面式信息底盒固定在墙面或桌面上，再将信息模块和信息面板安装于底盒上。

3. 安装在地面上

对于大开间，信息点较多、较密时一般使用地面式信息盒。在地面上布置信息点时，需要选用专门的地面信息盒和地面信息插座。地面式信息盒多采用铜质且应当是密封的，防水、防尘并可带有升降功能。铜质地面插座有旋盖式、翻扣式、弹启式 3 种，铜面又分为圆、方两款。其中弹启式地面插座应用最广，它采用铜合金或铝合金材料制造而成，安装于厅、室内任意位置的地板平面上，适用于大理石、木地板、地毯、架空地板等各种地面。

使用时面盖与地面相平，不影响通行及清扫。在面盖合上的状态下走路时，即使踩上了面盖也不容易弹出。地面插座的防渗结构在插座盖合上时可保证水滴等流体不易渗入。

还有几种面板应用于一些特殊场合，如多媒体信息端口、区域接线盒、多媒体面板、家具式模块化面板等。

3 种不同的信息盒如图 3-2 所示。

图 3-2　种常用信息盒

图 3-3 为某品牌墙面型防尘面板，规格如下：

- 墙面型面板为 86 系列，其外形尺寸为 86×86（mm）。
- 配有防尘滑门防止灰尘和污物进入模块。
- 可安装多类型模块，应用于工作区的布线子系统。
- 嵌入式面框，安装方便；面板表面带嵌入式图表及标签位置，便于识别数据和语音端口。
- 配合防尘滑门用以保护模块、遮灰尘和污物进入。
- 型号：备有适用于各种环境的单、双孔、三孔、四孔面板。
- 颜色：白色、象牙色。
- 材料：ABS/PC 工程塑料。附有相应的安装附件：螺钉和塑料铆钉。单个 PP 塑料袋包装。

图 3-3　某品牌信息盒

3.1.2　RJ-45 接头（水晶头）

水晶头的术语名称叫 RJ-45 连接器，是铜缆布线中的标准连接器，它和信息模块共同组成一个完整的连接器单元，用来连接双绞线的两端。

水晶头按连接不同级别的铜缆可分为三类、五类、六类等。RJ-45 接头同样也有屏蔽与非屏蔽之分，如图 3-4 所示。

图 3-4　水晶头

RJ 系列接头还有 RJ-11（4 芯）、RJ-12（六芯），也就是常说的电话插头或电话水晶头。综合布线使用的水晶头还可以配上护套使用，它除了有保护水晶头、防滑和便于插拔的特点外，还有多种颜色可以选择，有些厂家的护套产品还有加锁和防误插等功能。

例如，某品牌超五类 RJ-45 模块插头规格：镍材表面镀金厚度 50-micro-inch，Y 型刀片结构，适合单、多股线缆，全面支持所有话音通信系统、10Base-T、16Mb/s、100Base-T、155Mb/s、多媒体等方面的高速应用。

物理特性：

- 配线规格：24-26AWG 非屏蔽
- 耐压：30V
- 连接数量：8P8C
- 电流：1.5Amps
- 接触电阻：<20 mΩ
- 绝缘耐压：1000VAC
- 绝缘电阻：>500MΩ
- 温度要求：-10℃～40℃

3.1.3　RJ-45 模块

RJ-45（Registered Jack，注册的插座）模块是综合布线系统中最常用的连接器，一般装配在工作区信息盒里和配线架上。信息盒中的 RJ-45 模块一般是单个的，而配线架上的 RJ-45 模块有单个的，也有多个一组的。

在 FCC（美国联邦通信委员会标准和规章）中的定义是，RJ 是描述公用电信网络的接口，计算机网络的 RJ-45 是标准 8 位模块化接口的俗称。在以往的四类、五类、超五类和六类布线中，采用的都是 RJ 型接口。在七类布线系统中，将允许"非-RJ 型"的接口。RJ-45 模块的立体图如图 3-5 所示。

常见的非屏蔽模块高 20mm、宽 20mm、厚 30mm，由塑料制成，能够抗高压且有阻燃功效，可卡接到自己品牌的工作区信息盒中。RJ-45 模块上都标识了 T568A 和 T568B 两种通用线序标签，便于施工人员对照操作。

RJ-45 模块通常需要带有 110 型刀片的 914 工具来打接线缆。这种非屏蔽模块也是国内综合布线系统中应用最多的一种模块，无论是三类、五类还是超五类、六类，它的结构都保持了相当的一致。图 3-6 为几种常用的 RJ-45 模块图，右侧为屏蔽式 RJ-45 模块。

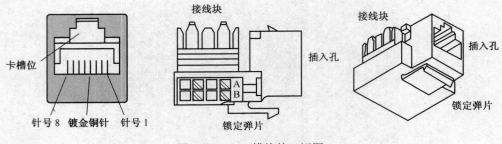

卡槽位　　　　接线块　　　　　　　　　　接线块

插入孔　　　　插入孔

针号 8　镀金铜针　针号 1　　锁定弹片　　锁定弹片

图 3-5　RJ-45 模块的三视图

图 3-6　RJ-45 模块

　　某些综合布线厂家还推出了免工具的 RJ-45 模块。这种模块在端接线缆时不需要使用专用打线工具，只需要一把钳子就能完成操作，如 IBM、Siemon 都有此类产品，如图 3-7 所示。

图 3-7　免工具 RJ-45 模块

　　随着智能家居综合布线系统的快速发展，在一些新型家居综合布线的设计中，多媒体接口模块已经出现。该接口类似于标准的数据/语音模块接口，也可以直接卡接在信息盒的面板上，如图 3-8 所示。

音频/视频　　　8 端子

图 3-8　音频、视频标准模块

　　例如，六类 RJ-45 模块规格如下：
- 满足六类传输标准，符合千兆以太网应用系统，适用于设备间与工作区的通信插座连接；

- 独特的线路板线对平衡设计，减少干扰，通过余量高；
- 所有插座都具备 T568A 和 T568B 两种通用线序，通用线序标签清晰注于模块上，便于准确快速地完成端接；
- 端接口外壳材料采用高强度 PC 材料，IDC 打线柱夹子为磷青铜，保证大于 250 次的端接；
- 适用于 23 AWG 线缆；
- 端接的打线卡口 45° 角设计，保障更可靠的接触点；
- 后部的端接保护帽具有扣锁式设计，可以保证线缆避免端接后的过度弯曲、脱落和对接触点的保护；
- 可用单对 110 打线工具（TLA01）；
- 具有向后兼容性，可向下兼容 CAT5E 及更低类别的系统，避免用户的投资损失；
- 接触针采用高低针设计，实现最大限度的线对平衡；
- 接触针触点材料为 50μm 的镀金层，耐用性为 1500 次插拔；
- 可配合墙上型单口或双口面板使用。

3.1.4　配线架

配线架作为综合布线系统的核心产品，起着传输信号的灵活转接、灵活分配以及综合统一管理的作用，又因为综合布线系统的最大特性就是利用同一接口和同一种传输介质，让各种不同信息在上面传输，这一特性的实现主要通过连接不同信息的配线架之间的跳接来完成。

配线架是在管理间对电缆和光缆进行端接和连接的装置，线缆可以在配线架上进行互连或交接操作。配线架可以用于配线（水平）子系统、干线子系统和建筑群子系统。

在楼层配线间，配线架用于连接水平电缆、水平光缆，并通过跳线与其他布线子系统或设备连接；在建筑物配线间中，配线架端接建筑物干线电缆、干线光缆，并可连接建筑群干线电缆或干线光缆。建筑群配线架主要用于端接建筑群子系统的干线光缆。

1．配线架的种类

20 世纪 80 年代末，综合布线系统刚进入中国，当时信息传输速率很低，布线系统只有 3 类（16MHz）产品，配线系统主要采用 110 鱼骨架式配线架，主要分为 50 对、100 对、300 对、900 对壁挂式几种，而且从主设备间的主配线架到各分配线间的分配线架，无论连接主干还是连接水平线缆，全部采用此种配线架。

110 鱼骨架式配线架的优点是体积小，密度高，价格便宜，主要与 25/50/100 对大对数线缆配套使用；其缺点是线缆端接较麻烦，一次性端接不宜更改，无屏蔽产品，端接工具较昂贵，维护管理升级不方便。

随着网络传输速率的不断提高，布线系统出现了五类（100MHz）产品，网络接口也逐渐向 RJ-45 统一，用于端接传输数据线缆的配线架采用 19 英寸 RJ-45 口 110 配线架，此种配线架背面进线采用 110 端接方式，正面全部为 RJ-45 口，用于跳接配线，它主要分为 24 口、36 口、48 口、96 口几种，全部为 19 英寸机架/机柜式安装，其优点是体积小，密度高，端接较简单且可以重复端接；主要用于 4 对双绞线的端接，有屏蔽产品；其缺点是由于进线线缆在配线架背面端接，而出线的跳接管理在配线架正面完成，所以维护管理较麻烦；由于端口相对固定，无论要管理的桌面信息口数多少，必须按 24 和 36 的端口倍数来配置，造成了配线端口的空置和浪费，也不灵活；另外价格相对 110 鱼骨架式配线架较贵。

目前，在综合布线系统中 RJ-45 模块式配线架和 110IDC 配线架都还在使用，互相配合。

2. RJ-45 模块式配线架

RJ-45 模块式配线架又称机柜式配线架，是一种标准宽度（19 英寸）的、可安装在标准机柜中的配线架。前面板为 RJ-45 接口，用于跳线连接其他配线架或网络设备；后面板通常为印刷电路板构成的 IDC 接口，需要打接各类双绞线或大对数电缆。

一个完整包装的模块式配线架包括配线架、标签、绑线、理线托杆，但不同的品牌会有些差异。双绞线配线架的型号很多，每个厂商都有自己的产品系列，并且对应三类、五类、超五类、六类和七类线缆分别有不同的规格和型号，在具体项目中，应参阅产品手册，根据实际情况进行配置。

常用的配线架一般为 24 口、48 口。图 3-9 所示为超五类 RJ-45 模块式配线架。

图 3-9 24 口和 48 口配线架

这种配线架还有屏蔽与非屏蔽之分，图 3-10 为超五类屏蔽配线架。

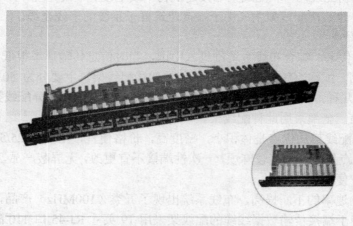

图 3-10 屏蔽配线架

随着网络技术和传输速率的高速发展，千兆/万兆以太网技术的涌现，超五类（100MHz）、六类（250MHz）布线系统的推出，以及使用者对网络系统的应用提出多种需求，如内网（屏蔽）、外网（非屏蔽）、语音、光纤到桌面等，面对较多功能信息端口的灵活管理，人们对配线系统的多元化、灵活性、可扩展等性能提出了更高要求，一些布线厂商推出的多媒体配线架适应了现代网络通信应用对配线系统的要求。

此种配线架摒弃了以往固定 RJ-45 口式、110 配线架端口固定无法更改的弱点，它本身为标准 19 英寸宽高度为 1U 的空配线板，在其上可以任意配置超五类、六类、七类、语音、光纤和屏蔽/非屏蔽布线产品，高度为 1U 的最多可以配置 24 个数据铜缆或光纤端口以及 48 个语音端口，充分体现了配线的多元化和灵活性，对升级和扩展带来了极大的方便；由于其采用独立模块化配置，配线架上的每一个端口与桌面的信息端口一一对应，所以在配置配线架时无需按 24 或 36 的端口倍数来配置，从而也不会造成配线端口的空置和浪费；另外此种配线架的安装、维护、管理都在正面操作，大大简化了操作程序；可以同时在同一配线板上配置屏蔽和非屏蔽系统，这是它区别于老式配线架的另一大特色。

3．配线架的发展方向

（1）密度越来越高。随着网络应用的普及和深入，高端口密度成为很多网络设备发展的一个方向（如 24 端口甚至 48 端口的交换机已经非常普及），另一方面由于项目越来越大，信息点密度越来越高，特别是数据中心的大量应用，这就需要在机架中支持尽可能多的端口。为了满足这一需要，高端口密度的配线架就诞生了。

（2）管理越来越强。网络系统的管理和安全越来越得到重视，在网络规模逐渐变大的今天，对网络的可管理性提出了更高的要求，综合布线系统的智能管理也日益提到日程上来。事实上，为了更好地实现综合布线系统的智能管理，除了相应的软件外，配线架自身的可管理也是非常重要的一环。管理能力好的配线架能够让网线布置得更系统化、规范化和合理化，从而避免"炒面式"线缆的发生，这在配线架的端口密度越来越高的今天显得越发重要。

（3）安装越来越易。安装水平高低对综合布线系统的性能影响很大，而配线架自身的安装以及各种线缆、光纤在配线架中的跳接又是所有安装中重要的一块，因此，把配线架设计成更方便这部分安装也就成为关键。这也是配线架的一大追求。

4．110 型配线架

110 型连接管理系统由 AT&T 公司于 1988 年首先推出，该系统后来成为工业标准的蓝本，当年的综合布线系统配线设备都采用此配线架进行管理。

110 型连接管理系统的基本部件是配线架、连接块、跳线和标签。110 型配线架是 110 型连接管理系统的核心部分，110 配线架是阻燃、注模塑料做的基本器件，布线系统中的电缆线对就端接在其上。

110 型配线架有 25 对 110 型配线架、50 对 110 型配线架、100 对 110 型配线架、300 对 110 型配线架等多种规格，它的套件还应包括 4 对连接块或 5 对连接块（见图 3-11）、空白标签和标签夹、基座。110 型配线系统使用方便的插拔式跳接可以简单地进行回路的重新排列，这样就为非专业技术人员管理交叉连接系统提供了方便。但随着综合布线技术的快速发展，模块化配线设备已经成为布线管理设备的主流。现在，110 型配线架一般只用于综合布线系统中的语音部分。

110 型配线架主要分为有腿型、无腿型和机架型 3 种，可以安装在墙上或 19 寸标准机柜上，可以叠起来进行更大型交叉连接安装。

3 种配线架都可再分为 25 对、50 对、100 对和 300 对几种类型，它们都可以配以 4 对或 5 对连接模块。具体应用：在远程通信接线间中用于水平分配或设备端接；在归并点上用于相互端接；在工作区用于多用户通信插座。

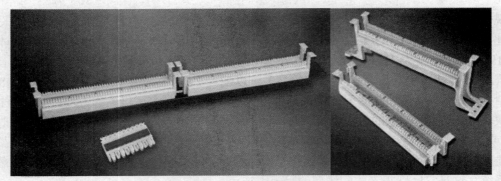

图 3-11   110 型配线架

5. 智能配线系统

随着网络的日渐普及，信息化建设逐步完善，网络系统的稳定运行及维护工作变得越来越重要，而数据中心承载着企业的核心计算、信息资源管理、信息资源服务及企业对外通信联络等功能，对企业可持续运营的重要性日益加强，所以数据中心信息点的管理维护工作变得非常重要。

在日常的网络维护工作中，对于物理层和数据链路层综合布线系统出现的故障，如何迅速找到故障点的位置，并清晰显示链路之间复杂的连接关系，网管工具无法满足相应需求。经过统计才发现，大多的网络故障是由综合布线系统引起的。数据中心信息点非常密集，且采用大量光纤和铜缆，虽然在建设过程中，对数据中心每个数据端口都明确标注路由，但是查找跳线标签判断走线路由工作非常繁琐，管理和维护非常不方便。若在数据中心内部布置智能配线系统，可以大大减轻数据中心线路维护的工作量，有助于网络管理人员的网络维护服务。图 3-12 是某品牌的电子配线架。

图 3-12   某品牌的电子配线架

（1）电子配线架的组成。

电子配线架系统一般由 3 个部分组成：无源的配线架和跳线、有源的探测设备及管理软件。

（2）电子配线架的特点。

1）可以与任何标准的铜缆或光缆跳线兼容。

2）简单灵活的设计规则。

3）易于实施（提供配线架总线，不需要使用特殊连接线；不会对布线系统有所干扰；不需要任何外加的设备）。

（3）电子配线架的优点。

1）网络的实用性和可靠性。

①提供安全、可靠和有用的用户跳线系统，提高用户的生产力。

②提供更快的、更多可预见的搬移、增加和改变。

③简单的网络管理。

2）提高网络的安全性。

①能够提高物理连接的安全性和可靠性。

②能够提高安全的访问和监控分支机构的端口连接。

3）降低维护成本。

①改进的管理系统能够通过必需的 IT 资源的优化，来使业主的总成本降到最低。

②保护了当前的网络投资。

③提高了现有结构网络的性能。

3.1.5　线缆管理器

线缆管理器又叫理线架，通常与配线架一起配套使用，用于对配线架前面板跳接使用的各种跳线进行管理。因为各类跳线自身都一定的重量，跳接到配线架模块的接口后会自然下垂。如果连接点长期受力，就会使接口引起接触不良而造成网络不通等故障。因此在过去的工程中常使用绑线捆扎固定等手法，以减少线缆对 RJ-45 模块的拉力。这在有些区域和场合可能适用，但并不能解决根本问题。理线架可以将线缆托平，使线缆不对模块施力，从本质上解决了这个长期以来一直存在的问题。

再有，理线架将线缆托起，跳线接头水平地进入 RJ-45 模块，使电缆插入模块之前不再转直角弯，减少了自身信号的损耗，同时也减少了对周围电缆的辐射干扰。

理线架也有 19″标准宽度理线架、110 型配线架两种产品。

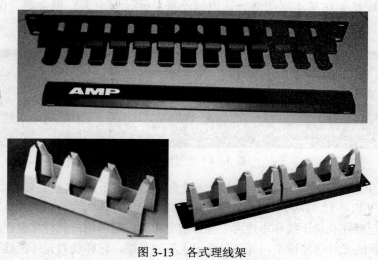

图 3-13　各式理线架

标准宽度的理线架可直接安装于 19″ 机柜，极大方便了设备间的线缆管理工作。依照 19″ 机架标准，适用于配线架及设备跳线的水平和垂直方向的线缆管理，设计简洁，对各种线缆提供灵活、有效和安全的管理，使布线系统整洁美观。

3.1.6　光纤配线架

光纤配线架也是综合布线系统的重要设备，用于连接建筑群子系统、建筑子系统和干线子系统的各类光纤，主要用于光缆终端的光纤熔接、光连接器安装、光路的调接、多余尾纤的存储及光缆的保护等，它对光纤通信网络安全运行和灵活使用有着重要的作用。

光纤配线架是光传输系统中一个重要的配套设备，在过去光通信建设中使用的光缆通常为几芯至几十芯，光纤配线架的容量一般都在 100 芯以下，这些光纤配线架越来越表现出尾纤存储容量较小、调配连接操作不便、功能较少、结构简单等缺点。

光纤配线架作为光缆线路的终端设备应具有 4 项基本功能：

（1）固定功能。光缆进入机架后，对其外护套和加强芯要进行机械固定，加装地线保护部件，进行端头保护处理，并对光纤进行分组和保护。

（2）容接功能。光缆中引出的光纤与尾纤熔接后，将多余的光纤进行盘绕储存，并对熔接接头进行保护。

（3）调配功能。将尾纤上连带的连接器插接到适配器上，与适配器另一侧的光连接器实现光路对接。适配器与连接器应能够灵活插拔；光路可进行自由调配和测试。

（4）存储功能。为机架之间各种交叉连接的光连接线提供存储，使它们能够规则整齐地放置。配线架内应有适当的空间和方式，使这部分光连接线走线清晰，调整方便，并能满足最小弯曲半径的要求。

随着光纤网络的发展，光纤配线架现有的功能已不能满足许多新的要求。有些厂家将一些光纤网络部件（如分光器、波分复用器和光开关等）直接加装到光纤配线架上。这样，既将这些部件方便地应用到网络中，又给光纤配线架增加了功能和灵活性。

通常使用的光纤配线架分为标准 19″ 机架式和壁挂式两种。

机架式光纤配线架由基本框架部分、内部连接单元、固定夹、耦合器、保护器等组成，如图 3-14 所示。

图 3-14　光纤配线架

在实际布线工程中还会常用到金属光纤接线盒，又叫光纤盒、光纤终端盒、光纤接续（头）盒等，常见的有 8 口、12 口等。如图 3-15 所示即为 8 口光纤盒。

现在光通信已经在长途干线和本地网中继传输中得到广泛应用，光纤化也已成为接入网的发展方向。各地在新的光纤网建设中，都尽量选用大芯数光缆，这样就对光纤配线架的容量、功能和结构等提出了更高的要求，大容量的光纤配架或光纤盒也随之产生，如图 3-16 所示。

图 3-15　8 口光纤盒

图 3-16　60 口光纤配线架

3.1.7　跳线

跳线一般指用于连接综合布线设备之间、网络设备之间或布线设备与网络设备之间的线缆。跳线的两个接头可以是 RJ-45 接头，也可以是其他类型的接头，模块化配线架采用模块化跳线（RJ-45 跳线）进行线路连接，IDC 式配线架可采用模块化的 IDC 跳插线（俗称"鸭嘴跳线"，如 BIX-BIX、BIX-RJ45 跳插线），以及交叉连接跳线（Jumper Wire，Crossconnect Wire）进行线路连接。图 3-17 为几种常用的跳线。

图 3-17　常用跳线

模块化跳线和 IDC 跳插线可方便地插拔，而交叉连接跳线则需要专用的压线工具（如 BIX 压线刀）将跳线压在 IDC 连接器的卡线夹中。跳线可以根据实际需要自己制作，或购买成品跳线。

最常用的跳线是 RJ-45 跳线，即两个接头都由 RJ-45 水晶头构成。此类跳线接头一般采用 T568A 模式，长度为 1m、2m、3m 不等。

跳线可以在配线间使用，也可以在工作区使用，用来连接计算机与信息盒。

1. 跳线的标准

跳线作为布线系统中一个重要部分，测试问题却一直未引起重视，这也是随着综合布线标准的不断进步而出现的。

（1）TIA/EIA-568-A-4-1999：100Ω 4 对电缆的传输延迟和延迟偏离规范；

（2）TIA/EIA-568-A-5-2000：100Ω 4 对增强五类布线技术规范；

（3）TIA/EIA-568-B PART 2：100Ω 平衡双绞线部件标准。

在几个先后发表的标准中，分别涉及 CAT5、CAT5E 的跳线测试方法和要求，TIA/ELA-568B.2-1 六类布线标准中对跳线作了具体要求。

2．跳线的选用

建议选用原厂的跳线，因为其工艺严谨，采用多股软线设计，可承受反复插拔次数多。

对于跳线来说，一个重要的性能就是弯曲时的性能问题，由于 UTP 双绞线一般为实线芯，所以可管理性能上很差。一是线缆比较硬，不利于弯曲；二是实线芯线缆在弯曲时会有很明显的回波损耗出现，导致线缆的性能下降。所以对于实线芯的电缆，一般有弯曲半径上的明确要求。标准规定，非屏蔽双绞线（UTP）的最小弯曲半径应为缆线直径的 4 倍，屏蔽双绞线则为缆线直径的 8 倍。如果弯曲半径小于此标准，则可能导致导线的相对位置发生变动，从而导致传输性能降低。而对于专门用于管理跳线的多股线芯的软电缆来说就没有这些问题了。

3．光纤跳线

光纤连接器（又称跳线）指光缆两端装上连接插头，用以实现光路的活动连接的无源器件。尾纤是指光缆一端装有插头，用于熔接用的连接器。转接跳线是指在光缆两端装有不同类型插头的光纤连接器。

（1）分类。按模式分，包括单模光纤跳线、多模光纤跳线；按接口类型分（常用型），包括 FC、SC、ST；按接口类型分（特殊型），包括 FDDI、LC、MU、MT-RJ、SMA、D4、MOLEX VF45；按芯数分，包括单芯、双芯光纤连接器。

（2）注意事项。在使用光纤跳线要注意：光纤跳线两端的光模块的收发波长必须一致，也就是说，光纤的两端必须是相同波长的光模块，简单的区分方法是光模块的颜色要一致。一般情况下，短波光模块使用多模光纤（橙色的光纤），长波光模块使用单模光纤（黄色光纤），以保证数据传输的准确性。

光纤跳线在使用中不要过度弯曲和绕环，这样会增加光在传输过程的衰减。光纤跳线使用后一定要用保护套将光纤接头保护起来，灰尘和油污会损害光纤的耦合。

光纤跳线既可以是单纯的一种接头，也可以是各种光纤接头中任两者的混合。光纤跳线可以是单芯的，也可以是双芯的。光纤跳线的标准长度从 1m 到 10m 不等，也可以向厂家订做特殊长度的光纤跳线。如图 3-18 所示为几种光纤跳线。

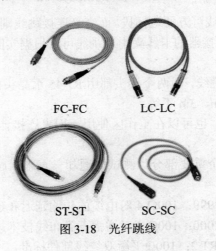

FC-FC　　　LC-LC

ST-ST　　　SC-SC

图 3-18　光纤跳线

3.1.8　家居布线产品

家居布线应该说是一个小型的综合布线系统。它可以作为一个完善的智能小区综合布线系统的一部分，也可以完全独立成为一套综合布线系统。从功用来说，智能家居布线系统是智能家居系统的基础，是其传输的通道。目前，许多国内外大的综合布线厂家都针对智能家居市场推出了解决方案和产品。

智能家居布线也要参照综合布线标准进行设计，但它的结构相对简单。目前应用较多的应是实施以下几个功能模块：

（1）高速数据网络模块：可以建立家庭办公室，满足 SOHO 应用。模块为标准 RJ-45 接口，可以连接各种网络设备。

（2）电话语音系统模块：可以实现住宅电话小交换机的需要，满足多线路通信。

（3）有线电视网模块：可分散到多个房间，实现双向有线电视功能，也可接卫星电视接收设备。

（4）音响视频模块：可以是能够接音频线、S 端子视频线、莲花组合式音视频线等的模块。

（5）其他信号传输线缆：如弱电集成、三表、监控等。

图 3-19 为某品牌智能家居布线箱的模块。

图 3-19　智能家居布线箱模块

家居布线箱的好处如下：

（1）让室内的电话线、有线电视线、计算机网络线、音视频线、安防控制线等弱电信号线，在住宅设计时或装修前统一规划、布局，便于集中管理。

（2）采用国际家居布线标准，同时符合我国家居住宅的国情要求。

（3）外观精美，质量可靠。可与家居墙面环境完美结合，不影响视觉效果。

（4）模块化设计。具有良好的扩展性和可升级性，增加新模块，满足用户现在和未来的需求。

（5）一次布线，终身享用，不用二次布线。布线具有超前性。

（6）性价比高，冗余布线一次投资，设备可分期投入，功能逐步扩充，省去许多花费。

（7）星型拓扑结构或家庭总线方式，结构清晰，安全可靠，便于管理和维护。

3.2　综合布线使用的其他设备与工具

近几年来，随着 CAT5E、CAT6 布线系统广泛应用，人们对高性能的网络传输也越来越重视。但值得注意的是，在人们将布线原器件性能逐渐提高到新的水平的同时，却忽略了对布线安装工具的重视。直到今天，我们仍能看到布线施工的工人和网络的安装技术人员仍然使用劣质廉价的工具去安装对性能要求极高的布线链路。人们似乎仍然相信，凭着细致认知的态度工作，一样可以做好网络的安装，工具不过是一个辅助的手段罢了。

在分析大量的工程并进行认真的对比试验后，我们得出了完全相反的结论。那就是，在对布线安装工艺要求十分精确的施工中,安装工具对布线链路的连接性能甚至对网络传输性能都起着十分重要的作用。一般来说，低质量的链路完全可以通过连接性能的测试，而在传输性能的测试上却往往出现问题，即使通过了传输性能的测试，但传输性能的余量往往很小。在人们追求高余量的布线工程中，使用高性能/精确的工具就可以让我们得到不少意外的余量。

本节对布线常用的工作进行介绍，图 3-20 为常用的布线工具汇总。

	单对 110 型打线工具。适用于模块、配线架的连接作业，依照人体工程学原理设计，使用方便		RJ-45+RJ-11 双用压线钳。适用于 RJ-45 和 RJ-11 接头的压接作业，依照人体工程学原理设计，使用方便
	5 对 110 型打线工具。适用于跳线架和跳接块的连接作业，依照人体工程学原理设计，使用方便		剥线工具。提供快速安全的双绞线剥线方式，刀位可调节，提高作业效率
	RJ-45+RJ-11 双用压线钳。适用于 RJ-45 和 RJ-11 接头的压接作业，依照人体工程学原理设计，使用方便		

图 3-20　布线常用打线工具汇总

3.2.1　布线安装工具

1. RJ-45 压线钳

现在网络布线基本上都采用双绞线布线了，RJ-45 压线钳是制作双绞线网线的必备工具。

图 3-21 就是一款最常见的普通 RJ-45 压线钳。它有两个刃口，靠近把手的刃口用于剪断整根双绞线，靠近转轴的刃口用于剥掉双绞线外面的塑料护套。两个刃口中间有一个 RJ-45 的压制模子，用于把水晶头的铜片压入已经按线序插入的双绞线，使铜片和双绞线紧密接触，这样做出的网线才是通的，这是双绞线制作的关键步骤。

但是这种钳子只适合偶尔做做网线的用户，因为使用时间长了，压制效果会越来越差，水晶头的报废率也会越来越多。要很好地完成综合布线工程，必须使用质量好的钳子。图 3-22 是 AMP 牌的 RJ-45 压线钳。

图 3-21　RJ-45 压线钳

图 3-22　AMP RJ-45 压线钳

2. 网络打线刀

这种工具是针对模块特点，依照人体工程学原理设计，确保工作效率并能减少作业疲劳。适用于配线架、模块、线缆等连接作业，能满足各种现场端接要求；金属构件采用优质冷轧钢板成型，渗碳处理；手柄采用工程塑料 PC 注塑而成，经久耐用；刀头采用特殊耐磨材质，确保剪线、切线功能优良；传动部分的材料采用优质的工具钢（弹簧件采用优质的钢带和弹簧专用钢加工制成）；工作时理论操作力为 130N。

打线工具用于将双绞线压接到信息模块和配线架上，信息模块配线架是采用绝缘置换连接器（IDC）与双绞线连接的，IDC 实际上是具有 V 型豁口的小刀片，当把导线压入豁口时，刀片割开导线的绝缘层，与其中的导体形成接触，如图 3-23 所示。

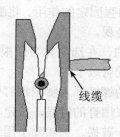

线缆

图 3-23　打线前后刀片位置图

打线刀还可分为单刀和 5 对两种。

3. 光纤工具

光纤的制备工具与电缆工具有较大的不同。光纤制作工具通常有如下几种：

（1）光纤剥离钳：用于剥离光纤涂覆层和外护层。

（2）光纤剪刀：用于修剪凯弗拉线（Kevlar）。

（3）光纤连接器压接钳：用于压接 FC、SC 和 ST 连接器。

（4）光纤接续子：用于尾纤接续、不同类型的光缆转接、室内外永久或临时接续、光缆应急恢复。

（5）光纤切割工具：用于多模和单模光纤切割。

（6）单芯光纤熔接机：采用芯对芯标准系统（PAS）进行快速、全自动熔接。

（7）光纤显微检视镜：用于检视接头核心及光纤端面周围。

4. 其他布线工具

（1）剥线刀。网线外层都有一层用于保护芯线的胶皮，只有将网线头部分的胶皮剥掉，才能制作水晶头和接入模块。此时需要将网线放入剥线刀中，然后握住手柄轻轻旋转 360° 就可以将外层胶皮剥下，现在就可以看到包裹在网线中的芯线了。当然剥线刀除了上面介绍的这种旋转式的，还有一种压制式的，只要将线放入孔中，轻轻握下手柄并旋转就可将胶皮剥离。

（2）测线器。将制作好的网线两头插入测线器并打开开关，观察指示灯的显示是否正确。这里需要注意的是，网线有直通和交叉两种，所以在测试网线的时候测线器上的灯会根据网线种类的不同而发生变化。如果是直通线，那么左右灯的顺序是由 1 到 8 依次闪亮；如果是交叉线，那么其中的一边闪亮顺序是由 1 到 8，另一边将对应为 3,6,1,4,5,2,7,8。

（3）手电钻。手电钻既能在金属型材上钻孔，也能在木材、塑料上钻孔，在布线系统安装中是经常用到的工具。将钻头放入手枪钻中，插上电源，找到需要打洞的位置，然后按动开关，此时手枪钻开始钻洞。当钻入深度差不多时就可以停止了。要注意的是，钻头的粗细不能超过膨胀螺钉的粗细。另外在打孔前需要先将 PVC 管放在墙面上，然后检查是否与地面成 **90°** 角，接着用笔画出直线，沿着这条直线打孔，这样就可避免孔位偏离。

除了安放膨胀螺钉外，还可用手枪钻打洞，穿越墙体，以便将网线穿墙，减少不必要的走线。

（4）充电起子。充电起子是工程安装中经常使用的一种电动工具，它既可当作螺丝刀，又可以用作电钻，特殊情况下带充电电池使用，不用电线提供电源，在任何场合都能工作。

（5）冲击电钻。冲击电钻简称冲击钻，它是一种旋转带冲击的特殊用途的手提式电动工具。

（6）膨胀螺钉。当把膨胀螺钉钉入钻孔后，再把螺钉钉入膨胀螺钉中，此时膨胀螺钉的顶部就会展开，从而起到加强固定的作用。将膨胀螺钉放入先前的洞中，然后用铁锤敲击，使它和墙面平行以保持墙面美观。

膨胀螺钉也是有粗细的，在选购时必须根据螺钉的粗细来购买，同时其材质还分铁制和塑料两种，一般用塑料的就可以了。

（7）线卡。将线卡上的螺钉插入膨胀螺钉中，然后全部钉好，再将 PVC 管插入线卡即可。需要注意的是，在钉入膨胀螺钉的时候，一定要掌握好力度，因为固定 PVC 管的线卡是塑料的，用力过大会使塑料线卡破损。当然除了用线卡可以固定 PVC 管外，U 形钉也可用于固定 **PVC** 管道或网线，用法和线卡大致相同。

（8）绑线。在布线时，我们时常会为某段网络预留一定长度的网线，但又不能让这段预留网线散布开来，否则散布的网线会阻碍工作。此时可以用绑线将网线盘绕并捆起来，阻止它占用地盘。用绑线缠绕网线一周，然后将绑线头部穿过尾部的方口，接着适当用力拉紧即可。要注意的是在拉紧时要留一定的空隙，这样如果以后有网线需要更换，可以很方便地将网线取出来，不然就只有将绑线剪断才行，这样就会损失一条捆线绳。

通常它有以下几种使用方式：使用不同颜色的尼龙扎带，进行识别时可对繁多的线路加以区分；使用带有标签的标牌尼龙扎带，在整理线缆的同时可以加以标记；使用带有卡头的尼龙扎带，可以将线缆轻松地固定在面板上。扎带使用时也可用专门工具，它使得扎带在安装时极为简单省力。还可使用线扣将扎带和线缆等进行固定，线扣分粘贴型和非粘贴型两种。

（9）其他工具。在综合布线系统工程中所用的施工工具是进行安装施工的必要条件，随施工环境和安装工序的不同，有不同类型和品种的工具。

例如建筑群主干布线子系统的线缆敷设是室外施工，主要工具有挖掘沟槽的工具，如铁锹、十字镐、电镐和电动蛤蟆夯等；在室内、外施工的工具，主要有登高的工具，如梯子、高凳等；牵引线缆的工具有牵引绳索、牵引缆套、拉线转环、滑车轮和防磨装置（俗称铜瓦，置于管孔口以防牵引电缆时外护套受损）、人工牵引器（又称钢绳鬼抓或紧线器）和电动牵引绞车等；电缆或光缆的接续工具，有剥线器、电缆芯线接线机、光缆切割器、光纤磨光机、光纤熔接机、各种手动剪钳（如扁口钳、尖头钳、斜口钳和电缆剪刀等）；安装工具有射钉枪、切割机、电转和人工活动扳手等。

在布线工程中常用的工具如图 3-24 至图 3-29 所示。

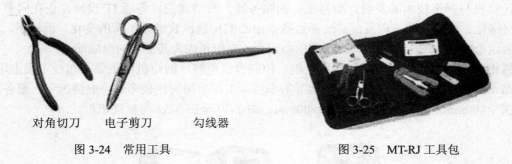

对角切刀　电子剪刀　勾线器

图 3-24　常用工具

图 3-25　MT-RJ 工具包

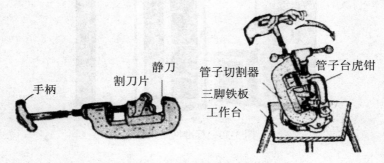

手柄　割刀片　静刀　管子切割器　三脚铁板　工作台　管子台虎钳

图 3-26　管材切割器及其操作方法

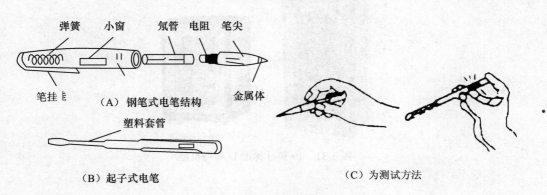

弹簧　小窗　氖管　电阻　笔尖

笔挂　（A）钢笔式电笔结构　金属体

塑料套管

（B）起子式电笔

（C）为测试方法

图 3-27　测试电笔及其使用

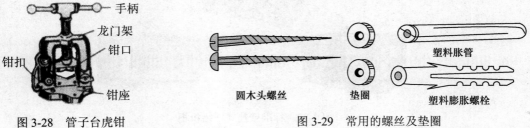

手柄　龙门架　钳口　钳扣　钳座

圆木头螺丝　垫圈　塑料胀管　塑料膨胀螺栓

图 3-28　管子台虎钳

图 3-29　常用的螺丝及垫圈

3.2.2　机柜

机柜是什么？很多人把机柜看作是用来装 IT 设备的柜子。机柜是柜子，但并不仅仅如此。随着计算机与网络技术的发展，数据中心的服务器、网络通信设备等 IT 设施，正在向着小型化、网络化、机架化的方向发展。这都给数据中心的构建模式带来了新的变化。而机柜，正逐渐成为这个变化中的主角之一。对数据中心而言，机柜正成为其重要的组成部分。

机柜一般分为服务器机柜、网络机柜、控制台机柜等。网络机柜主要是布线工程上用的，存放路由器、交换机、显示器、配线架等的东西，工程上用得比较多。一般情况下，服务器机柜的深≥800mm，而网络机柜的深≤800mm。图 3-30 至图 3-32 为标准机柜。

图 3-30　标准网络机柜

图 3-31　19 英寸标准 U 网络机柜

图 3-32　标准壁挂式网络机柜

机柜通常有能快速装卸的前后门及侧门、顶部风扇盘及 4 个散热风扇。

网络布线机柜具有较强的网络线缆管理功能，在机柜内部两侧提供大量的走线空间，设有便利的垂直理线管理附件，内部标准 19 英寸，可安装交换机、路由器、配线架等设备；可以配置专用固定托盘、专用滑动托盘、电源支架、地脚轮、地脚钉、理线环、理线架、L 支架、扩展横梁等。

于机柜底部安装有特殊的锁死设计，在需要移动机柜时可对滑动轮解锁，在安放好机柜的位置之后可对滑动轮锁紧，防止滑动和走位。

网络机柜的设计特性如下：

（1）大量的走线空间。

（2）多处进线通道。

（3）立柱两边的垂直理线槽设计。

（4）兼容 19 英寸的设备安装。

（5）快速装卸的前后门及侧门。

（6）顶部风扇盘及 4 个散热风扇。

（7）设备层板承重（50kg）。

（8）机柜承重 450kg。

（9）19 英寸及 27 英寸转换脚柱。

3.2.3　槽、管和桥架

综合布线系统中，明敷或暗敷管路和槽道系统是常用的一种辅助设施，有时把它简称为管槽系统。管槽系统中使用的材料包括管路材料、槽道（桥架）材料和防火材料。

管路材料有钢管、塑料管和室外用的混凝土管及高密度乙烯材料（HDPE）制成的双壁波纹管。

1. 钢管

按照制造方法不同，钢管可分为无缝钢管和焊接钢管（或称接缝钢管和有缝钢管）两大类。无缝钢管按制造工艺可分为热轧无缝钢管、冷拔无缝钢管、异形无缝钢管及渗铅或镀锌钢管。按化学成分可分为普通碳素钢、优质碳素结构钢、普通低合金结构钢和合金结构钢的一般无缝钢管。综合布线系统中只有一些特殊场合（如管路引入屋内承受极大的压力时）且短距离和要求高时才采用，因此用量极少。

暗敷管路系统中常用的钢管为焊接钢管，焊接钢管一般由钢板卷焊制成，按卷焊制作方法不同，又可分为对边焊接（又称对缝焊接）、叠边焊接和螺纹焊接 3 种，后两种焊接钢管的内径都在 150mm 以上，在屋内不会采用。

综合布线及水、煤气输送采用的钢管主要有以下几种：

（1）按钢管的壁厚不同分为普通钢管（水压实验压力为 2.5MPa）、加厚钢管（水压实验压力为 3MPa）和薄壁钢管（水压实验为 2MPa）。普通钢管和加厚钢管统称为水管，有时简称为厚管（G）。薄壁钢管又称为普通碳素钢电线套管，简称薄管或电管（DG）。

（2）按有无螺纹可分为带螺纹（有圆形螺纹和圆柱形螺纹）和不带螺纹（又称光管）两种。按表面是否处理可分为有镀锌（又称白铁管）和不镀锌（又称黑铁管）两种。

（3）按规格分为水管和电管两种。这两种规格在综合布线系统中都有使用。由于水管的管壁较厚，机械强度高，主要用在垂直主干上升管路、房屋底层或受压力较大的地段；有时也作屋内线缆的保护管，它是最普遍使用的一种管材。电管因管壁较薄承受压力不能太大，常用于屋内吊顶中的暗敷管路，以减轻管路的重量，使用也很广泛。

根据 GB/T 3091-2008《低压流体输送用焊接钢管》国家标准，钢管规格分类如表 3-1 所示。

表 3-1　钢管的公称口径与钢管的外径、壁厚对照表　　　　　　　单位：mm

公称口径	外径	壁厚	
		普通钢管	加厚钢管
6	10.2	2.0	2.5
8	13.5	2.5	2.8
10	17.2	2.5	2.8
15	21.3	2.8	3.5
20	26.9	2.8	3.5
25	33.7	3.2	4.0
32	42.4	3.5	4.0
40	48.3	3.5	4.5
50	60.3	3.8	4.5
65	76.1	4.0	4.5
80	88.9	4.0	5.0
100	114.3	4.0	5.0
125	139.7	4.0	5.5
150	168.3	4.5	6.0

注：表中的公称口径系近似内径的名义尺寸，不表示外径减去两个壁厚所得的内径。

钢管具有机械强度高、密封性能好、抗弯、抗压和抗拉能力强等特点，尤其是有屏蔽电磁干扰的作用，管材可根据现场需要任意截锯拗弯，施工安装方便。但是它存在管材重、价格高且易锈蚀等缺点，所以在综合布线中的一些特别场合需要用塑料管来代替。

2. 塑料管

塑料管是由树脂、稳定剂、润滑剂及填加剂配制挤塑成型。目前按塑料管的主要材料分类有聚氯乙烯管（PVC-U 管）、聚乙烯管（PE 管）、聚丙烯管（PP 管）、铝塑复合管、交联聚乙烯管、无规共聚聚丙烯管（PP-R）等。综合布线常用的有 PE 阻燃导管和 PVC 阻燃导管。

如果加以细分，又有以高、低密度聚乙烯为主要材料的高、低密度聚乙烯管（HDPE 和 LDPE），以软质或硬质聚氯乙烯为主要材料的软、硬聚氯乙烯管（PVC-U）。

此外，按管材结构划分为以下几种：

（1）内壁光滑、外壁波纹的双壁波纹管（简称双壁波纹管）。

（2）内、外壁光滑，中间含有发泡层的复合发泡管（简称复合发泡管）。

（3）内、外壁光滑的实壁塑料管（简称实壁管）。

（4）内、外壁均成凹凸状的单壁波纹管。

按塑料管成型外观，又分为硬直管、硬弯管和可绕管等。

近期又有在高密度聚乙烯管内壁附有固体永久润滑剂硅胶层的硅胶管（简称硅管）面市，它具有与高密度聚乙烯管相同的物理和机械性能，但其摩擦系数极小。

PVC 穿线管常用的规格按外径分有 16、20、25、30、40、50、75、90、110。PVC 管如图 3-33 所示。

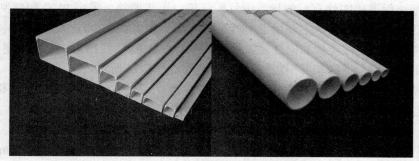

图 3-33　PVC 管材与 PVC 线槽

3. 铝塑复合管

铝塑复合管是最近广泛使用的一种新的塑料材料，它是以焊接管为中间层，内外层均为聚乙烯，聚乙烯与铝管之间以高分子热熔胶粘合，经复合挤出成型的一种新型复合管材。铝塑复合管综合了塑料管和金属管各自的优点，如稳定的化学性质、耐腐浊、无毒无污染、表面光洁、无结垢、重量轻、抗应力裂纹以及热膨胀系数低、氧渗透率低、弯曲性能好等，因而具有良好的使用性能。由于其中间铝层具有抗静电性，使铝塑复合管具有防电磁干扰和辐射的能力，也可以用作综合布线、通信线路的屏蔽管道。

铝塑复合管（搭接焊）的环境温度、工作温度及工作压力如表 3-2 所示。

表 3-2　铝塑复合管（搭接焊）的环境温度、工作温度及工作压力

用途代号	环境温度（℃）	工作温度（℃）	工作压力（Mps）
L	−40～60	≤60	≤1.0
R	−40～95	≤95	≤1.0
Q	−20～40	≤40	≤0.4
T	−40～60	≤40	≤0.5

4. 硅芯管

硅芯管可作为直埋光缆套管，内壁预置永久润滑内衬，具有更小的摩擦系数，采用气吹法布放光缆，敷管快速，一次性穿缆长度 500～2000m，沿线接头、入孔、手孔相应减少。

5. 混凝土管

混凝土管按所用材料和制造方法不同，分为干打管和湿打管两种，目前因湿打管具有制造成本高、养护时间长等缺点而不常采用，较多采用的是干打管（又称砂浆管）。这种混凝土管在一些大型的电信通信施工中常常使用。

综合布线系统中通常采用的是软、硬聚氯乙烯管，且是内、外壁光滑的实壁塑料管。室外的建筑群主干布线子系统采用地下通信电缆管道时，其管材除主要选用混凝土管（又称水泥

管）外，目前较多采用的是内外壁光滑的软、硬质聚氯乙烯实壁塑料管（PVC-U）和内壁光滑、外壁波纹的高密度聚乙烯管（HDPE）双壁波纹管，有时也采用高密度聚乙烯（HDPE）的硅芯管。由于软、硬质聚氯乙烯管具有阻燃性能，对综合布线系统防火极为有利。此外，在有些软聚氯乙烯实壁塑料管使用场合中，有时也采用低密度聚乙烯光壁（LDPE）子管。

6. PVC 线槽

PVC 线槽一般通用叫法有行线槽、电气配线槽、走线槽等。采用 PVC 塑料制造，具有绝缘、防弧、阻燃自熄等特点，主要用于电气设备内部布线，在 1200V 及以下的电气设备中，对敷设其中的导线起机械防护和电气保护作用。使用产品 PVC 线槽后，配线方便，布线整齐，安装可靠，便于查找、维修和调换线路。PVC 线槽如图 3-33 所示。

PVC 线槽的截面有圆弧型和矩形两种，如图 3-34 所示，它的品种与规格较多，从型号上讲有 PVC-20 系列、PVC-25 系列、PVC-25F 系列、PVC-30 系列、PVC-40 系列、PVC-40Q 系列等。

从规格上讲，常用的有 20mm×12mm、25mm×12.5mm、25mm×25mm、30mm×15mm、40mm×20mm、50mm×25mm、100mm×50mm 等。

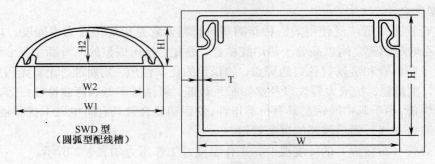

图 3-34　PVC 线槽的截面

PVC 线槽所有的规格如表 3-3 所示。

表 3-3　PVC 线槽总汇

规格（mm）	单价	规格（mm）	单价
加厚型电线槽		普通电线槽 6	
20×10A	1.25	20×10B	1.09
24×14A	1.70	24×14B	1.40
30×15A	2.24	39×19B	2.60
39×19A	3.20	59×22B	4.40
59×22A	5.80	120×80	22.00
50×25A	6.00	160×100	33.00
60×40A	8.00	200×100	39.00
80×40A	11.00	200×160	47.00
80×50A	13.00	300×150	80.00

续表

规格（mm）	单价	规格（mm）	单价
100×27A	11.00	弧形槽、地板线槽 6	
100×40A	13.00	1 号	3.67
100×50A	15.00	2 号（底宽 3cm）	4.67
100×60A	15.80	3 号（底宽 4cm）	6.67
100×80A	29.00	4 号（底宽 5cm）	9.00
100×100A	39.00	5 号（底宽 6cm）	12.50
150×50A	39.00	6 号（底宽 7cm）	15.67
铝合金弧形槽 9		7 号（底宽 8cm）	22.70
2 号（底宽 3cm）	45.20		
3 号（底宽 4cm）	53.60	8 号（底宽 9cm）	23.50
4 号（底宽 5cm）	62.00	9 号（底宽 10cm）	32.00
6 号（底宽 7cm）	92.00	35×10	8.80
		48×14	13.60

与 PVC 线槽配套使用的附件还有阳角、阴角、直转角、平三通、左三通、右三通、连接头、终端头、接线盒（明盒、暗盒）等。

7. 槽道（又称桥架）

槽道由多种外形和结构的零部件、连接件、附件和支、多架等组成，主要部件如下：

（1）直线段（又称直通段），它是一段不能改变方向或尺寸（包括截面积）的用于直接承托电（光）缆的刚性直线段基本部件。

（2）弯通（又称弯通段），它是一段能改变方向或尺寸（包括截面积）的用于电（光）缆的刚性非直线段基本部件，弯通有折弯形和圆弧形，常见的弯通部件有以下几种：

1）水平弯通：在同一个水平面改变托盘、梯架方向的部件，且分为 30°、45°、60° 和 90° 四种形式。

2）水平三通：在同一个水平面上以 90° 分开 3 个方向（成丁字形）连接托盘、梯架的部件，分为等宽和变宽两种形式。

3）水平四通：在同一个水平面上以 90° 分开 4 个方向（成十字形）连接托盘、梯架的部件，分为 4 种形式。

4）上弯管：使连接托盘、梯架从水平面改变方向向上连接的部件，它分为 30°、45°、60° 和 90° 四种形式。

5）下弯管：使连接托盘、梯架从水平面改变方向向下连接的部件，它分为 30°、45°、60° 和 90° 四种形式。

6）垂直三通：在同一垂直面以 90° 分开 3 个方向连接托盘、梯架的部件，分为等宽和变宽两种形式。

7）垂直四通：在同一垂直面以 90° 分开 4 个方向连接托盘、梯架的部件，分为等宽和变宽两种形式。

8）变径直通：在同一平面上连接不同宽度和高度的连接托盘、梯架的部件。

槽道的连接件和附件较多，它们是槽道连接的重要部件，具有品种繁杂、数量较多和涉及面广的特点。

（1）连接件。它包括调宽片、调高片、连接片、调角片、隔板和护罩等。它是电缆桥架安装中的变宽、变高、连接、水平和垂直走向中的小角度转向，动力电缆与控制电缆的分隔等必需的附件。

（2）附件。这部分主要包括各种电缆、管缆卡子和连接、紧固螺栓等电缆桥架安装中所需的通用附件，供用户在订货、安装时选用。附件部分中所有连接、紧固螺栓、电缆卡子全部镀锌，其他槽板、花盘角铁表面处理分为静电喷塑、镀锌、烘漆 3 种。

（3）其他部件。槽道的其他部件品种较多，主要用来对槽道支承或悬吊的部件（又称支架或吊架），它们直接支承或吊挂固定安装托盘或梯架。通常有托壁、立柱、吊架和其他固定支架几种形式。

槽道的类型按其材料划分，有金属材料和非金属材料两大类。

金属材料制成的槽道有以下几种现场应用方式：

（1）有孔托盘式槽道，简称托盘式槽道或托盘式桥架，如图 3-35 所示。它是由带孔洞眼的底板和无孔洞眼的侧边所构成的槽形部件，或采用由整块钢板冲出底板的孔眼后，按规格弯成槽形的部件。它适用于敷设环境无电磁干扰，不需要屏蔽接地的地段，或环境干燥清洁、无灰、无烟等不会污染的、要求不高的一般场合。

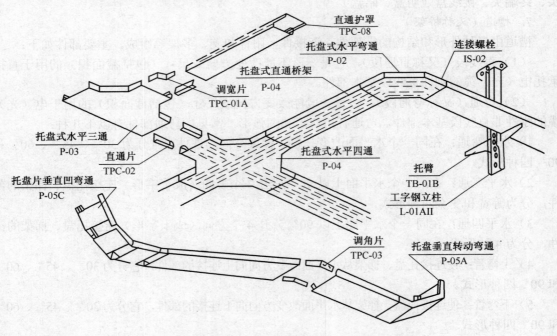

图 3-35　托盘式桥架

（2）无孔托盘式槽道，简称槽式槽道或槽式桥架，如图 3-36 所示。无孔托盘式槽道与有孔托盘式槽道的主要区别是底板无孔洞眼，它是由底板和侧边构成或由整块钢板弯制成的槽形部件，因此有时称它为实底型电缆槽道。这种无孔托盘式槽道如配有盖，就成为一种全封闭型的金属壳体，它具有抑制外部电磁干扰、防止外界有害液体、气体和粉尘侵蚀的作用。因此，它适用于需要屏蔽电磁干扰或防止外界各种气体或液体等侵入的场合。

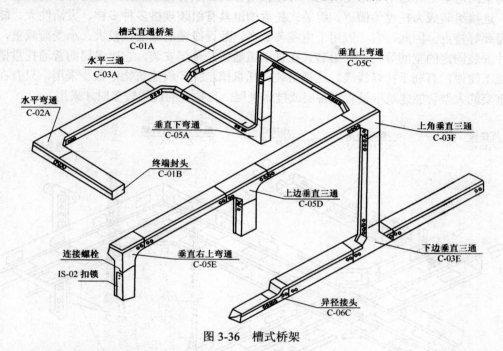

图 3-36　槽式桥架

（3）梯架式槽道，又称梯级式桥架，简称梯式桥架，如图 3-37 所示。它是一种敞开式结构，由两个侧边与若干个横挡组装构成梯形部件，与布线机柜/机架中常用的电缆走线架的形式和结构类似。因为它的外面没有遮挡，是敞开式部件，在使用上有所限制，适用于环境干燥清洁、无外界影响的一般场合。不得用于有防火要求的区段，或易遭受外界机械损害的场所，更不得在有腐蚀性液、气体或有燃烧粉尘等场合使用。

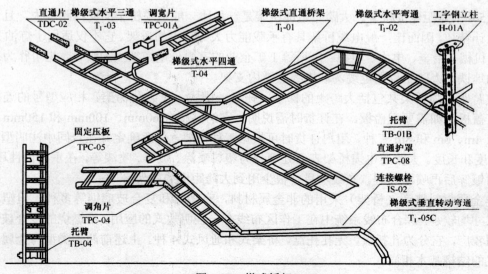

图 3-37　梯式桥架

（4）组装式托盘槽道，又称组装式托盘、组合式托盘或组装式桥架，如图 3-38 所示。组装式桥架槽道是一种适用于工程现场，可任意组合的若干有孔零部件，且用配套的螺栓或插接方式，连接组装成为托盘的槽道。组装式托盘槽道具有组装规格多种多样、灵活性大、能适应各种需要等特点。因此，它一般用于电缆条数多、敷设线缆的截面积较大、承受荷载重，且具有成片安装固定的空间等场合。组装式托盘槽道通常是单层安装，它比多层的普通托盘槽道的安装施工简便，有利于检修线缆。这种组装式托盘槽道在一般建筑物中很少采用，只有在特大型或重要的大型智能建筑中设有设备层或技术夹层，且敷设的线缆较多时才采用。

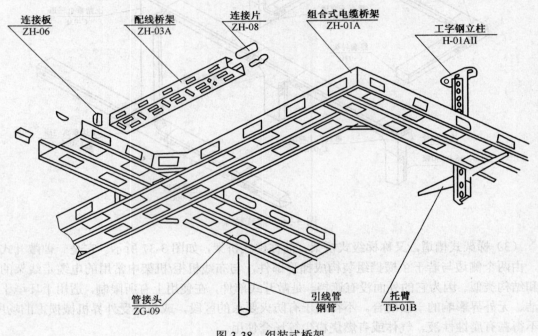

图 3-38　组装式桥架

（5）大跨距电缆桥架。大跨距电缆桥架是一种比一般电缆桥架的支撑跨度大，且由于结构上设计精巧，因而比一般电缆桥架具有承载能力大等特点的桥架。它不仅适用于炼油、化工、纺织、机械、冶金、电力、电视、广播等工矿企业的室内外电缆架空的敷设，也可作为地下工事，如地铁、人防工程的电缆沟和电缆隧道内支架。

大跨距电缆桥架共包括大跨距的梯架、托盘、槽式、重载荷梯架、相应型号的连接件，并备有盖板。如需要配盖板，在订货时需说明。它的高度有 60mm、100mm 和 150mm 三种，长度有 4m、6m 和 8m 三种，用户订货时可根据工程需要，任意确定并在合同中注明型号、高度、宽度和长度。大跨距电缆桥架表面处理分为塑料喷涂、镀锌、喷漆等，在重腐蚀性环境中，可选用镀锌后再喷涂处理。布线项目中很少用到大跨距电缆桥架。

非金属材料槽道（桥架）采用的非金属材料，有塑料和复合玻璃钢等多种。但塑料槽道规格尺寸均较小，综合布线系统中在工作区布线有一些明敷式的应用。不燃烧的复合玻璃钢槽道应用较广，它分为孔托盘、无孔托盘、桥架式和通风式 4 种。上述前两种类型与金属材料槽道形式的结构基本相同。

习题三

1. 如果租用一个房间作办公室，最可能需要的综合布线设备是什么？
2. 信箱面板通常是多大尺寸的？与常见的电源插座面板在使用上有什么不同？
3. 综合布线中使用的配线架都是什么？
4. 通常智能家居产品都包括什么设备？
5. 光纤配线架通常是什么接口的？耦合器起什么作用？
6. 理线架在设计中数量一般是怎么确定的？
7. 试述跳线的标准与跳线的选择原则。
8. 标准机柜的高度是多少？宽度是多少？
9. 常用的 PVC 管都有什么规格？
10. 在什么情况下使用金属管进行综合布线？

第 4 章　综合布线标准

学习目标

本章对综合布线系统在各阶段的标准进行简单介绍。通过本章的学习，读者应掌握如下内容：

- 了解综合布线标准的发展历程。
- 了解国内外标准化组织。
- 根据现在实行的标准设计简单的综合布线系统。

4.1　综合布线系统标准

4.1.1　标准的概念

1. 标准的定义

关于标准的定义，国内外有不同的文字描述，但其主要含义基本上是类似的。

早在 1934 年，捷拉德（Jaillard）在《工业标准化—原理与应用》一书中对标准所下的定义是：标准是对计量单位或基准、物体、动作、过程、方式、常用方法、容量、功能、性能、办法、配置、状态、义务、权限、责任、行为、态度、概念或想法的某些特征给出定义，做出规定和详细说明。它以语言、文件、图样等作为表现方式或利用模型、标样及其他具体表现方法，并在一定时期内适用。

国际标准化组织（ISO）在 ISO/IEC 指南 2-1991《标准化和有关领域的通用术语及其定义》中对标准的定义如下：标准为在一定的范围内获得最佳秩序，对活动和其结果规定共同的和重复使用的规则、指导原则或特性文件。该文件经协商一致制定并经一个公认机构批准。

我国的国家标准《标准化和有关领域的通用术语第 1 部分：基本术语》GB 3935.1-1996中对标准也采用了上述的定义。同时，在《中华人民共和国标准化法条文解释》中指出"标准"的含义是，对重复性事物和概念所作的统一规定。它以科学、技术和实践经验的综合成果为基础，经有关方面协商一致，由主管机构批准，以特定形式发布，作为共同遵守的准则和依据。

显然，标准的基本含义就是"规定"，就是在特定的地域和年限里对其对象做出"一致性"的规定。但标准的规定与其他规定有所不同，标准的制定和贯彻以科学技术和实践经验的综合成果为基础，标准是"协商一致"的结果，标准的颁布具有特定的过程和形式。标准的特性表现为科学性与时效性，其本质是"统一"。标准的这一本质赋予其自身具有强制性、约束性和法规性。

标准是各种事物和概念相应的质和量相统一的规定，作为区别于各种事物和概念的依据。

不难设想，如果没有标准，将会给人类的生产和生活带来混乱和困难。越是现代化的信息社会就越需要标准，如果没有标准，人类的各种活动将无法进行。

2. 标准级别

标准级别是指，依据《中华人民共和国标准化法》将标准划分为国家标准、行业标准、地方标准和企业标准 4 个层次。各层次之间有一定的依从关系和内在联系，形成一个覆盖全国又层次分明的标准体系。

（1）国家标准。对需要在全国范围内统一的技术要求，应当制定国家标准。国家标准由国务院标准化行政主管部门制定，并统一审批、编号、发布。国家标准的代号为"GB"，其含义是"国标"两个字汉语拼音的第一个字母"G"和"B"的组合。

（2）行业标准。对没有国家标准而又需要在全国某个行业范围内统一的技术要求，可以制定行业标准。行业标准由国务院有关行政主管部门制定，并报国务院标准化行政主管部门备案，在公布国家标准之后，该项行业标准即行废止。

（3）地方标准。对没有国家标准和行业标准而又需要在省、自治区、直辖市范围内统一的工业产品的安全、卫生要求，可以制定地方标准。地方标准由省、自治区、直辖市标准化行政主管部门制定，并报国务院标准化行政主管部门和国务院有关行政主管部门备案，在公布国家标准或者行业标准之后，该项地方标准即行废止。

（4）企业标准。企业生产的产品没有国家标准和行业标准的，应当制定企业标准，作为组织生产的依据。企业的产品标准须报当地政府标准化行政主管部门和有关行政主管部门备案。已有国家标准或者行业标准的，国家鼓励企业制定严于国家标准或者行业标准的企业标准，在企业内部适用。

此外，为适应某些领域标准快速发展和快速变化的需要，于 1998 年规定的四级标准之外，增加一种"国家标准化指导性技术文件"，作为对国家标准的补充，其代号为"GB/Z"。符合下列情况之一的项目，可以制定指导性技术文件：①技术尚在发展中，需要有相应的文件引导其发展或具有标准化价值，尚不能制定为标准的项目；②采用国际标准化组织、国际电工委员会及其他国际组织（包括区域性国际组织）的技术报告的项目。指导性技术文件仅供使用者参考。

3. 标准属性

依据《中华人民共和国标准化法》的规定，国家标准、行业标准分为强制性标准和推荐性标准。保障人体健康、人身、财产安全的标准和法律、行政法规规定强制执行的标准是强制性标准，其他标准是推荐性标准。

省、自治区、直辖市标准化行政主管部门制定的工业产品的安全、卫生要求的地方标准，在本行政区域内是强制性标准。

强制性标准必须执行。不符合强制性标准的产品，禁止生产、销售和进口。推荐性标准，国家鼓励企业自愿采用。

强制性国家标准的代号为"GB"，推荐性国家标准的代号为"GB/T"。行业标准中的推荐性标准也是在行业标准代号后加个"T"字，如"YD/T"即原邮电部现工业与信息化部的推荐性标准，不加"T"字即为强制性行业标准。

4. 制定标准

制定标准一般指制定一项新标准，是指制定过去没有而现在需要进行制定的标准。它是根据生产发展的需要和科学技术发展的需要及其水平来制定的，因而它反映了当前的生产技术水平。制定这类标准的工作量最大，工作要求最高，所用的时间也较多。它是一个国家的标准化工作的重要方面，反映了这个国家的标准化工作面貌和水平。

一个新标准制定后，由标准批准机关给一个标准编号（包括年代号），同时标明它的分类号，以表明该标准的专业隶属和制定年代。

5. 修订标准

修订标准是指对一项已在生产中实施多年的标准进行修订。修订部分主要是生产实践中反映出来的不适应生产现状和科学技术发展的那一部分，或者修改其内容，或者予以补充，或者予以删除。

修订标准不改动标准编号，仅将其年代号改为修订时的年代号。

6. 国际标准

国际标准是由国际标准化组织通过的并公开发布的标准。

国际标准化组织是指 ISO、IEC 以及由 ISO 公布的其他 27 个国际组织。

ISO、IEC 是两个最大的国际标准化组织。ISO 和 IEC 共发布国际标准 1 万多个。"其他27 个国际组织"主要有：国际计量局（BIPM）、国际电气设备合格认证委员会（CEE）（CEE已并入国际电工委员会 IEC）、国际照明委员会（CIE）、国际无线电咨询委员会（CCIR）、国际无线电干扰特别委员会（CISPR）、国际电报电话咨询委员会（CCITT）、世界知识产权组织（WIPO）等。这 27 个国际组织制定的标准化文献主要有国际标准、国际建议、国际公约、国际公约的技术附录和国际代码，也有经各国政府认可的强制性要求。

7. 综合布线标准

综合布线起源于美国，综合布线标准自然也起源于美国。1985 年前的布线系统没有标准化。其中有几个原因，首先，本地电话公司总是关心他们的基本布线要求；其次，使用主机系统的公司要依靠其供货商来安装符合系统要求的布线系统。

随着计算机技术的日益成熟，越来越多的机构安装了计算机系统，而每个系统都需要自己独特的布线和连接器。客户开始报怨每次他们更改计算机平台的同时也不得不相应改变其布线方式。为赢得并保持市场的信任，计算机通信工业协会（CCIA）与 EIA 联合开发建筑物布线标准。讨论在 1985 年开始，并取得一致，认为商用和住宅的话音和数据通信都应有相应的标准。EIA 将开发布线标准的任务交给了 TR-41 委员会。TR-41 委员会认识到该任务的艰巨性，于是设立了下属委员会及数个工作组来负责开发商用和住宅建筑物布线标准的各方面工作。这些委员会在开发这些标准时关注的重点是保证开发的标准是独立于技术及生产厂家的。

美国国家标准学会制定的 ANSI/TIA/EIA 568-A《商用建筑通信布线标准》及 ANSI/TIA/EIA 569《商用建筑标准通信路径和间隔标准》是综合布线工程的纲领性奠基文件。

4.1.2 标准化组织

1. 国外的标准化组织及其标准目标

（1）美国国家标准学会（ANSI）。美国国家标准学会（American National Standards Institute，ANSI）作为一家私有的非营利成员组织，于 1918 年创立。当时，美国的许多企业和专业技术团体已开始了标准化工作，但因彼此间没有协调，存在不少的矛盾和问题。为了进一步提高效率，数百个科技学会、协会组织和团体均认为有必要成立一个专门的标准化机构，并制定统一的通用标准。1918 年，美国材料试验协会（ASTM）、美国机械工程师协会（ASME）、美国矿业与冶金工程师协会（ASMME）、美国土木工程师协会（ASCE）和美国电气工程师协会（AIEE）等组织，共同成立了美国工程标准委员会（AESC）。美国政府的三个部门（商务部、陆军部、海军部）也参与了该委员会的筹备工作。1928 年，美国工程标准委员会改组为美国标准协会（ASA），致力于国际标准化事业和消费品方面的标准化。1966 年 8 月又改组为美利坚合众国标准学会（USASI）。1969 年 10 月 6 日改名为美国国家标准学会（ANSI）。

美国国家标准学会由执行董事会领导，下设 4 个委员会：学术委员会、董事会、成员议会和秘书处。美国国家标准学会系非营利性质的民间标准化团体，但它实际上已成为国家标准化中心，各界标准化活动都围绕着它进行。使政府有关系统和民间系统相互配合，起到了联邦政府和民间标准化系统之间的桥梁作用。它协调并指导全国标准化活动，给标准制定、研究和使用单位以帮助，提供国内外标准化情报。ANSI 现有工业学、协会等团体会员约 200 个，公司（企业）会员约 1400 个。其经费来源于会费和标准资料销售收入，无政府基金。由主席、副主席及 50 名高级业务代表组成的董事会行使领导权。董事会闭会期间，由执行委员会行使职权，执行委员会下设标准评审委员会，由 15 人组成。总部设在纽约，卫星办公室设在华盛顿。美国国家标准局（NBS）的工作人员和美国政府其他许多机构的官方代表也通过各种途径参与美国国家标准学会的工作。

美国国家标准学会下设电工、建筑、日用品、制图和材料试验等各种技术委员会。

美国国家标准学会本身很少制定标准。其 ANSI 标准的编制主要采取以下 3 种方式：一是由有关单位负责草拟，邀请专家或专业团体投票，将结果报 ANSI 设立的标准评审会审议批准，此方法称为投票调查法；二是由 ANSI 的技术委员会和其他机构组织的委员会的代表拟订标准草案，全体委员投票表决，最后由标准评审会审核批准，此方法称为委员会法；三是从各专业学会、协会团体制定的标准中，将其较成熟的且对于全国普遍具有重要意义的，经 ANSI 各技术委员会审核后，提升为国家标准（ANSI）并冠以 ANSI 标准代号及分类号，但同时保留原专业标准代号。

美国国家标准学会的标准绝大多数来自各专业标准。另一方面，各专业学会、协会团体也可依据已有的国家标准制定某些产品标准。当然，也可不按国家标准来制定自己的协会标准，ANSI 的标准是自愿采用的。美国认为，强制性标准可能限制生产率的提高。但被法律引用和政府部门制定的标准，一般属强制性标准。

ANSI 同时也是一些国际标准化组织的主要成员，如国际标准化组织（ISO）和国际电工委员会（IEC）。

由于 ANSI 的任务是鼓励对标准和方法的自愿遵从。它不开发美国国家标准，但可以通过在有意向开发某个具体标准的会员间达成共识来推进标准的开发。ANSI 通过各种国际组织的成员，如国际标准化组织 ISO 和国际电工委员会 IEC 等，来推进美国开发的标准的使用。ANSI 是 ISO 的创始成员，是 ISO 管理委员会五家永久性会员之一，以及 ISO 技术管理委员会的五家永久性会员之一。

ANSI 协助联合电子工业协会（EIA）和通信工业协会（TIA）共同开发商业区建筑电信布线标准（简称为 ANSI/TIA/EIA-568A），该标准被公认为美国布线标准。

（2）电子工业协会（EIA）。美国电子工业协会（Electronic Industries Alliance，EIA）创建于 1924 年，原名叫无线电制造者协会。今天其成员已超过 500 名，代表美国 2000 亿美元产值电子工业制造商，成为纯服务性的全国贸易组织，总部设在弗吉尼亚的阿灵顿。

EIA 逐步发展成为美国及国外电子制造商的代表。这些制造商制造生产市场需要的各类商品。EIA 按照具体的产品和市场进行组织和管理，它的每个分支机构都与其特定的需要相对应。这些分会包括元器件、消费类电子产品、电子信息、工业电子、政府和通信等。EIA 的成员资格对全美境内所有从事电子产品制造的厂家都开放，一些其他组织经过批准也可以成为 EIA 的成员。

EIA 是推动 TIA/EIA-568A 商业建筑电信布线标准的驱动力量。

（3）美国电信工业协会（TIA）。美国电信工业协会（Telecommunications Industry Association，TIA）是一个全方位的服务性国家贸易组织。其成员包括为美国和世界各地提供通信和信息技术产品、系统和专业技术服务的 900 余家大小公司，协会成员有能力制造供现代通信网应用的所有产品。此外，TIA 还有一个分支机构——多媒体通信协会（MMTA）。TIA 还与美国电子工业协会（EIA）有着广泛而密切的联系。

1924 年，一些电话网络供应商组织在一起，打算举办一个工业贸易展览。后来渐渐演变成为美国独立电话联盟委员会。1979 年，该委员会分出一个独立的组织——美国电信供应商协会（USTSA），并成为世界上最主要的通信展览和研究论坛的组织者之一。1988 年 4 月，USTSA 与 EIA（美国电子工业协会）的电信和信息技术组合，形成了美国电信工业协会（TIA）。

TIA 是一个成员推动的组织。根据该组织的规定，在华盛顿选举出 31 个成员公司组成理事会，并成立了 6 个专门委员会，负责的工作事务包括成员范围和发展、国际事务、市场和贸易展览、公共政策和政府关系和小型公司。

多媒体通信协会（MMTA）的前身是北美通信协会，成立于 1970 年。它为设备制造者、软件设计者、网络服务提供者和系统集成者提供一个论坛，为通信和计算机应用提供开放市场而努力。

TIA 是经过美国国家标准学会（ANSI）认可的可制定各类通信产品标准的组织。TIA 的标准制定部门由 5 个分会组成，包括用户室内设备分会（UPED）、网络设备分会、无线设备分会、光纤通信分会和卫星通信分会（SCD）。

TIA 是开发 TIA/EIA-568A 商业建筑电信布线标准的指导性机构。

（4）电气与电子工程师学会（IEEE）。电气与电子工程师学会（Institute of Electrical and Electronics Engineers，IEEE）是一个由美国电机电子工程师协会组成的专业认证机构，是一家国际性的非营利联合体，由 150 个国家的 33 万会员组成。它成立于 1963 年，由美国电气工程师学会和无线电工程师学会合并而来，电气与电子工程师学会接受美国国家标准组织的赞助。IEEE 在计算器工程、生物医疗科技、电信、电力、航空和电子消费品等方面，都是领导性的权威。IEEE 历史悠久，其前身于 1884 年已经成立。一直以来，IEEE 都致力推动电力科技及其相关科学的理论与应用研究，在促进科技革新方面起了重要的催化作用。它负责当今世界发行的 30% 的电气机械、计算机和控制技术文献。

电气与电子工程师学会的主要任务是制定电气电子业的相关标准，它也订立了许多局域网的标准，其开发的标准有 IEEE 802.X 系列标准。

（5）美国国家消防协会（NFPA）。国家消防协会于 1896 年创立，是一家帮助保护人、财产和环境不受火灾侵害的非营利机构。它现在已变成一家国际性组织，会员达到 65000 家以上，代表 100 多个国家。该组织是世界火灾预防和安全的指导者。它的任务是通过实施法规、安全标准、研究和防火知识的教育工作者来协助降低火灾的危险。

表面上看，它似乎与综合布线没有直接关系，但布线产品中的材料大都涉及防火等级的问题。

（6）国际标准化组织（ISO）。国际标准化组织（International Organization for Standardization，ISO）是目前世界上最大、最有权威性的国际标准化专门机构。ISO 的标准机构会员代表世界 130 多个国家，它旨在促进知识、科学、技术和经济活动中标准的开发。

1946 年 10 月 14 日至 10 月 26 日，中、英、美、法等 25 个国家的 64 名代表会集伦敦，正式表决通过建立国际标准化组织。1947 年 2 月 23 日，ISO 章程得到 15 个国家标准化机构的认可，国际标准化组织宣告正式成立。参加 1946 年 10 月 14 日伦敦会议的 25 个国家为 ISO 的创始人。ISO 是联合国经社理事会的甲级咨询组织和贸易理事会综合级（即最高级）咨询组织。此外，ISO 还与 600 多个国际组织保持着协作关系。

国际标准化组织的目的和宗旨是，在全世界范围内促进标准化工作的发展，以便于国际物资交流和服务，并扩大在知识、科学、技术和经济方面的合作。其主要活动是制定国际标准，协调世界范围的标准化工作，组织各成员国和技术委员会进行情报交流，以及与其他国际组织进行合作，共同研究有关标准化问题。

按照 ISO 章程，其成员分为团体成员和通信成员。团体成员是指最有代表性的全国标准化机构，且每一个国家只能有一个机构代表其国家参加 ISO。通信成员是指尚未建立全国标准化机构的发展中国家（或地区）。通信成员不参加 ISO 技术工作，但可了解 ISO 的工作进展情况，经过若干年后，待条件成熟，可转为团体成员。ISO 的工作语言是英语、法语和俄语，总部设在瑞士日内瓦。现有（截至 2004 年 31 日）团体（国家标准化机构）146 个，其中成员团体（正式成员）99 个，通信成员 36 个，订户成员 11 个。技术组织 2952 个，其中技术委员会（TC）190 个、分委员会（SC）544 个、工作组 2188 个、临时专题小组 30 个。ISO 现有（截至 2004 年 31 日）标准文件共计 14941 个，ISO 标准页数 531324 页。

1978 年 9 月 1 日，我国以中国标准化协会（CAS）的名义重新恢复在 ISO 的地位。1988 年起改为以国家技术监督局的名义参加 ISO 的工作，后改为以中国国家标准化管理局（SAC）的名义参加 ISO 的工作。1999 年 9 月，我国在京承办了 ISO 第 22 届大会。

国际标准化组织负责对综合布线系统的生产制造和生产过程中的质量控制进行制定和修正，以保证整个系统的电气和通信性能，并获得多数成员的赞成。

ISO 经常与国际电工委员会和国际电信联盟合作，合作的结果之一是 1995 年推出了 ISO/IEC 11801 标准，称为《客户房屋通用布线和设备标准》。

（7）国际电工委员会（IEC）。国际电工委员会（International Electrotechnical Commission，IEC）成立于 1906 年，至今已有 100 多年的历史。它是世界上成立最早的国际性电工标准化机构，负责有关电气工程和电子工程领域中的国际标准化工作。

IEC 的宗旨是促进电气、电子工程领域中标准化及有关问题的国际合作，增进国际间的相互了解。为实现这一目的，IEC 出版包括国际标准在内的各种出版物，并希望各成员在本国条件允许的情况下，在本国的标准化工作中使用这些标准。

近 20 年来，IEC 的工作领域和组织规模均有了相当大的发展。至今为止，IEC 成员国已从 1960 年的 35 个增加到 61 个，他们拥有世界人口的 80%，消耗的电能占全球消耗量的 95%。目前 IEC 的工作领域已由单纯研究电气设备、电机的名词术语和功率等问题扩展到电子、电力、微电子及其应用、通信、视听、机器人、信息技术、新型医疗器械和核仪表等电工技术的各个方面。IEC 标准已涉及世界市场中 35%的产品，到 19 世纪末，这个数字已达到 50%。IEC 每年要在世界各地召开 100 多次国际标准会议，世界各国的近 10 万名专家在参与工 EC 标准的制定和修订工作。IEC 现在有技术委员会（TC）89 个、分技术委员会（SC）88 个。IEC 标准在迅速增加，1963 年只有 120 个标准，截止到 2001 年 12 月底，IEC 已制定了 5098 个国际标准。

目前，我国是 IEC 理事局、执委会和合格评定局的成员。1990 年我国在京承办了 IEC 第 54 届年会，2002 年 10 月在京承办了 IEC 第 66 届年会。

（8）CSA 国际（CSA）。CSA 国际源自加拿大标准协会，但后来改称 CSA 国际，以反映其在国际标准方面的不断发展和影响力。它成立于 1919 年，是一家非营利的独立组织，世界各地成员 8000 多个，主要任务是开发标准。

其颁布的一些公共标准包括：CAN/CSA-T524 住宅布线；CAN/CSA-T527 电信接合和接地；CAN/CSA-T528 商用建筑电信布线管理标准；CAN/CSA-T529 商用建筑电信布线系统设计准则；CAN/CSA-T530 楼宇设施电信设计准则。许多得到美国国家电气法规和担保实验室认证的布线和数据产品，同样能得到 CSA 的认证。

（9）ATM 论坛。ATM（异步传输模式）论坛始于 1991 年，是一个国际性的非营利组织，其任务是推进和加速 ATM 产品和服务的应用。

ATM 论坛开发和发布的技术规格包括：在 ATM 上实现 LAN 仿真；在双绞线上实现 155Mb/s ATM 物理介质附属接口规格。

（10）欧洲电工标准化委员会（CENELEC）与欧洲标准化委员会（CEN）。欧洲的标准制定机构中最主要的是欧洲电工标准化委员会（European Committee for Electrotechnical Standardization，CENELEC）和欧洲标准化委员会（European Committee for Standardization，CEN）以及它们的联合机构 CEN/CENELEC。

欧洲电工标准化委员会（法文名称缩写为 CENELEC）1976 年成立于比利时的布鲁塞尔，是由两个早期的机构合并的。它的宗旨是协调欧洲有关国家的标准机构所颁布的电工标准和消除贸易上的技术障碍。CENELEC 的成员是欧洲共同体 12 个成员国和欧洲自由贸易区（EFTA）7 个成员国的国家委员会。除冰岛和卢森堡外，其余 17 国均为国际电工委员会（IEC）的成员国。

欧洲标准化委员会（法文名称缩写为 CEN）成立于 1961 年。1971 年起 CEN 迁至布鲁塞尔，后来它与 CENELEC 一起办公。在业务范围上，CENELEC 主管电工技术的全部领域，而 CEN 则管理其他领域，其成员国与 CENELEC 的相同。除卢森堡外，其他 18 国均为国际标准化组织（ISO）的成员国。

CENELEC 与 CEN 长期分工合作后，又建立了一个联合机构，名为"共同的欧洲标准化组织"，简称 CEN/CENELEC。但原来两机构仍继续独立存在。1988 年 1 月，CEN/CENELEC 通过了一个"标准化工作共同程序"，接着又把 CEN/CENELEC 编制的标准出版物分为以下三类：

1）EN（欧洲标准）：按参加国所承担的共同义务，通过此标准将赋予某成员国的有关国家标准以合法地位，或撤消与之相对立的某一国家的相关标准。也就是说，成员国的国家标准必须与 EN 标准保持一致。

2）HD（协调文件）：这也是 CEN/CENELEC 的一种标准。按参加国所承担的共同义务，各国政府有关部门至少应当公布 HD 标准的编号及名称，与此相对立的国家标准也应撤消。也就是说，成员国的国家标准至少应与 HD 标准协调。

3）ENV（欧洲预备标准）：由 CEN/CENELEC 编制，拟作为今后欧洲正式标准，供临时性应用。在此期间，与之相对立的成员国标准允许保留，两者可平行存在。

CEN/CENELEC 规定：对于 EN 和 ENV，采用同一种编号系统。其中 40000 以下的编号属于 CEN，50000 以上的归 CENELEC，介乎其中的属于 CEN/CENELEC。

1988 年 3 月，根据欧洲共同体委员会的建议，成立了欧洲邮政及电信管理部门的欧洲联盟（CEPT）及其欧洲远距离通信标准局（ETSI）。ETSI 与 CENELEC 工作上有交叉，为此两机构做了分工。CENELEC 主管的标准包括安全、环境条件、电磁兼容、设备工程、无线电保护、电子元器件和无线电广播接收系统及接收机。ETSI 主管的标准包括无线电领域的电磁兼容、私人用远距离通信系统和整体宽频带网络（包括有线电视）。

（11）保险商实验室（UL）。保险商实验室成立于 1894 年，是一家非营利的独立组织，致力于产品的安全性测试和认证。尽管不直接参与布线标准的制定，但是 UL 与布线和其他制造商共同合作，以确保电气设备安全。UL 为付费的客户测试产品；如果提供测试的产品符合标准的要求，那么，产品将被列入 UL 目录或授予证书，表示通过了 UL 认证，其标志加于世界各地的布线和电气设备上。

2. 国内的标准化组织及综合布线标准

国内综合布线相关标准制定来自于通信技术标准和建设工程标准，通信技术标准和所有其他技术标准皆由国家技术监督局统一管理。其中通信行业工程建设标准过去曾由国家建委管理，后转由国家计委管理，最后又由建设部（现为住房和城乡建设部）管理至今。

一般情况下，各类标准的审批权限如下：

（1）国家标准：基础技术标准由国家技术监督局审批颁发；工程建设标准由建设部和国家技术监督局联合颁发。

（2）行业标准：基础技术标准由主管部颁发，报国家技术监督局备案；工程建设标准由主管部颁发，报建设部备案。

（3）地方标准：由地方政府审批颁发。

（4）企业标准：由企业主管审批颁发。

此外，建设部还规定由中国建设标准化协会编制推荐性标准，作为上述 4 类标准的补充。如《建筑与建筑群综合布线系统工程设计规范》CECS72:95 由中国建设标准化协会通信工程委员会北京分会和中国建设标准化协会智能建筑信息系统分会联合编制，中国建设标准化协会 1995 年 3 月 14 日批准发布。

信息产业部为了全面推进通信技术标准工作，先后成立了通信标准技术审查部和工作推进部，并陆续批准成立了无线通信、通信电源产品、IP、传送网与接入网、网络管理和网络与交换 6 个由国内企事业单位自愿联合组织的通信标准研究组。各研究组皆采用单位成员制，由科研、设计、产品制造、通信运营、高等院校、学术组织及用户和政府部门的代表参加，并于 1999 年底在北京召开了全国通信标准研究组成员单位代表大会。研究组的任务是组织各成员单位对本研究组业务范围的标准开展研究工作，编制专业标准体系，根据近、中、远期的研究课题和标准项目计划，组织标准的起草、征求意见、协调和初审，向信息产业部通信标准行政管理部门推荐标准草案，开展国际电联的国内对口相关研究组业务范围的研究，并向信息产业部推荐提交到国际电联的文稿等。目前，申请、筹备成立全国统一的通信标准组织的工作正在进行。

（1）协会标准。中国工程建设标准化协会在 1995 年颁布了《建筑与建筑群综合布线系统工程设计规范》（CECS 72:95）。该标准在很大程度上参考了北美的综合布线系统标准 EIA/TIA 568，这是我国第一部关于综合布线系统的设计规范，目前该标准已经废止。

经过几年的实践和经验总结，并广泛征求原建设部、原邮电部和原广电部等主管部门和专家的意见，该协会在 1997 年颁布了新版《建筑与建筑群综合布线系统工程设计规范》（CECS 72:97）和《建筑与建筑群综合布线系统工程施工及验收规范》（CECS 89:97），该标准积极采用国际先进经验，与国际标准 ISO/IEC 11801:1995（E）接轨，增加了抗干扰、防噪声污染、防火和防毒等方面的内容，与旧版有很大区别。

（2）行业标准。1997 年 9 月 9 日，我国通信行业标准 YD/T 926《大楼通信综合布线系统》正式发布，并于 1998 年 1 月 1 日起正式实施。该标准包括以下三部分：YD/T 926.1-1997 为总规范；YD/T 926.2-1997 为综合布线用电缆、光缆技术要求；YD/T 926.3-1998 为综合布线用连接硬件技术要求。

2001 年 10 月 19 日，由我国信息产业部发布了中华人民共和国通信行业标准 YD/T 926-2001《大楼通信综合布线系统》第二版，并于 2001 年 11 月 1 日起正式实施。该标准包括以下三部分：YD/T 926.1-2001 为总规范。本部分对应于国际标准化组织/国际电工委员会标准 ISO/IEC 11801《信息技术－用户房屋综合布线》除第 8 章、第 9 章以外的部分。此部分与 ISO/IEC 11801 的一致性程度为非等效，主要差异为：对称电缆布线中，不推荐采用 ISO/IEC 11801 中允许的 120Ω 阻抗电缆品种及双绞线电缆品种；链路的试验项目与验收条款比 ISO/IEC 11801 更加具体；对综合布线系统与公用网的接口提出了要求；对称电缆 D 级永久链路及信道的指标较 ISO/IEC 11801:1999 提高，与 ANSI/EIA/TIA-568A-5:2000 的指标一致。符合本部分的综合布线系统也符合国际标准 ISO/IEC 11801:1995+A1:1999+A2:1999。

YD/T 926.2-2001 为综合布线用电缆、光缆技术要求部分。

YD/T 926.3-2001 为综合布线用连接硬件技术要求。

本标准是通信行业标准，对接入公用网的通信综合布线系统提出了基本要求。这是当时我国唯一的关于 CAT5E 布线系统的标准。

我国通信行业标准 YD/T 926《大楼通信综合布线系统》是通信综合布线系统的基本的技术标准。符合 YD/T 926 标准的综合布线系统也符合国际标准化组织/国际电工委员会标准 ISO/IEC 11801:1999。

全新的 YD/T 926 标准正在修订，近期就会正式发布。

（3）国家标准。国家标准《建筑与建筑群综合布线系统工程设计规范》（GB/T 50311-2000）、《建筑与建筑群综合布线系统工程验收规范》（GB/T50312-2000）于 1999 年底，上报国家信息产业部、国家建设部、国家技术监督局审批，并于 2000 年 2 月 28 日发布，在 2000 年 8 月 1 日开始执行。该标准主要是由我国通信行业标准 YD/T 926-1997《大楼通信综合布线系统》升级而来，与 YD/T 926 相比，敲定了一些技术细节，并与 YD/T 926 保持兼容。

这两个标准只是关于 100M 五类布线系统的标准，不涉及 CAT5E 以上的布线系统。

2007 年 4 月建设部正式发布 2007 版综合布线国家标准，并定于 2007 年 10 月 1 日起执行。

新标准名称及代号为《综合布线系统工程设计规范》GB 50311-2007 和《综合布线系统工程验收规范》GB50312－2007。新国标在旧标准的基础上做了很多的改进，以适应建筑物功能的多样化带来的新需求。新标准在原标准的基础上更加注重了实用性和操作性，同时也注入了许多新的内容。

4.1.3　常用的综合布线标准

从综合布线系统出现到现在，虽然仅仅是 30 多年的使用时间，由于其科学技术迅速发展和不断开拓提高，不论国外标准（包括国际标准、地区标准和国家标准）或国内标准（包括国家标准、行业标准和协会标准）都是从无到有、从少到多，有的标准已经屡次修订且其修订时间的间隔缩短、修订次数增多，这充分反映编制标准的过程与客观实际使用的要求紧密结合，从而满足综合布线系统工程的发展需要。

我国制定国内标准起步较晚，综合布线系统引入国内初期，主要采用国外的标准。从 20世纪 90 年代中期，国内有关部门和单位逐步编制、批准和发布了一些标准和规范及图集等文件，到 2007 年发布最新版的综合布线国家标准，这些标准文件对于综合布线系统工程发展具有重要的指导作用。

根据现有综合布线系统的国内外标准总体来分析，大部分都属于综合性标准，其内容主要有总体系统组成、网络拓扑结构、主要性能要求、系统参数指标、传输媒介和连接硬件的技术指标，还有安装施工和测试要求等。对综合布线系统工程设计和安装施工都具有一定的导向作用，虽然对于产品开发也有所帮助，但从产品标准的具体内容和要求来分析，不论在标准的数量和内容上都是不够的。

各国生产的综合布线系统产品（包括传输媒介和连接硬件）都有自己的产品标准，没有统一的规定，在产品的名称、型号、品种系列、规格、容量、外形尺寸和结构型式等方面各有特色。除 RJ-45 连接硬件外，都大同小异，有一定差别而无法做到产品之间互相代替的通用性和互换性，这是由没有统一要求的产品标准产生的一个问题。此外，各国生产的产品在检验、包装、储存和运输等方面也缺乏统一要求。这些内容和要求在我国国内产品标准中必须有所规定。

我国国内综合布线系统的产品标准情况基本上与国外标准相似，不同的是，国内产品标准较国外稍多一些，但从综合布线系统产品标准总体上分析，同样存在国外产品上出现的各种问题。显然，对于产品标准来说是不够完整的。这是在综合布线系统标准的领域中需要解决的一个主要问题，而且国内综合布线的标准相对于全球综合布线产品发展来讲，一般都要滞后几年。

1. 国外综合布线系统的主要标准

（1）美国标准——《商业建筑电信布线标准》（Commercial Building Telecommunications Cabling Standard）ANSI/EIA/TIA-568。

综合布线系统是由美国首先提出的，因此，综合布线系统的标准也起源于美国。首先 ANSI/EIA/TIA（美国电子工业协会/美国通信工业协会）从 1985 年初，开始制定《商业建筑电信布线标准》（ANSI/EIA/TIA 568）。

经过 6 年编制的时间，于 1991 年 7 月，EIA/TIA 颁布第一版，它将电话和计算机两种网络的布线结合在一起而出现综合布线系统。它是综合布线系统最早的奠基性标准。同时，《商业建筑物电信布线通道和及空间标准》（ANSI/EIA/TIA 569）也同时推出。

1）ANSI/EIA/TIA 568A。1995 年 8 月，上述标准经过改进，正式修订为 ANSI/EIA/TIA 568A。它定义了语音与数据通信布线系统，适用于多个厂家和多种产品的应用环境。这个标准为商业布线系统提供了设备和布线产品设计的指导，制定了不同类型电缆与连接硬件的性能与技术条款，这些条款可以用于布线系统的设计和安装。在这个标准后，有 5 个增编。

增编 1（A1）：100Ω 4 对电缆的传输延迟和延迟偏移规范，1997/9/25。在最初的 568-A 标准中，传输延迟和延迟偏离没有定义，这是因为在当时的系统应用中这两个指标并不重要。但到了 100VGAnyLAN 网络应用出现后，由于它是在三类双绞线的布线中使用所有的 4 个线对实现 100Mb/s 的传输，所以就对传输延迟和延迟偏离这两个参数提出了要求。

增编 2（A2）：TIA/EIA-568-A 标准修正与增编，1998/8/14。该增编对 568-A 进行了修正。其中有水平采用 62.5/125μm 光纤的集中光纤布线的定义；增加了 TSB-67 作为现场测试方法等项。

增编 3（A3）：TIA/EIA-568-A 标准修正与增编，1998/12/28。为满足开放式办公室结构的布线要求，本增编修订了混合电缆的性能规范。

增编 4（A4）：非屏蔽双绞线布线模块化线缆的 NEXT 损耗测试方法。该增编所定义的测试方法不是由现场测试仪来完成的，并且只覆盖了五类线缆的 NEXT。

增编 5（A5）：100Ω 4 对超五类布线传输性能规范。1998 年起在网络应用上开发成功了在 4 个非屏蔽双绞线线对间同时双向传输的编码系统和算法，这就是 IEEE 千兆以太网中的 1000Base-T。为此，IEEE 请求 TIA 对现有的五类指标加入一些参数，以保证布线系统对这种双向传输的质量。TIA 接受了这个请求，并于 1999 年 11 月完成了这个项目。

2）ANSI/EIA/TIA 568B。自 TIA/EIA-568-A 发布以来，随着更高性能的产品和市场应用需求的改变，对这个标准也提出了更高的要求。委员会也相继公布了很多的标准增编、临时标准以及技术公告（TSB）。为了简化下一代的 568-A 标准，TR42.1 委员会决定将新标准"一化三"。每一个部分与现在的 568-A 章节有相同的着重点。

ANSI/TIA/EIA-568-B.1-2001：商业建筑电信布线标准第一部分：通用要求。该标准着重于水平和主干布线拓扑、距离、介质选择、工作区连接、开放办公间布线、电信与设备间、安装方法，以及现场测试等内容。它标准集合了 TIA/EIATSB67、TIA/EIA TSB72、TIA/EIA TSB75、TIA/EIA TSB95、ANSI/TIA/EIA-568-A-2,A-3,A-5、TIA/EIA/IS-729 等标准中的内容。

由于这个标准以永久链路（Permanent Link）定义取代了基本链路的定义（Basic Link），所以在指标的数值上与 ANSI/TIA/EIA568-A5 是不同的。

ANSI/TIA/EIA-568-B.2-2001：商业建筑电信布线标准第二部分：平衡双绞线布线连接硬件。这个标准着重于平衡双绞线电缆、跳线、连接硬件（包括 ScTP 和 150Ω 的 STP-A 件）的电气和机械性能规范，以及部件可靠性测试规范、现场测试仪性能规范、实验室与现场测试仪比对方法等内容。它集合了 ANSI/TIA/EIA-568-1 和部分 ANSI/TIA/EIA-568-A-2、ANSI/TIA/EIA-568-A-3、ANSI/TIA/EIA-568-A-4、ANSI/TIA/EIA-568-A-5、IS 729、TSB95 中的内容。

ANSI/TIA/EIA-568B.2-1-2002：ANSI/TIA/EIA 568-B.2 的增编。2002 年 6 月，在美国通信工业协会（TIA）TR-42 委员会的会议上，正式通过了六类布线标准，这个分类标准为 TIA/EIA-568B 标准的增编，它被正式命名为 ANSI/TIA/EIA-568B.2-1-2002。

ANSI/TIA/EIA-568-B.3-2000：商业建筑电信布线标准第三部分：光纤布线连接硬件标准。这个标准定义光纤布线系统的部件和传输性能指标，包括光缆、光跳线和连接硬件的电气与机械性能要求，器件可靠性测试规范，现场测试性能规范。该标准将取代 ANSI/TIA/EIA-568-A 中的相应内容。

总地来说，ANSI/TIA/EIA 568-B 将是自 1991 年以来公布 ANSI/EIA/TIA-568 标准后的第三个版本。

3）TIA-568-C。在 2008 年 8 月 29 日的临时会议上，TIA（电信工业协会）的 TR-42.1 商业建筑布线小组委员会同意发布 TIA-568-C.0 以及 TIA-568-C.1 标准文件，在 TR-42 委员会的十月全体会议上，这两个标准最终将会被批准出版，从而现行的 TIA-568-B 系列标准将会被逐步替代。

新的 TIA-568-C 版本系列标准分为 4 个部分：TIA-568-C.0 用户建筑物通用布线标准；TIA-568-C.1 商业楼宇电信布线标准；TIA-568-C.2 平衡双绞线电信布线和连接硬件标准；TIA-568-C.3 光纤布线和连接硬件标准。

（2）国际标准——《信息技术—用户建筑物综合布线》（Information Technology-Generic Cabling for Customer Premises）ISO/IEC 11801:1995。

1988 年开始，国际标准化组织/国际电工协会（ISO/IEC）在美国标准的基础上修改和补充，于 1995 年 7 月正式颁布《信息技术—用户建筑物综合布线》ISO/IEC 11801:1995(E)作为国际标准供各个国家使用，这个标准把有关元器件和测试方法归入国际标准。

国际布线标准和美国标准的主要不同点是：除名词术语有差别外，在综合布线系统组成和选用线缆品种方面是不同的。

目前该标准有 3 个版本：ISO/IEC 11801:1995、ISO/IEC 11801 修订:2000、ISO/IEC 11801 第二版:2002。

ISO/IEC 11801 的修订稿 ISO/IEC 11801:2000 对链路的定义进行了修正。ISO/IEC 认为以往的链路定义应被永久链路和通道的定义所取代。此外，将对永久链路和通道的等效远端串扰 ELFEXT、综合近端串扰、传输延迟进行规定。而且，修订稿也将提高近端串扰等传统参数的指标。应当注意的是，修订稿的颁布可能使一些全部由符合现行五类标准的线缆和元件组成的系统达不到 D 级类系统的永久链路和通道的参数要求。

2002 年的 ISO/IEC 11801 第二版覆盖了六类（Class E）综合布线系统和七类（Class F）综合布线系统，提出这些标准是由于国际电子电气工程委员会提出了高端应用的要求，然后 ISO/IEC 做出综合布线系统相关要求来支持这一应用。

ISO/IEC 制定的线缆标准就是 IEC 61156 的第 5 部分和第 6 部分，此标准规定了超五类到 100MHz，六类到 250MHz，七类到 600MHz，都包括在这两个标准里了，并于 2002 年公布。IEC 制定的接插件方面标准，提到了 IEC 61076-3-104 关于七类的连接器标准，此标准是在 2003 年第二季度公布的。ISO/IEC 11801 第二版于 2002 年 9 月份公布，引用了关于线缆的 IEC 61156 和关于连接器的 IEC 61076 标准以完成整个综合布线系统的标准。

2002 年 6 月，在美国通信工业协会（TIA）TR-42 委员会的会议上，正式通过了六类布线标准，这个分类标准将成为 TIA/EIA-568B 标准的附录，它被正式命名为 ANSI/TIA/EIA-568B.2-1-2002。该标准也被国际标准化组织（ISO）批准，标准号为 ISO/IEC 11801:2002。与以前的标准的区别之一是这两个标准绝大部分内容是完全一致的，也就说两个标准越来越趋于一致。

（3）欧洲标准。1995 年 7 月，国际电工协会——电工技术标准化欧洲委员会（IEC-

CENELEC）颁布了《信息技术综合布线系统》（EN 50173:1995）的欧洲标准，供英、法、德等一些国家使用。该标准取材于国际标准 ISO/IEC 11801:1995(E)，并结合欧洲各国的特点有所补充。一般而言，CELENECEN50173 标准与 ISO/IEC11801 标准是一致的。但是，EN50173 比 ISO/IEC11801 严格。

目前，已有 EN50173 A1:2000 和 EN50173:2001。

其他标准：EN50167:《水平布线电缆》；EN50168:《工作区布线电缆》；EN50169:《主干电缆》。

（4）国外家居布线系统。1991 年 5 月美国国家标准协会（ANSI）与 EIA/TIA TR-41.8 分委员会的 TR-41.8.2 工作小组制定了第一个 ANSI/EIA/TIA 570 家居布线标准。

1998 年 9 月，EIA/TIA 正式修订及更新家居布线标准，并命名为 ANSI/EIA/TIA 570A《家居电信布线标准》。该标准是建立在 ANSI/EIA/TIA-568A:1995《商业建筑物电信布线标准》和 ISO/IEC 11801:1995《信息技术—用户建筑物综合布线》之上的，因此它与智能化建筑综合布线系统的原理基本是统一的，所用材料基本相同，所采用的布线结构型式也是相似的，但具体应用有些差异。

在标准中要求家居布线系统应能支持语音、数据、视频、多媒体、家居自动化系统、环境保护管理、安全保卫、有线电视、传感器和报警器以及对讲机等服务。

（5）TIA/EIA-942 数据中心标准。经过充分的酝酿和修正，2005 年 4 月，全球第一个综合性的数据中心电信基础标准——TIA/EIA-942 正式出版。该标准的推出为设计和建造大/小型数据中心提供了要求和指南。

TIA/EIA-942 数据中心标准弥补了以前数据中心设计和建设阶段的信息隔阂问题，全面性地考虑到诸如电气系统、HVAC（采暖通风与空调）、火灾探测与遏止、安全等多种应用在电信基础设施和空间内的共存。超过 50%的内容阐述如电力、管道、消防、房门和墙壁处理等建筑规范。标准中提出的适用于大多数数据中心的设计要素包括：基于标准的开放系统；综合考虑扩容需求的高性能和高带宽；支持 10G 万兆或更高速率的技术；支持存储设备（如光纤信道、SCSI 或 NAS）；支持充分考虑扩容需求的聚合点；高质量、可靠性和可量测性；冗余性；高容量和高密度；易于移动增加和改动的灵活性和可扩展性。

（6）其他综合布线标准。

- EIA/TIA-569：电信通道和空间的商业大楼标准（CSA T530）。
- ANSI/EIA/TIA-606：商业大楼电信基础设施的管理标准（CSA T528）。
- ANSI/EIA/TIA-607：商业大楼接地/连接要求（CSA T527）。

2. 我国标准的使用情况

20 世纪 80 年代，在综合布线引入国内的初期，主要采用国外产品，所以主要采用国外标准且以美国标准为主。

20 世纪 90 年代，我国的原邮电部和信息产业部从 1997 年开始先后编制、批准、发布一些标准和规范及图集。

（1）邮电部/信息产业部。

《大楼通信综合布线系统第一部分：总规范》　　　　　　　　　　　　YD/T926.1-1997

《大楼通信综合布线系统第一部分：综合布线用电缆、光缆技术要求》　YD/T926.2-1997

《大楼通信综合布线系统第一部分：综合布线用连接硬件技术要求》　YD/T926.3-1998

（2）中国工程建设标准化协会。

《建筑与建筑群综合布线工程设计规范》CECS72:97

《建筑与建筑群综合布线系统工程施工及验收规范》CECS89:97

（3）国家标准。

《建筑与建筑群综合布线工程系统设计规范》GB/T 50311-2000

《建筑与建筑群综合布线系统工程验收规范》GB/T 50312-2000

《智能建筑设计标准》GB/T 50314-2000

目前正在使用的国家标准是：

2007 年 10 月《综合布线系统工程设计规范》GB 50311-2007

2007 年 10 月《综合布线系统工程验收规范》GB 50312-2007

2007 年 7 月《智能建筑设计标准》GB/T 50314-2006

信息产业部颁布的《大楼通信综合布线系统》YD/T926-2009

YD/T926.1-2009：总规范

YD/T926.2-2009：电缆、光缆技术要求

YD/T926.3-2009：连接硬件和接插软线技术要求

3. 采用国际标准和国外先进标准的原则

（1）对于采用的方式，不拘一格。不论是等效采用还是局部采用，都算是采用国际标准和国外先进标准。

（2）以局部采用为主。由于工程建设标准具有综合性强、涉及面广、内容复杂等特点，一般以局部采用的方式居多。

（3）明确采用的界限。凡属于下列内容，不得采用国际标准和国外其他标准，只能从中汲取其有益的部分为我所用。

1）与气候等自然条件或其他地理因素有关的内容；

2）与国家保护资源或控制使用资源有关的内容；

3）与国家能源政策相抵触的内容；

4）不适合我国的经济水平、生活习惯的内容。

4.1.4　与综合布线相关的其他标准

在网络综合布线工程设计中，不但要遵守综合布线的相关标准，同时还要结合电气防护及接地、防火等标准进行规划与设计。

1. 电气保护、机房及防雷接地标准

《建筑物防雷设计规范》GB50057-2010 年版

《电子计算机机房设计规定》GB50174-2008

《计算机场地技术要求》GB2887-2011

《计算机场站安全要求》GB/T9361-2011

《防雷保护装置规范》IEC 1024-1

《防止雷电波侵入保护保护规范》IEC 1312-1

《商业建筑电信接地和接线要求》J-STD-607-A

《建筑物电子信息系统防雷技术规范》GB50343-2012

《计算机信息系统雷电电磁脉冲安全防护规范》GA267-2000

2. 防火标准

《高层民用建筑设计防火规范》GB50045-2005 年版

《建筑设计防火规范》GBJ116-2001 年版

《建筑室内装修设计防火规范》GB50222-2007 年版

3. 智能建筑相关标准

《智能建筑设计标准》GB/T50314-2006

《智能建筑工程质量验收标准》GB50339-2013

《民用建筑电气设计规范》JGJ/T16-2008

《城市居住区规划设计规范》GB50180-2002 年版

《住宅设计规范》GB50096-2011 年版

《居住小区智能化系统建设要点与技术导则》2005 年版

《居住区智能化系统配置与技术要求》CJ/T 174-2003

4.2   国外标准系列

4.2.1   TIA/EIA 568B

ANSI/TIA/EIA 568B 标准取代了 1995 年 10 月 6 日颁布的 ANSI/TIA/EIA-568-A 标准。它与前版相比有显著技术变化，简单地说就是：

- 电信基础设施标准中所有定义都进行了协调。
- 为超五类均衡 100Ω 电缆提供了性能技术条件。
- 为 50/125μm 光纤和光缆提供了性能技术条件。
- 除了 568 SC 外，采用可替换的光纤连接器设计。
- 增加了六类对绞线缆的性能指标。

同时它对综合布线系统的各个组成部件分别作了说明，电信电缆系统结构部件包括水平电缆、基干电缆、工作区、电信室、设备室、进局设施、管理等。

1. 水平电缆

水平敷设电缆是电信电缆敷设系统的一部分，可由工作区电信引出口/连接器扩展到电信室的水平交叉接线。水平电缆布线包括水平电缆、工作区电信出口/连接器、机械终端及电信室里的软线或跳线，还可包括多用户电信引出口组件和加强点。

在设计水平电缆布线时，应考虑以下公用服务和系统清单：

- 声音电信服务。
- 室内转接设备。
- 数据电信。
- 局域网（LAN）。
- 视频。
- 建筑物的其他信号系统（建筑物的自动化系统，如火灾、安全、HVAC、EMS 等）。

除了满足今天的电信要求外，水平布线还有利于将来的维修和重新布置，它还可以配备将来的设备和服务变更装置。

（1）水平电缆的布局。水平电缆应为星型布局，每个工作区的电信引出口/连接器应连接到电信室的水平交叉接线上。同一层楼上布置的电信室应为每个工作区服务。布置在同一层楼上的电信室可为每个区服务。某些网络或服务要求在水平电缆的电信引出口/连接器上有专用电气部件（比如阻抗匹配装置）。这些专用电气部件不是水平电缆的一部分。在需要时，这类部件将布置在电信出口/连接器的外部。将专用部件安装在电信引出口/连接器的外侧，有利于使用不同网络和服务要求所需的水平电缆。在水平交叉接线和电信引出口之间，水平电缆只允许有一个过渡点或加强点。

（2）水平距离。最长水平距离应为90m，与介质类型无关。这是从电信室水平交叉接线处的介质机械终接装置到工作区的电信引出口/连接器的电缆长度。

交叉接线设备中的交叉连接跳线和软线的长度，包括水平交叉接线、跳线及将水平电缆线与设备或主干电缆连接的软线，应不超过5m长。

（3）认可的电缆。在水平布线系统中，认可并推荐采用两类电缆：

- 4 线对 100Ω 非屏蔽对绞线（UTP）或屏蔽对绞线（ScTP）电缆。
- 2 芯多模光纤电缆，或 62.5/125μm 或 50/125μm。

（4）电缆选型。在每个工作区将提供至少两个电信出口/连接器。一个电信引出口/连接器可能与声音有关，另一个与数据有关。

一个电信引出口/连接器将由 4 线对 100Ω 三类以上电缆（推荐采用超五类）支持；另一个/第二个电信引出口/连接器将最少由下面的其中一个水平介质支持。此介质的选择是以目前预计的需求为基础的。

- 4 线对 100Ω 超五类电缆。
- 2 芯多模光缆，或为 62.5/125μm 或 50/125μm。

（5）接地条件。接地系统通常是它们所保护的专门信号或电信电缆系统的组成部分。除了有助于保护人员和设备免于危险的电压外，正确的接地系统可降低至/自电信系统的 EMI（电磁干扰）。

接地不正确可能会产生感应电压，且这种电压可能会毁坏其他电信回路。

关于 ScTP 系统，屏蔽层应连接到电信室的电信接地母线（TGB）上。工作区的接地通常可通过设备电源接线来实现。工作区的屏蔽接线是通过 ScTP 软线实现的。

2. 基干电缆布线

基干电缆布线的功能是在电信室、设备室、主端子间以及电信室布线系统结构中的引入设备之间提供接线。基干电缆布线由基干电缆、中间交叉连接线、主交叉连接线、机械终端以及基干交叉接线使用的软线或跳线组成。

基干电缆布线还包括建筑物之间的电缆敷设。

（1）确认的电缆。由于所使用的基干电缆的服务和现场范围广，可确认一个以上的传输介质。本标准规定了基干电缆中单独使用或组合使用的传输介质。确认的介质有：

- 100Ω双绞线电缆（ANSI/TIA/EIA-568-B-2）。
- 多模光纤电缆，或是 62.5/125 或 50/125μm（ANSI/TIA/EIA-568-B.3）。
- 单模光纤电缆（ANSI/TIA/EIA-568-B.3）。

（2）选择介质。本标准规定的基干电缆适用于不同用户的广泛要求。根据各个应用特点，可按传输介质进行选择。为了进行选择，应考虑因素包括：

- 对所支持的服务具有灵活性。
- 基干电缆所需的有效寿命。
- 现场大小和用户人数。

商业建筑物的客户对电信服务的需求随时间和客户的不同而不同。将来使用基干电缆的计划范围由高度可预测性到非常不确定性。然而不论何时，只要可能，首先确定不同的服务要求。通常将相似的服务归类成少数几类，比如声音、显示终端、局域网（LAN）和其他接线。在每个类别中，每一类都应进行鉴别并对所需数量进行规划。

在将来服务要求还未规定的情况下，评价不同的基干电缆布线方案时，应使用"最坏情况"。不确定性越高，基干电缆系统越需要灵活性。

每根公认的电缆都有单独的特性，使其在各种不同情况下都可以使用。单一电缆类型不能满足现场所有用户的要求。然后，需要在基干电缆中使用一个以上的介质。在这类情况下，不同的介质使用具有交叉接线、机械终接、建筑物内引入设施等所用的相同位置的相同设施结构。

（3）基干电缆距离。最大可支持的距离取决于应用和介质。要考虑用于基干通路的总长度，包括基干电缆、软线和设备电缆。

为了减少敷设距离，通常确定现场中心附近的主交叉接线是很有好处的。超过这些距离极限的设备可分成若干区域，其中每个区域可以用标准范围内的基干电缆来支持。本标准范围外的各个区域之间的内部接线可通过采用广泛应用领域中通常使用的设备和技术来实现。

三类多线对平衡 100Ω 基干电缆的长度，即支持 16MHz 的专门为此设计的数据应用电缆，限制总长为 90m。

五类多线对平衡 100Ω 基干电缆长度，即支持 20MHz 到 100MHz 范围的专门为此而设计的数据应用电缆，限制总长为 90m。

90m 距离被假定为连接到主干线的设备电缆（线）的每一端需要 5m。

4.2.2　TIA/EIA 570A

按照 TIA/EIA 570-A 标准的规定，将家居布线等级分为两级：等级一和等级二。其目的是建立有助于选择适合每一个家居单元不同服务的布线基础结构。表 4-1 和表 4-2 列出了可选择的家居布线基础结构，主要满足家居自动化、安全性的布线要求。

表 4-1　各等级支持的典型家居服务

服务	等级一	等级二
电话	支持	支持
电视	支持	支持
数据	支持	支持
多媒体	不支持	支持

表 4-2　各等级认可的家居传输介质

布线	等级一	等级二
4 对非屏蔽双绞线	三类，建议使用五类电缆	五类
75Ω同轴电缆	支持	支持
光缆	不支持	可选择

等级一提供可满足电信服务最低要求的通用布线系统，该等级可提供电话、CATV 和数据服务。主要采用双绞线及使用星型拓扑方法连接，布线的最低要求为：一根 4 对非屏蔽双绞线（UTP），且必须满足或超出 ANSI/TIA/EIA-568A 规定的三类电缆传输特性要求；一根 75Ω同轴电缆（Coaxial），并必须满足或超出 SCTE IPS-SP-001 的要求。建议安装五类非屏蔽双绞线（UTP），方便升级至等级二。

等级二提供可满足基础、高级和多媒体电信服务的通用布线系统，该等级可支持当前和正在发展的电信服务。等级二布线的最低要求为：一或两根的 4 对非屏蔽双绞线（UTP），且必须满足或超出 ANSI/TIA/EIA-568-A 规定的五类电缆传输特性要求；一根或两根 75Ω同轴电缆（Coaxial），并必须满足或超出 SCTE ZPS-SP-001 的要求。可选择光缆，但光缆必须满足或超出 ANSI/ICEA S-87-640 的传输特性要求。

TIA/EIA 570-A 中关于一般单一的家居布线系统的设计，可以选择两个等级的其中之一。设计时，在每一家庭中设定一个划定点（Demarcation Point）或一个辅助分离插座（Auxiliary & Discount Outlet）来连接到终端设备。有关接地及引进设备的规定，必须参照适当的电气规范或本地的电气规范。

对于一般家庭布线的分布装置（Distributor Device），须遵循以下原则：每一个家庭里安装一个分布装置（DD），分布装置是一个交叉连接的配线架，主要端接所有的电缆、跳线、插座及设备连线等。分布装置配线架主要提供用户增加、改动或更改服务，并提供连接端口与外间服务供应商不同的系统应用相连接。配线架必须安装在一个适合安装及维修的地方，并能提供一个保护装置将配线引进大厦。所有端接如需连接进入大厦内部，必须安装接地及引进大厦设备，并符合有关的标准。

配线架配置及单一典型家居的一般要求：

（1）配线架必须安装于每一家庭内，并能提供一个舒适的安装及维护环境，尽量减少跳线的长度。配线架应安装于墙上，并加上一块木背板，以固定配线架。

（2）配线架所需的面积及位置主要由插座数量及服务等级决定。表 4-3 是一个策划及安排所需面积的参考表。

表 4-3　配线架所需的面积及位置

插座数量	第一级	第二级
1～8	410mm 610mm	815mm 915mm
9～16	410mm 915mm	815mm 915mm

续表

插座数量	第一级	第二级
17～24	410mm 1220mm	1220mm 815mm
多于24	410mm 1525mm	815mm 1525mm

（3）配线架如果需要电源插座，需安装 15A 独立电源插座，并必须符合当地的电源电压，如 120V/220V。配线架与电源开关应该安装于一个适当的位置，大约距离 1.5m，并必须符合当地的电气规范及规定。

（4）电缆长度从分布装置到用户插座/插头不可超出 90m，两端加上跳线及连线后，长度不可超出 100m，电缆种类可选用等级一或等级二中规定的介质。

（5）布线系统必须使用星型拓扑方法。

（6）一些固定装置，如对讲机、保安系统键盘、探头及烟感器可以使用底座接线方式直接安装。虽然标准中建议使用星型拓扑方法，但固定设备也可以使用回路或菊花链路的方法连接。

（7）保证足够数量的通信插座，主要是预备将来新增结点。插座必须安装于所有房间，且插座位置需定位于一些固定墙上。

（8）所有新建筑中，从插座到配线架的电缆铺设必须使用暗埋管道，不可使电缆外露。有关管道设计及标准在 ANSI/TIA/EIA-569-A 中规定。

（9）插座必须安装于固定的位置，如使用非屏蔽双绞线，必须使用 8 芯 T568A 接线方法。如某些网络及服务需要连接一些特别的电子部件，如分频器、放大器、匹配器等，所有电子部件必须安装于插座外。

（10）配线架可以使用跳线、设备连线、交叉跳线来提供互连的方法或线路交叉。以信道为标准，跳线、设备连线及交叉跳线的长度不可超过 10m。

4.3   国内标准简介

4.3.1   标准概述

随着通信技术的不断发展进步，综合布线新标准的编制、颁布和实施是行业发展的必然结果。2000 年颁布旧国家标准是五类线标准，随着市场上五类线的退市，超五类、六类线、七类线的活跃，旧标准已经不能适应新的市场需要。2007 年 10 月 1 日正式实施的《综合布线系统工程设计规范》GB 50311-2007 和《综合布线系统工程验收规范》GB50312-2007 已经成为国内综合布线系统的新规范。

GB 50311-2007 在旧标准的基础上，做了较大的改进，以适应建筑物功能的多样化带来的新需求。新标准在原标准的基础上更加注重实用性和操作性，同时也注入了许多新的内容。

（1）目前，综合布线产品主要还是以超五类产品为主，并结合六类和七类产品。新标准增加了超五类以上的布线系统，系统分级也从旧标准的四级增加到新标准中的六级，带宽从五类系统 100MHz 的到现在七类系统 600MHz，相应的各项重要参数指标也有大幅度的提高。应考虑的指标主要有衰减、近端串音（NEXT），衰减串音比（ACR）、等电平远端串音（ELFEXT）、近端串音功率和（PSNEXT）、衰减串音比功率和（PSACR）、等电平远端串音功率和（PSELEFXT）、回波损耗（RL）、时延、时延偏差等。

（2）旧标准将综合布线系统划分为 6 个子系统，而新标准增加了一个子系统——进线间。新标准对进线间是这样定义的：进线间是建筑物外部通信和信息管线的入口部位，并可作为入口设施和建筑群配线设备的安装场地。新标准要求设计者对建筑的进线设施要有足够的重视，并将防雷提升为强制性条款。综合布线设计要充分考虑进线铜缆线路浪涌保护、接地、防火等。

（3）新标准中综合布线系统的工作区也有了一个很大的改进，旧版标准对工作区提供了 3 种配置：最低、基本、综合配置，并定义了工作区的面积为 5～10m²。但它对于工作区面积的定义没有考虑到建筑物使用功能不同的特点，5～10m² 的定义对于普通的办公场所能够满足，但对于具有特殊功能的其他建筑物，例如超级市场、各类机房、娱乐场所、体育场所、医疗机构、厂房等这样的定义就有很大的偏差了。新标准将工作区的面积划分为 6 个等级，面积跨越 3～200m²。

（4）与旧标准相比，新标准还有一个很大的变化就是新标准的范围已经不仅仅局限在项目中常见的民用建筑物上，还延伸到工业布线领域上。

4.3.2　标准的主要内容

整个标准由 8 章组成，分别是总则、术语与符号、系统设计、系统配置设计、系统指标、安装工艺要求、电气防护及接地防火。该标准在总则中指出：本规范适用于新建、扩建、改建建筑与建筑群综合布线系统工程设计，是为了配合现代化城镇信息通信网向数字化方向发展，规范建筑与建筑群的语音、数据、图像及多媒体业务综合网络建设，特制定本规范。

标准说明：综合布线系统设施及管线的建设，应纳入建筑与建筑群相应的规划设计之中。工程设计时，应根据工程项目的性质、功能、环境条件和近、远期用户需求进行设计，并应考虑施工和维护方便，确保综合布线系统工程的质量和安全，做到技术先进、经济合理。综合布线系统应与信息设施系统、信息化应用系统、公共安全系统、建筑设备管理系统等统筹规划，相互协调，并按照各系统信息的传输要求优化设计。综合布线系统作为建筑物的公用通信配套设施，在工程设计中应满足为多家电信业务经营者提供业务的需求。综合布线系统的设备应选用经过国家认可的产品质量检验机构鉴定合格的、符合国家有关技术标准的定型产品。综合布线系统的工程设计，除应符合本规范外，还应符合国家现行有关标准的规定。

1. 综合布线系统的分级

GB50311 将综合布线铜缆系统分成 A～F 共 6 个级别，支持带宽从 100kHz～600MHz。详见表 4-4。

表 4-4　铜缆布线系统的分级与类别

系统分级	支持带宽（Hz）	支持应用器件	
		电缆	连接硬件
A	100k		
B	1M		

系统分级	支持带宽（Hz）	支持应用器件	
		电缆	连接硬件
C	16M	3 类	3 类
D	100M	5/5e 类	5/5e 类
E	250M	6 类	6 类
F	600M	7 类	7 类

新标准指出了不同综合布线级别所对应的不同线缆类型，可以根据用户的需要按标准选择。目前，三类与五类的布线系统只应用于语音主干布线的大对数电缆及相关配线设备。

而在美国标准 TIA/EIA 568 A 标准中对于 D 级布线系统，支持应用的器件为五类，但在 TIA/EIA 568 B.2-1 中仅提出超五类与六类的布线系统，并确定六类布线支持带宽为 250MHz。在 TIA/EIA 568 B.2－10 标准中又规定了 6A 类（增强六类）布线系统支持的传输带宽为 500MHz。

2. 线缆的选择

标准规定综合布线系统工程的产品类别及链路、信道等级确定应综合考虑建筑物的功能、应用网络、业务终端类型、业务的需求及发展、性能价格、现场安装条件等因素，应符合表 4-5 的要求，要按这个要求为各个组成部分选择适合的线缆。

表 4-5　布线系统等级与类别的选用

业务种类	配线子系统		干线子系统		建筑群子系统	
	等级	类别	等级	类别	等级	类别
语音	D/E	5e/6	C	3（大对数）	C	3（室外大对数）
数据	D/E/F	5e/6/7	D/E/F	5e/6/7（4 对）		
	光纤（多模或单模）	62.5μm 多模/50μm 多模/<10μm 单模	光纤	62.5μm 多模/50μm 多模/<10μm 单模	光纤	62.5μm 多模/50μm 多模/<1μm 单模
其他应用	可采用 5e/6 类 4 对对绞电缆和 62.5μm 多模/50μm 多模/<10μm 多模、单模光缆					

3. 关于屏蔽布线系统

标准规定在下列情况下要考虑使用屏蔽布线系统：

（1）综合布线区域内存在的电磁干扰场强高于 3V/m 时，宜采用屏蔽布线系统进行防护。

（2）用户对电磁兼容性有较高的要求（电磁干扰和防信息泄漏）时，或有网络安全保密的需要，宜采用屏蔽布线系统。

（3）采用非屏蔽布线系统无法满足安装现场条件对缆线的间距要求时，宜采用屏蔽布线系统。

同时要注意：屏蔽布线系统采用的电缆、连接器件、跳线、设备电缆都应是屏蔽的，并应保持屏蔽层的连续性，这时接地是十分重要的。

在新版验收规范中，主要加强了以下方面的验收要求：

（1）将防雷提升为强制性条款。在新规范中添加了对室外铜缆进线的浪涌保护要求，它要求所有的铜缆在进入建筑物时都必须进行浪涌保护。这一点写入综合布线规范，并提升到强制条款，有助于保护人身安全和设备安全，使雷击所带来的破坏作用大幅度下降。

（2）增加了对进线间的要求。在设计规范中，明确将进线间列为七大部分之一，与水平配线子系统、垂直干线子系统和建筑群干线子系统平齐。而在验收规范中，对进线间的引入管道、引入缆线及房间都提出了明确的要求。

（3）进口设备和材料应具有产地证明和商检证明。在综合布线产品中，有相当多的产品来自于海外，这对于提高国内的综合布线水平发挥了很大的作用。但是，在过去的规范中，并没有明确提出对进口产品的要求，致使工程中使用产品的质量难以把握。这一次在器材检验中单独提出了对进口产品的要求，其最终目的就在于控制进口产品的质量。

（4）对测试仪器和工具提出了定期计量的要求。根据仪器仪表的特性，绝大多数仪器仪表都存在时漂（时间漂移），即由于时间的推移，仪器仪表存在的误差有增大的趋势。为此，凡计量仪器仪表都要求定期进行计量，以确保测试数据能够准确、有效。在综合布线系统的性能测试仪中，通常要求每年进行一次计量。

在新版规范中，明确提出了定期计量的要求，这符合国家相关的计量标准，也有助于提高测试结果的可信度。

（5）要求"综合布线缆线宜单独敷设"。综合布线系统是建筑物弱电系统中的一部分，在建筑工程管线设计时，通常是与其他弱电系统各子系统通盘考虑，在空间有限时则大多采用混合敷设的方式。因此，在综合布线系统的桥架中，有时会看到其他弱电子系统的线缆（包括接地线）。

在新版规范中，明确要求综合布线缆线单独敷设，并要求与其他弱电系统各子系统缆线间距应符合设计要求（可以加金属隔板），这样做有助于提高综合布线系统的工程质量和长期可靠性。

顺便提一下，对于一些为了美观而采用塑料分隔线槽的布线工程，如果在上下两个槽中分别敷设电源线和双绞线，就有可能违反验收规范，致使电源线对双绞线施加电磁干扰，有可能会影响双绞线的传输速率和网络系统的误码率。

（6）提出涉密工程中对综合布线系统的要求。随着综合布线系统的普及和安全保密工作越来越受人们重视，综合布线系统已经大量用于有安全保密要求的工程。因此，在新版规范中，提出了对涉密工程中综合布线系统的要求，其中包括与其他线缆之间的间距和单独敷设要求。

根据国家有关标准，涉密工程的缆线明确要求采用屏蔽双绞线或光缆，如果使用非屏蔽双绞线，则要求线与线之间的间距在 1m 以上。

（7）两种打线连接方式（568A 和 568B）均可使用。在 2000 版验收规范中，明确要求以568A 连接方式为主。其主要原因是：当综合布线系统传输 2 对线的电话（主要是指数字电话，如极少见到的 Call Center 专用电话交换机和数字电话机）时，如果端接水平双绞线用的配线架是 110 型配线架，那么使用 568A 连接方式可以使用 1 个 2 对鸭嘴舌跳线，而 568B 连接方式则要使用 2 个 1 对鸭嘴舌跳线或 1 个 4 对鸭嘴舌跳线，从造价看，1 个 2 对鸭嘴舌跳线是最便宜的。为此，在 TIA/EIA 568-1990 中产生了两种连接方式。

时至今日，日常工作中很少能用到 2 对线的数字电话，而水平配线子系统中大多采用 RJ-45 型跳线式配线架，而不再使用维护不方便的 110 型打线式配线架。这样一来，两种连接方式的效果完全一样，自然就不必再优选连接方式了。

（8）对性能测试不仅仅采用典型值，而是要求符合拟合曲线。在过去的综合布线规范中，提供给测试仪的数据只有典型频率点上的数据，这样一来，一个技术参数只有区区数点的参数。

在现在的布线测试中，往往一个技术参数（如 NEXT 等）需要测数千个频率点的数据，其中每一个频率点的数据都符合要求，才能认为该技术参数合格。而这些数据以频率为横坐标，就可以形成一根时高时低的曲线。在测试仪器中，检查这些数据是否合格则是用一条理想的曲线作为分界线。

在新版规范中，使用与 ISO 11801-2002 完全相同的拟合曲线公式作为验收综合布线系统的标准参数，其意义就在于现在的验收测试不仅仅是在几个频率点上要符合要求，而且要求在整个频率段上都能符合要求。

当系统集成商需要证明自己所做的工程是符合国家标准 GB 50312-2007 的，就需要使用支持 GB 50312-2007 的性能测试仪。

（9）提出了对屏蔽双绞线的屏蔽层端接要求。屏蔽双绞线的屏蔽层端接其实不难，但需要掌握必要的规则。在规范中已经提出了这一要求，要求对编织层或金属箔与汇流导线进行有效的端接。

在欧洲的综合布线安装标准 EN 50174.2-2001 中曾经要求：有丝网编织层的双绞线（典型产品为 SF/UTP 和 S/FTP），只需要对丝网进行接地端接；只有铝箔的双绞线（典型产品为 F/UTP 和 U/FTP），要求铝箔和接地导线一起接地端接。

（10）提出工程验收的合格判据。在目前的综合布线工程中，工程往往还无法做到 100% 的性能合格，而验收则通常采用抽检方式。在新规范中，提出了符合现实情况的合格判据，即要求验收合格率达到 99% 的判断方法。对于施工人员而言，这一方法避免了绝对化和理想化，使验收测试具有可操作性。

不过，在规范中要求"光缆布线检测时，如果系统中有一条光纤信道无法修复，则判为不合格"。如果面对水平配线子系统中的数据部分全部采用光纤的布线工程，这是否要求过高了？

随着时代的变迁，综合布线系统的规范也一直在不断升级和完善，例如：GB/T 50312-2000 比 CECS 89-97 完善，而 7 年后的 2007 版标准自然应该比 2000 版标准完善，这是时代的要求，也是符合施工人员不断进步的现实情况的。

相对而言，新版的验收规范大量吸取了海内外相关标准中有价值的部分，使新规范在深度和广度上都能够对布线工程的实施和验收起到非常实际的指导作用。

习题四

1．说出几个国际标准化组织的名称。

2．试说明采用国际标准和国外先进标准的原则。

3．试述综合布线的发展过程。

4．试列出综合布线设计与施工中用到的标准。

5．简述 568 标准中水平子系统与垂直子系统线缆的选择，同时对照 50311 说明我国综合布线标准中配线子系统和干线子系统线缆的选择。

6．试述综合布线标准存在的意义。

第 5 章　综合布线系统设计

学习目标

本章主要讲述综合布线系统的设计原则与步骤，并对各子系统的构成及设计原则与注意事项进行较为详尽的说明。读者应掌握以下基本能力：

- 掌握系统设计的原则，并能遵循系统设计的基本步骤完成系统设计。
- 能按综合布线工作的几大组成部分对工程进行设计。
- 在设计中能灵活运用综合布线的各种标准。

综合布线系统工程的设计是客户需求的反映，同时是工程质量保证的关键。本章将详细介绍布线设计中的常识。

5.1　概述

综合布线系统的设计方案不是一成不变的，而是随着环境、用户要求来确定的。

1. 设计的一般原则

（1）兼容性原则。所谓兼容性，是指其设备或程序可以用于多种系统中的特性。综合布线系统将话音信号、数据信号与监控设备的图像信号的配线经过统一的规划和设计，采用相同的传输介质、信息插座、交连设备、适配器等，把这些性质不同的信号综合到一套标准的布线系统中。这样可节约大量的物质、时间和空间。在使用时，用户可不用定义某个工作区的信息插座的具体应用，只把某种终端设备接入这个信息插座，然后在管理间和设备间的交连设备上做相应的跳线操作，这个终端设备就被接入到自己的系统中。

（2）开放性原则。传统的布线方式，用户选定了某种设备，也就选定了与之相适应的布线方式和传输介质。如果更换另一种设备，那原来的布线系统就要全部更换。这样的话就增加了很多麻烦和投资。综合布线系统由于采用开放式的体系结构，符合多种国际上流行的标准，它几乎对所有著名的厂商都是开放的，并对几乎所有的通信协议也是开放的。

（3）灵活性原则。综合布线系统中，所有信息系统都采用相同的传输介质、物理星型拓扑结构，因此所有的信息通道都是通用的。每条信息通道可支持电话、传真、影音、多用户终端。采用超五类连接方案，可支持 100Base-T 及 ATM 等，采用六类就可以支持 1000Base-T。所有设备的开通及更改均不需要改变系统布线，只需增减相应的网络设备以及进行必要的跳线管理即可。另外，系统组网也可灵活多样，甚至在同一房间可有多用户终端、100Base-T 工作站、影音及视频服务器、智能管理系统工作站并存，为用户组织信息提供了必要条件。

（4）可靠性原则。综合布线系统采用高品质的材料和组合压接的方式构成一套高标准的信息通道。所有器件均通过 UL、CSA 及 ISO 认证，每条信息通道都要采用物理星型拓扑结构，点到点端接，任何一条线路故障均不影响其他线路的运行，同时为线路的运行维护及故障检修提供了极大的方便，从而保障了系统的可靠运行。各系统采用相同的传输介质，因而可互为备用，提高了备用冗余。

（5）先进性原则。综合布线系统采用光纤与双绞线混布方式，极为合理地构成一套完整的布线系统。所有布线均采用世界上最新的通信标准，按 8 芯双绞线配置，通过六类双绞线，数据最大速率可达 1000Mb/s，对于特殊用户需求可把光纤铺到桌面（Fiberto the Desk）。干线光缆可设计为支持 10GBase-T 带宽，为将来的发展提供了足够的冗余量。通过主干通道可同时传输多路实时多媒体信息，同时物理星型的布线方式为将来发展交换式的网络奠定了坚实基础。

（6）可扩展性原则。根据实际需要，综合布线工程暂时实现语音和计算机数据通信功能等部分功能，这样可以最大限度地降低综合布线系统工程的造价，并且不耽误用户的近期使用，保证在将来需要时很容易将所扩充的设备连接到系统中来。

（7）经济性原则。即在满足系统性能、功能以及在不失其先进性的条件下，尽量使得整个布线系统的投资合理，以便构成一个性能价格比好的网络系统。

（8）标准化和规范化原则。选择符合工业标准或事实工业标准的布线方案、网络设备，采用标准化、规范化设计，使得系统具有开放性，保证用户在系统上进行有效的开发和使用，并为以后的发展应用提供一个良好的环境。

2．设计要点

在具体进行设计时应把握以下要点：

（1）尽量满足用户的通信要求。

（2）了解建筑物、楼宇间的通信环境。

（3）确定合适的通信网络拓扑结构。

（4）选取适用的介质。

（5）以开放式为基准，尽量与大多数厂家的产品和设备兼容。

（6）将初步的系统设计和建设费用预算告知用户。

在征得用户意见并订立合同书后，再制定详细的设计方案。

5.2　系统设计

5.2.1　系统设计时的对象不同原则

1．布线系统的构成

综合布线系统工程要按新国标的 7 个部分进行设计：

（1）工作区。一个独立的需要设置终端设备（TE）的区域宜划分为一个工作区。工作区应由配线子系统的信息插座模块（TO）延伸到终端设备处的连接缆线及适配器组成。

（2）配线子系统。配线子系统应由工作区的信息插座模块、信息插座模块至电信间配线设备（FD）的配线电缆和光缆、电信间的配线设备及设备缆线和跳线等组成。

（3）干线子系统。干线子系统应由设备间至电信间的干线电缆和光缆，安装在设备间的建筑物配线设备（BD）及设备缆线和跳线组成。

（4）建筑群子系统。建筑群子系统应由连接多个建筑物之间的主干电缆和光缆、建筑群配线设备（CD）及设备缆线和跳线组成。

（5）设备间。设备间是在每幢建筑物的适当地点进行网络管理和信息交换的场地。对于综合布线系统工程设计，设备间主要安装建筑物配线设备。电话交换机、计算机主机设备及入口设施也可与配线设备安装在一起。

（6）进线间。进线间是建筑物外部通信和信息管线的入口部位，并可作为入口设施和建筑群配线设备的安装场地。

（7）管理。管理应对工作区、电信间、设备间、进线间的配线设备、缆线、信息插座模块等设施按一定的模式进行标识和记录。

2．关于各子系统的设计

虽然综合布线需要按 7 个部分设计，但在整个综合布线系统中，各子系统的数量和位置的设计需要根据工程的实际情况来确定。

如图 5-1（a）中，各子系统可以这样设计：每个工作区经配线子系统线缆连接到每层楼的 FD，再由 FD 经干线子系统线缆连接到每栋楼的 BD，然后各个建筑物的 BD 再经建筑群子系统线缆汇总到园区的 CD。如果一个信息点较密集的写字楼采用这种设计一般是比较合理的，但对于信息点的位置不是很集中的工程来说，选择图 5-1（b）中的子系统设计是较合理的，即可以从 FD 直接连接到园区的 CD。

3．开放型办公室布线系统

对于使用功能比较明确的专业性建筑物，信息插座的布置可按实际需要确定。其中办公用房部分按普通办公楼的要求布置，机房部分按近、远期分别处理。近期机房按实际需要布置；远期机房的水平电缆可暂不布线，将需要的容量预留在 FD 内，待确定使用对象后进行二次装修时再行布线。

对于机关或企事业单位的普通办公楼，信息插座的配置可结合单位实际，按照设计等级中规定的原则进行设计。

对于房地产部门开发的写字楼、综合楼等商用建筑物，由于其出售或租赁对象的不确定和流动等因素，宜采用开放办公环境综合布线结构，并符合下列规定。

（1）采用多用户信息插座时，每一个多用户插座包括适当的备用量在内，宜能支持 12 个工作区所需的 8 位模块通用插座；各段缆线长度可按表 5-1 选用，也可按下式计算。

1）电缆长度的计算。

$$C =(102-H)/1.2 \tag{1}$$
$$W =C-5 \tag{2}$$

式中：C=W+D——工作区电缆、电信间跳线和设备电缆的长度之和。

D——电信间跳线和设备电缆的总长度；

W——工作区电缆的最大长度，且 W≤22m；

H——水平电缆的长度。

连接图如图 5-2 所示。

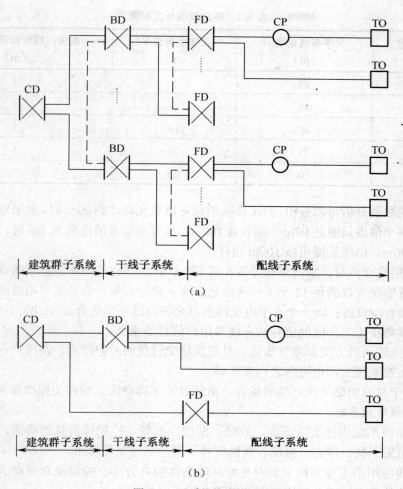

图 5-1 子系统构成设计

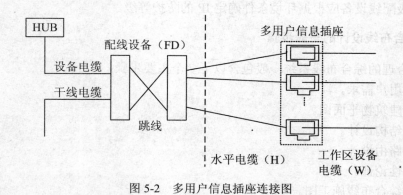

图 5-2 多用户信息插座连接图

2）计算值。利用公式计算结果，如表 5-1 所示。

表 5-1　各段线缆长度限值

电缆总长度 （m）	水平布线电缆 H （m）	工作区电缆 W （m）	电信间跳线和设备电缆 D （m）
100	90	5	5
99	85	9	5
98	80	14	5
97	75	17	5
97	70	22	5

　　从表中的数值分析可以看出，当工作区的设备电缆允许达到 22m 时，水平电缆只能按 70m 考虑长度，整个信道只能是 97m，而不是 100m。只有当设备的电缆为 5m 时，水平电缆的长度才能达到 90m，信道长度可按 100m 设计。

　　（2）采用集合点时，集合点宜安装在离 FD 不小于 15m 的墙面或柱子等固定结构上。集合点配线设备容量宜以满足 12 个工作区信息点需求设置。集合点是水平电缆的转接点，不设跳线，也不接有源设备；同一个水平电缆路由不允许超过一个集合点（CP）；从集合点引出的水平电缆必须终接于工作区的信息插座或多用户信息插座上。

　　（3）在上述两种方案都难以实施，且建筑物交付使用时间推迟，在用户入住进行二次装修时，综合布线系统工程也可与之同步实施。

　　（4）对于具有电磁干扰环境的场合，系统设计应符合国家的相关标准要求。

　　4. 工业级布线系统

　　工业级布线系统应能支持语音、数据、图像、视频、控制等信息的传递，并能应用于高温、潮湿、电磁干扰、撞击、振动、腐蚀气体、灰尘等恶劣环境中。

　　工业布线应用于工业环境中具有良好环境条件的办公区、控制室和生产区之间的交界场所、生产区的信息点，工业级连接器件也可应用于室外环境中。

　　在工业设备较为集中的区域，应设置现场配线设备。工业级布线系统宜采用星型网络拓扑结构。工业级配线设备应根据环境条件确定 IP 的防护等级。

5.2.2　综合布线设计的一般步骤

设计一个合理的综合布线系统一般包含以下 7 个主要步骤：

　　（1）分析用户需求。

　　（2）获取建筑物平面图。

　　（3）系统结构设计。

　　（4）布线路由设计。

　　（5）可行性论证。

　　（6）绘制综合布线施工图。

　　（7）编制综合布线用料清单。

综合布线系统的设计过程可遵循图 5-3 的描述。

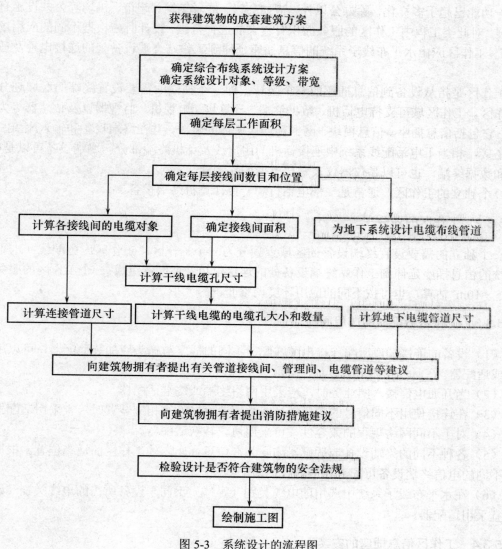

图 5-3　系统设计的流程图

5.3　工作区

5.3.1　什么是工作区

工作区是包括办公室、写字间、作业间、技术室、机房等需用电话、计算机终端等设施和放置相应设备的区域的统称。工作区服务的面积并不指建筑面积，一般可为建筑面积的60%～80%。

工作区的服务面积，一般办公室约为 5～10m²；机房则比较复杂，对网管中心、总调度室等有人值守的场所，工作区服务面积与办公室类似；对于设备机房，按电信大楼的经验，工作区服务面积约为 20～30m²。规范规定工作区的服务面积为 5～10m²，但目前来说，建筑物的性质与功能已趋于多样化，除办公以外，诸如会议、展示场馆、超市、机场等公共设施有较大的发展。对此类工程中工作区的服务面积有较大的选择范围，设计时应根据不同的应用场合进行选定，工作区应由水平布线子系统的信息插座延伸到工作站终端设备处的连接电缆及适配器组成。

工作区是指从设备到信息插座的整个区域，即一个独立的需要设置终端的区域划分为一个工作区。工作区域可支持电话机、数据终端、计算机、电视机、监视器以及传感器等为终端设备。它包括信息插座、信息模块、网卡和连接所需的跳线，并在终端设备和输入/输出（I/O）之间搭接，相当于电话配线系统中连接话机的用户线及话机终端部分。终端设备可以是电话、微机和数据终端，也可以是仪器仪表、传感器的探测器。

一个独立的工作区，通常是一部电话机和一台计算机终端设备。

5.3.2　工作区的划分

一个独立的需要设置终端设备的区域宜划分为一个工作区。工作区应由配线（水平）布线系统的信息插座延伸到工作站终端设备处的连接电缆及适配器组成。一个工作区的服务面积可按 $5\sim10m^2$ 估算，也可按不同的应用环境调整面积的大小。

5.3.3　工作区适配器的选用原则

（1）设备的连接插座应与连接电缆匹配，不同的插座与插头应加装适配器，可以用专用电缆或适配器。

（2）当开通电信接入网业务时，应采用网络终端或终端适配器。

（3）在连接使用不同信号的数模转换或数据速率转换等相应装置时，宜采用适配器。

（4）对于不同网络规程的兼容性，可采用协议转换适配器。

（5）各种不同的终端设备或适配器均安装在信息插座之外工作区的适当位置。根据工作区内不同的电信终端设备可配置相应的终端适配器。

（6）在水平布线子系统中选用的电缆类别（媒体）不同于设备所需的电缆类别（媒体）时，宜采用适配器。

5.3.4　工作区信息插座的安装

工作区信息插座的安装应符合下列规定：

（1）安装在地面上的信息插座应采用防水和抗压的接线盒。

（2）安装在墙面或柱子上的信息插座底部离地面的高度宜为 300mm。

（3）安装在墙面或柱子上的多用户信息插座模块，或集合点配线模块，底部离地面的高度宜为 300mm。

（4）安装在地下层的信息插座和模块的高度，底部应高出地面 0.8～1.4m，以考虑到涝洪时水的入侵。

5.3.5　工作区设计要点

（1）工作区内线槽的敷设要合理、美观。

（2）信息插座设计在距离地面 30cm 以上。

（3）信息插座与计算机设备的距离保持在 5m 范围内。

（4）网卡接口类型要与线缆接口类型保持一致。

（5）所有工作区所需的信息模块、信息插座、面板的数量要准确。

（6）RJ-45 水晶头所需的数量。

RJ-45 头的需求量一般用下述公式计算：m=n×4+n×4×15%。

- m：表示 RJ-45 的总需求量。

- n：表示信息点的总量。

- n×4×15%：表示留有的富裕量。

信息模块的需求量一般用下述公式计算：m=n+n×3%。

- m：表示信息模块的总需求量。

- n：表示信息点的总量。

- n×3%：表示富裕量。

工作区设计时，具体操作可按以下三步进行：

（1）根据楼层平面图计算每层楼布线面积。

（2）估算信息引出插座数量，一般设计两种平面图供用户选择：为基本型设计出每 9m² 一个信息引出插座的平面图；为增强型或综合型设计出两个信息引出插座的平面图。

（3）确定信息引出插座的类型。信息引出插座分为嵌入式和表面安装式两种，可根据实际情况，采用不同的安装形式来满足不同的需要。通常新建建筑物采用嵌入式信息引出插座；现有的建筑物采用表面安装式的信息引出插座。

5.3.6 工作区电源的安装

工作区电源的安装应符合下列规定：

（1）每一个工作区至少应配置一个 220V 交流电源插座；建议在数据信息点的位置安装电源插座。

（2）工作区的电源插座应选用带保护接地的单相电源插座，保护地线与零线严格分开，应从三相五线制交流配电系统的 PE 线引出。

（3）布线工程只提出电源插座的安装和规格要求，由土建电气专业完成具体的设计。

5.4 配线子系统

配线子系统（水平布线子系统）应由工作区的信息插座、信息插座至楼层配线设备（FD）的配线电缆或光缆、楼层配线设备（FD）、设备线缆和跳线等组成，如图 5-4 所示。水平布线子系统在工程设计中内容最多，也较为复杂，但总的原则要考虑发展和冗余。

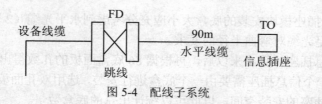

图 5-4 配线子系统

5.4.1 配线子系统的设计

（1）根据工程提出近期和远期的终端设备要求。

（2）每层需要安装的信息插座的数量及其位置。

（3）终端将来可能产生移动、修改和重新安排的预测情况。

（4）一次性建设或分期建设的方案。

水平布线子系统应采用 4 对对绞电缆，在需要时也可采用光缆。水平布线子系统根据整个综合布线系统的要求，应在交接间或设备间的配线设备上进行连接，以构成电话、数据系统并进行管理。水平布线子系统的水平电缆或光缆长度不应超过 90m。在能保证链路性能时，水平光缆距离可适当加长。

水平布线子系统在配置时，应保持信息插座、水平线缆、配线模块、跳线、设备线缆等级的一致性，以保证整个链路或信道的传输特性。

5.4.2 配线子系统配置

配置原则如下：

（1）一个给定的综合布线系统设计可采用多种类型的信息插座。

（2）水平布线子系统线缆长度应在 90m 以内。

（3）配线电缆可选用普通的综合布线铜芯对绞电缆，在必要时应选用阻燃、低烟、低毒等电缆。

（4）信息插座应采用 8 位模块式通用插座或光缆插座。

（5）配线设备交叉连接的跳线应选用综合布线专用的插接软跳线，在电话应用时也可选用双芯跳线或三类 1 对电缆。

（6）一条 4 对对绞电缆应全部固定终接在一个信息插座上。不允许将一条 4 对对绞电缆终接在 2 个或 2 个以上信息插座上。

（7）水平布线子系统线缆安装穿管或沿金属电缆桥架敷设，当电缆在地板下布放时，应根据环境条件选用地板下线槽布线、网络地板布线、高架（活动）地板布线、地板下管道布线等安装方式。水平线缆也可布放在吊顶内，如果不采用金属管线敷设，而直接绑扎布放，线缆的护套材料应具有阻燃性能，并达到 CMP 级。

5.4.3 信息插座数量的确定

对于工作区信息插座的设置，应根据建筑物每一层房屋的功能和用户的实际需求进行。

（1）每一个工作区信息插座模块（电、光）数量不宜少于 2 个，并满足各种业务的需求。

（2）底盒数量应以插座盒面板设置的开口数确定，每一个底盒支持安装的信息点数量不宜大于 2 个。

（3）光纤信息插座模块安装的底盒大小应充分考虑到水平光缆（2 芯或 4 芯）终接处的光缆盘留空间和满足光缆对弯曲半径的要求。

当电和光的信息插座计算出来以后，再根据 86 底盒面板的孔数得出插座底盒的数量。如采用单孔面板时，一个信息插座需要由一个底盒进行安装，选用双孔面板时，则一个插座底盒可以支持两个信息插座的安装空间，以此可以统计出总的底盒数量。

在信息插座数量的确定、支持业务的应用和产品的选用时，要特别注意网络的传输与通信质量是否能得到保证，还得考虑到用户终端和业务的变化对线对数量的需求是否能适应网络的长期发展。

5.4.4　水平电线缆的配置

工作区的信息插座模块应支持不同的终端设备接入，每一个 8 位模块通用插座应连接一根 4 对对绞电缆；对每一个双工或 2 个单工光纤连接器件及适配器连接一根 2 芯光缆。

从电信间至每一个工作区水平光缆宜按 2 芯光缆配置。光纤至工作区域满足用户群或大客户使用时，光纤芯数至少应有 2 芯备份，按 4 芯水平光缆配置。

连接至电信间的每一根水平电缆/光缆应终接于相应的配线模块，配线模块与缆线容量相适应。

电信间 FD 主干侧各类配线模块应按电话交换机、计算机网络的构成及主干电缆/光缆的所需容量要求及模块类型和规格的选用进行配置。

电信间 FD 采用的设备缆线和各类跳线宜按计算机网络设备的使用端口容量和电话交换机的实装容量、业务的实际需求或信息点总数的比例进行配置，比例范围为 25%～50%。

1. 语音水平电缆选用

（1）超五类电缆：可以支持语音和 1Gb/s 以太网的应用，另外在 568B 的标准中已建议采用超五类产品以取代五类产品。

（2）六类电缆：可以支持语音及 1～n 个 Gb/s 以太网络的应用，能适应终端设备的变化。

2. 数据水平电缆选用

全六类综合布线产品可以支持计算机网络 1～n 个 Gb/s 的应用。

选用上述语音电缆时，不要将市话配线与综合布线系统的设计理念加以混淆，而使系统变得不伦不类。如果为综合布线系统设计，则全部应采用综合布线的产品。

5.4.5　电信间配线设备配置

电信间 FD 的配线模块可以分为水平侧、设备侧和干线侧几类，模块可以采用 IDC 连接模块（以卡接方式连接线对的模块）和快速插接模块（RJ-45）。FD 在配置时应按业务种类分别加以考虑。

1. 模块选择

（1）IDC 二模块。

1）110 型。110 型配线架模块如图 5-5 所示。

一般容量为 100 对至几百对卡接端子，此模块卡接水平电缆和插入跳线插头的位置均在正面。但水平电缆与跳线之间的 IDC 模块有 4 对与 5 对端子的区分。如采用 4 对 IDC 模块，则一个 100 对模块可以连接 24 根水平电缆；当采用 5 对 IDC 模块时，则只能连接 20 根水平电缆。此种模块在六类布线系统中，端子容量减少，以拉开端子间的距离，减弱串音的影响。对语音通信通常采用此类模块。

2）25 对卡接式模块。如图 5-6 所示，此种模块呈长条

图 5-5　110 配线架模块

形，具有 25 对卡线端子。卡接水平电缆与插接跳线的端子处于正、反两个部位，每个 25 对模块可卡接 5 根水平电缆。

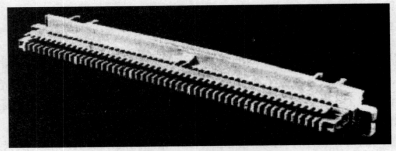

图 5-6　卡接式模块

3）回线式（8 回线与 10 回线）端接模块。如图 5-7 所示。

图 5-7　回线式端接模块

该模块的容量有 8 回线和 10 回线两种，每回线包括 2 对卡线端子、1 对端子卡接进线和 1 对端子卡接出线。此种模块按照两排卡线端子之间的连接方式可以分为断开型、连通型和可插入型三种。在综合布线系统中，断开型的模块用在 CD 配线设备中，当有室外的电缆引入楼内时可以在模块内安装过压过流保护装置，以防止雷电或外部高压和大电流进入配线网。连通型的模块因为两排卡接端子本身是常连通的状态，则可用于开放型办公室的布线工程中作为 CP 连接器件使用。

IDC 模块有三类、五类、超五类和六类产品可以用来支持语音和数据通信网络的应用。各生产厂家所生产模块的容量会有所区别，在选用时应加以注意。

（2）RJ-45 配线模块。RJ-45 配线模块如图 5-8 所示。此种模块以 12 口、24 口、48 口为单元组合，通常以 24 口为一个单元。由于 RJ-45 端口有利于跳线的位置变更，因此经常用在数据网络中。该模块有五类、超五类、六类、七类产品。

图 5-8　RJ-45 配线模块

IDC 模式和 RJ-45 模块用在水平侧与水平电缆相连接，可以适用于不同的通信业务。通常 IDC 型的 110 模块支持语音应用，RJ-45 模块则支持数据应用。这种配置方案既能满足业务的管理特点，工程的设备价位也相对适中。

2. 语音模块配置

如图 5-9 所示，以某楼层设置 100 个 RJ-45 信息插座为例。

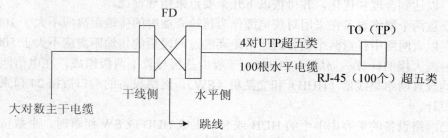

图 5-9　配线子系统语音部分配置（一）

（1）水平侧模块如采用 110 型（100 对及 IDC4 对连接器），按水平电缆数量 100 根考虑，则需要配置 5 个超五类 100 对 110 型模块，而且可以有充足的冗余量。

（2）主干语音电缆配置。

- 主干电缆的对数与水平电缆的配比原则上按 1:4 考虑，即每一根 4 对的语音水平电缆对应的语音主干电缆需要 1 对线支持。本例需配置大对数主干电缆的总对数为 100 对。如果考虑增加 10%～20% 的备用线对（取 10%），总线对数量为 110 对。
- 按照大对数主干电缆的规格与造价，建议采用三类大对数主干电缆（可以为 25 对、50 对和 100 对组成）。如本例中选用 25 对的三类大对数电缆，则需配置 5 根 25 对的三类大对数电缆。

（3）语音跳线配置。根据目前的产品情况与标准要求及节省工程造价考虑，可以采用市话双色跳线或三类 1 对对绞电缆作为语音跳线，每根跳线的长度可按 2m 左右计算。本例中，100 个语音信息点需要的总跳线长度为 200m，可折合为一箱（305 米）三类 1 对电缆。

按照电话交换系统的设计思想，只需要在设备间设置一级配线的管理，因此在 FD 中可以不设跳线，而将大对数电缆直接卡接在水平侧 110 模块的 IDC 连接器件上，如图 5-10 所示。

图 5-10　配线子系统语音部分配置（二）

（4）干线侧模块配置。干线侧模块的等级和容量应与语音大对数主干电缆保持一致。本例则需配置 2 个三类 100 对 110 型模块。

如果语音水平侧模块采用 RJ-45 类型，干线侧模块采用 110 型时，则 FD 中的语音跳线一端采用 RJ-45 插头，另一端直接卡接在干线侧的模块插接跳线模块的部位。跳线可采用三类 1 对电缆。

3. 数据部分

以某层设置 100 个 RJ-45 信息插座为例。

数据的配置较为复杂和多样，数据网络的配线设计应与网络设计的规律相结合，否则配置的结果适应不了实际的应用或配置量过大而导致投资的加大。往往布线系统和网络设计是各自独立的单项工程，并由不同的设计人员完成。因此综合布线系统的设计也应遵循网络设计的规定要求，以达到合理和优化，并可按以下几个要点来指导设计。

- 任意两个网络设备在采用对绞电缆作为传输介质时的传输距离应不大于100m。
- 在以太网络中任意两个设备的通信距离经过网段后的传输距离应不大于500m。
- 智能大楼的计算机局域网（LAN）一般由基层与骨干两级组成，在电信间和设备间均设置网络集线器（HUB）和交换机（SW）。网络设备的端口数按24口来进行布线设计。
- 当网络设备的扩容由单个的HUB或SW组成HUB或SW组群时，个数按小于4个设置，总端口数控制在96口。

（1）最低量的配置。同样以某层设置100个数据信息插座来分析水平布线子系统与建筑物主干子系统之间的配置关系，具体连接如图5-11所示。

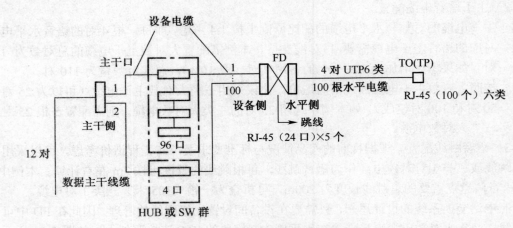

图5-11　配线子系统数据部分配置（一）

1）计算步骤。

- 根据水平电缆的容量确定水平侧RJ-45（24口）模块的数量，本例计算结果为5个。
- 设备侧的RJ-45（24口）模块数量及容量与水平侧的RJ-45模块一致，同样为5个。
- 按每个HUB或SW群设置一个主干电端口（可以为10Mb/s、100Mb/s、10/100Mb/s自适应、1000Mb/s以太网电端口），每个电端口实需线对为4对，主干侧RJ-45（24口）模块只需要1个就可满足，并有充分的冗余量。
- 对于数据主干电缆的总对数，经计算需要8对，考虑到4对线作为备份，可以设置12对线量。主干电缆可以按照线对的需求容量和电缆的规格要求取定，可以有两个方案。第一个方案为采用1根25对的五类或超五类大对数电缆（大对数电缆一般以25对组合，目前尚无六类产品）支持应用，但只能支持1Gb/s以太网络；第二个方案采用3根六类4对水平电缆作为数据主干电缆使用。以两个方案相比较，可以看出第二个方案更为优化。因为六类4对电缆作为主干电缆使用能比超五类大对数电缆提供更高的传输带宽，并有利于工程验收的电气性能检测。

2）跳线和设备电缆配置。

- FD 中 RJ-45 模块之间可以采用两端都为 RJ-45 插头的六类跳线进行管理，本例为 100 根。
- HUB/SW 与设备侧、主干侧 RJ-45 模块间可采用单端为 RJ-45 插头的六类设备电缆进行互连，本例共为 102 根。

（2）最高量的配置。具体连接如图 5-12 所示。

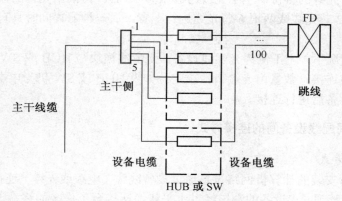

图 5-12　配线子系统数据部分配置（二）

在最大量配置时，相当于每个 HUB 或 SW 设置一个主干端口，本例中共需设置 5 个主干电端口，总线对数为 20 对，如考虑备份（4 对）则为 24 对线量。主干侧采用 24 口 RJ-45 模块 1 块。

对于主干电缆的选用，可以采用一根 25 对五类或超五类大对数电缆或 6 根六类 4 对电缆作为主干电缆使用。

（3）主干光缆配置。如果 FD 至 BD 之间采用主干电缆的传输距离大于 100m 或其他情况时，则应采用光缆。主干光缆中不包括光纤至桌面（FTTD）光纤的需求容量。主干子系统配置如图 5-13 所示。

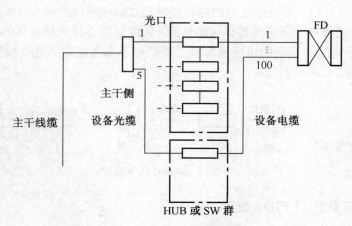

图 5-13　主干子系统配置

配置原则如下：

- 当主干线缆采用光缆时，HUB 或 SW 群的主干端口则为光端口，每个光端口需要占用 2 芯光纤，本例中两个 HUB 或 SW 群实需光纤为 4 芯，如果考虑到光纤的备份（以 2 芯为备份），总数为 6 芯光纤。此时，可选用 6 芯光缆作为本层主干光缆。并根据光纤的芯数配备主干侧的光纤模块容量同样为 6 个光端口的耦合器。
- 在最大量配置时，则相当于每个 HUB 或 SW 具备一个光端口，共需设置 5 个光端口，如果考虑光纤的备份，主干光缆总芯数为 12 芯。再根据光缆的规格与产品情况，可按一根 12 芯光缆或两根 6 芯光缆进行配置。后一种配置同时具有光纤的备份与光缆的备份。
- 在此种情况下，主干侧为光配线设备。光配线模块与 HUB 或 SW 的光端口之间采用设备光缆连接，数量由光端口数决定。如果 HUB 或 SW 仍为电端口，则需经过光、电转换设备后进行连接。

5.4.6 电信间配线设备间的连接方式

1. 交叉连接方式

在电信间内所安装的计算机网络设备通过设备线缆（电缆或光缆）连接至配线设备（FD）以后，再经过跳线管理，将设备的端口经过水平线缆连接至工作区的终端设备，此种为传统的连接方式，称为交叉的连接方式，如图 5-14 所示。

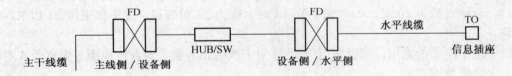

图 5-14　交叉连接方式

2. 互连连接方式

在此种连接方式中，可以充分利用网络设备端口连接模块（电或光）取代设备侧的配线模块。在这种情况下，相当于网络设备的端口直接通过跳线连接至模块，既减少了线段和模块以降低工程造价，又提高了通路的整体传输性能，因此可以看作一种优化的连接方式。而且互连连接方式从水平布线子系统的组成内容看，更贴近于永久链路的连接模型及工程的实际情况，如图 5-15 所示。

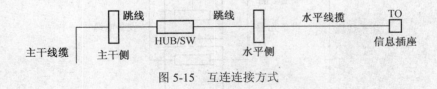

图 5-15　互连连接方式

5.4.7 光纤至桌面（FTTD）配置

光纤至桌面，即办公区的配置是在基本配置的基础上完成的。关于布线工作区光纤的应用，光插座应可以支持单个终端采用光口时的应用，也可以满足某一工作区域组成的计算机网络（如企业网络）主干端口对外部网络的连接使用。如果光纤布放至桌面，再加上多媒体配线箱（网络设备和配线设备的组合箱体）的接入，可为末端大客户的用户提供一种全程的网络解决方案，具有一定的应用前景。光纤的路由形成大致有以下几种方式，如图 5-16 所示。

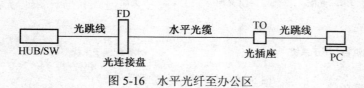

图 5-16　水平光纤至办公区

（1）工作区光插座配置。工作区光插座可以从 ST、SC 或超小型的 LC、MTJ、SG 中选用。但应考虑到连接器的光损耗指标、支持应用网络的传输速率要求、连接口与光纤之间的连接施工方式及产品的造价等因素。

光插座（耦合器）与光纤的连接器应配套使用，并根据产品的构造及所连接光纤的芯数分成单工与双工。一般从网络设备光端口的工作状态出发，可采用双口光插座的连接 2 芯光纤，完成光信号的收发，如果考虑光口的备份与发展，也可按 2 个双口光插座配置。

（2）水平光缆与光跳线配置。水平光缆的芯数可以根据工作区光信息插座的容量确定为 2 芯或 4 芯光缆。水平光缆一般情况下采用 62.5μm 或 50μm 的多模光缆，如果工作区的终端设备或自建的网络跨过大楼的计算机网络而直接与外部的 Internet 网进行互通，为避免多/单模光纤相连时转换，也可采用单模光缆，如图 5-17 所示。

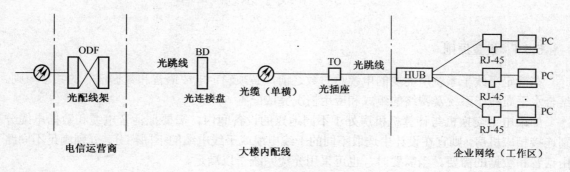

图 5-17　水平光缆配置

图 5-17 中为工作区企业网络的网络设备直接通过单模光缆连至电信运营商光配线架（ODF）或相应通信设施完成宽带信息业务的接入。当然也可采用多模光缆经过大楼的计算机局域网及配线网络与外部网络连接，如图 5-18 所示。

由于光纤在网络中的应用传输距离远远大于对绞电缆，因此水平光缆（多模）也可以直接连接至大楼的 BD 光配线设备及网络设备与外部建立通信，如图 5-19 所示。

光跳线主要起到将网络设备的光端口与光配线连接盘（光配线设备）中的光耦合器进行连接的作用，以构成光的整个通路。光跳线连接（光插头）的产品类型应和光耦合器（光插座）及网络设备光端口的连接器件类型保持一致，否则无法连通。如果网络设备的端口为电端口，光跳线则需经过光/电转换设备完成连接。

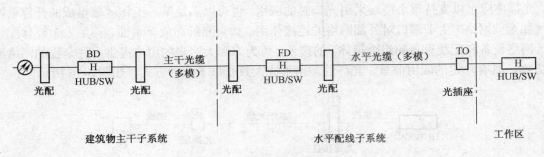

图 5-18 水平多模光缆配置（一）

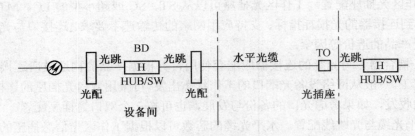

图 5-19 水平多模光缆配置（二）

5.5 干线子系统

5.5.1 设置原则

在确定干线子系统所需要的电缆总对数之前，必须确定电缆语音和数据信号的共享原则。结合水平布线子系统及网络的组成和应用情况完成配置。

如果电话交换机与计算机机房处于不同地点的设备间内，需要把话音电缆和数据电缆分别连接相应机房，则宜在设计中选取不同的干线电缆或干线电缆的不同部分，分别满足不同路由话音和数据的需要。当需要时，也可采用光缆系统予以满足。

干线子系统应由设备间的建筑物配线设备（BD）、设备线缆和跳线，以及设备间至各楼层电信间及电信间与电信间的主干线缆组成。

干线子系统所需要的电缆总对数和光纤芯数，其容量可按水平布线子系统中的内容要求确定。对数据应用应采用光缆或六类对绞电缆，对绞电缆的长度不应超过 90m，对电话应用可采用三类对绞电缆。语音主干和数据主干在采用对绞电缆时，其线对同样不能合在一根主干电缆中，应分别设置在各自的主干电缆中。

主干线缆应在建筑物封闭的通道布放。封闭型通道是指一连串上下对齐的电信间，每层楼都有一间，利用电缆竖井、电缆孔、管道电缆、电缆桥架等穿过这些房间的地板层。通风通道或电梯通道，不能敷设干线子系统电缆。

干线电缆宜采用点对点端接，也可采用分支递减端接。应选择干线电缆较短、安全和经济的路由。宜选择带门的封闭型综合布线专用的通道敷设干线电缆，也可与弱电竖井合用。

点对点端接是最简单、最直接的接合方法，大楼与配线间的每根干线电缆直接延伸到指定的楼层和电信间。

分支递减端接是指有一根大对数干线电缆足以支持若干个电信间或若干楼层的通信容量，经过电缆接头保护箱分出若干根小电缆，它们分别延伸到每个电信间或每个楼层，并端接于目的地的连接硬件。

线缆不应布放在电梯、供水、供气、供暖、强电等竖井中。

设备间连线设备的跳线应选用综合布线专用的插接软跳线，在电话应用时也可选用双芯跳线或三类 1 对电缆。

干线子系统垂直通道有电缆孔、管道、电缆竖井三种方式可供选择，宜采用电缆竖井方式。

5.5.2　干线子系统配置

如图 5-20 所示，干线子系统线缆的配置容量已在水平布线子系统中加以描述。主干线缆属于建筑物主干子系统的范畴，包括大对数语音及数据电缆、多模和单模光缆、4 对对绞电缆。它们的两端分别连至 FD 与 BD 干线侧的模块，线缆与模块的配置等级与容量保持一致。

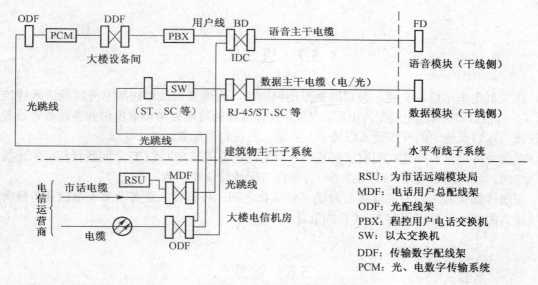

图 5-20　建筑物子系统配置

BD 模块在设备侧应与设备的端口容量相等，也可考虑少量冗余量，并可根据支持的业务种类选择相应连接方式的配线模块（可以为 IDCC 或 RJ-45 模块）。数据和语音模块应分别设定配置方案，配置时可参照水平部分 FD 的内容。

跳线和设备线缆应考虑设备端口的形式、线缆的类型及长度和配置数量。

BD 在与电信运营商之间互联互通时，应注意相互间界面的划分，以避免造成漏项和重复配置的现象出现。下面举一个例子，当大楼设置程控用户电话交换机和计算机交换主机完成语音和数据业务与常用网的互通，部分用户又可以经过电信运营商的电话远端模块局（RSU）实现电话业务呼叫，数据业务则经过光纤直接连至常用网光配线设备。主干子系统的连接方式如图 5-20 所示。

5.6　设备间

在大楼的适当地点设置电信设备和计算机网络设备，以及建筑物总配线设备（BD）安装的地点，也是进行网络管理的场所。对综合布线工程设计而言，设备间主要安装总配线设备，电话、计算机等各种主机设备及其进线，保安设备不属综合布线工程设计的范围，但可合装在一起。当分别设置时，考虑到设备电缆有长度限制的要求，安装总配线架的设备间与安装程控电话交换机及计算机主机的设备间的距离不宜太远。设备间内的所有总配线设备应采用色标区别各类用途的配线区。设备间位置及大小应根据设备的数量、规模、最佳网络中心等因素，综合考虑确定。

建筑物的综合布线系统与外部通信网连接时，应遵循相应的接口标准，并预留安装相应接入设备的位置。

设备间的安装工艺要求除应满足本章内容规定外，还应满足 YD5003-2005《电信专用房屋设计规范》中有关配线设备的规定，如果安装电信设备或其他应用设备时，应符合设计要求。

5.7　进线间

建筑群主干电缆和光缆、公用网和专用网电缆、光缆及天线馈线等室外缆线进入建筑物时，应在进线间终端转换成室内电缆、光缆，并在缆线的终端处由多家电信业务经营者设置入口设施，入口设施中的配线设备应按引入的电、光缆容量配置。

电信业务经营者在进线间设置安装的入口配线设备应与 BD 或 CD 之间敷设相应的连接电缆、光缆，实现路由互通。缆线类型与容量应与配线设备相一致。

在进线间缆线入口处的管孔数量满足建筑物之间、外部接入业务及多家电信业务经营者缆线接入的需求，并应留有 2～4 孔的余量。

5.8　管理

管理是针对设备间、电信间和工作区的配线设备、线缆、信息插座等设施，按一定的模式进行标识和记录的规定。在管理点，宜根据应用环境用标识来标出各个端接点。内容包括管理方式、标识、色标、交叉连接等，这些内容的实施将给今后维护和管理带来很大的方便，有利于提高管理水平，提高工作效率。特别是规模大和复杂的综合布线系统，统一采用计算机进行管理，其效果将十分明显。目前，市场上已有现成的管理软件可供选用。有的布线产品利用布线模块和跳线设置电子的接点和网络设备，并经过专用的软件实现管理。这对于较大的布线工程管理有一定的优势，但也应考虑到工程的整体造价。

综合布线的各种配线设备，应采用色标区分干线电缆、配线电缆或设备端接点，同时，还用标记条表明端接区域、物理位置、编号、容量、规格等特点，以便维护人员在现场一目了然地识别。

在每个交接区实现线路管理的方式是在各色标区域之间按应用的要求，采用跳线连接。色标用来区分配线设备的性质，分别由按性质划分的接线模块组成，且按垂直或水平结构进行排列。

综合布线系统使用 3 种标记：电缆标记、区域标记和接插件标记。其中接插件标记最常用，可分为平面标识和缠绕式标识两种，供选择使用。

电缆和光缆的两端应采用不易脱落和磨损的标识表明相同的编号。目前，市场上已有配套的打印机和标识系统供应。

管理的具体要求如下：

（1）规模较大的综合布线系统宜采用计算机进行管理，简单的综合布线系统宜按图纸资料进行管理，应做到记录准确、及时更新、便于查阅。

（2）综合布线的每条电缆、光缆、配线设备、端接点、安装通道和安装空间均应给定唯一的标志。标志中可包括名称、颜色、编号、字符串或其他组合。

（3）配线设备、线缆、信息插座等硬件均应设置不易脱落和磨损的标识，并应有详细的书面记录和图纸资料。

（4）电缆和光缆的两端均应标明相同的编号。

（5）设备间、电信间的配线设备宜采用统一的色标区别各类用途的配线区。

5.9　建筑群子系统

5.9.1　一般规定

（1）建筑群主干子系统由连接各建筑物之间的综合布线线缆、建筑群配线设备（CD）和设备线缆及跳线等组成。

（2）建筑物之间的线缆宜采用地下管道或电缆沟的敷设方式。

（3）建筑群主干电缆、光缆、公用网和专用网电缆、光缆（包括天线馈线）进入建筑物时，都应设置引入设备，并在适当位置终端转换为室内电缆、光缆。引入设备还包括必要的保护装置。引入设备宜单独设置房间，如条件合适也可与 BD 或 CD 合设。

（4）建筑群和建筑物的主干电缆、主干光缆布线的交接不应多于两次。从楼层配线架（FD）到建筑群配线架（CD）之间只应通过一个建筑物配线架（BD）。

5.9.2　系统配置

建筑群主干线缆连接楼与楼之间 BD 与 BD 及 BD 与 CD 配线设备，建筑群配线设备 CD 在引入楼外电缆的配线模块时应具有加装过压过流保护装置的功能，即只能采用 8 回线、10 回线的断开型 IDC 连接模块。如果语音主干电缆采用电信运营商市话大对数室外电缆，从市话端引入大楼设备间时，需经过电信运营商所提供的总配线设备（MDF）转接，此时过压过流保护装置安装在 MDF 的直列模块中。所有引入楼内的电缆和光缆的金属部件在入口处应就近接地。连接方式如图 5-21 所示。

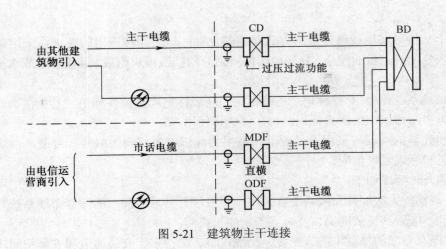

图 5-21   建筑物主干连接

5.10   光纤系统设计

5.10.1   光纤的应用场合

人类社会现在已发展到信息社会，声音、图像和数据等信息的交流量非常大。以前的通信手段已经不能满足现在的要求，而光纤通信以其信息容量大、保密性好、重量轻体积小、无中继段距离长等优点而得到广泛应用。其应用领域遍及通信、交通、工业、医疗、教育、航空航天和计算机等行业，并正在向更广更深的层次发展。光纤的应用正给人类的生活带来深刻的影响与变革。

5.10.2   光纤网络系统设计

光纤系统的设计一般遵循以下步骤：

（1）弄清所要设计的是什么样的网络，其现状如何，为什么要用光纤。

（2）根据实际情况选择合适的光纤网络设备、光缆、跳线及连接用的其他物品。选用时应以可用为基础，然后再依据性能、价格、服务、产地和品牌来确定。

（3）按客户的要求和网络类型确定线路的路由，并绘制布线图。

（4）路线较长时则需要核算系统的衰减余量，核算可按下面公式进行：

衰减余量＝发射光功率－接受灵敏度－线路衰减－连接衰减（dB）

其中，线路衰减＝光缆长度×单位衰减；单位衰减与光纤质量有很大关系，一般单模为 0.4～0.5dB/km；多模为 2～4dB/km。

连接衰减包括熔接衰减接头衰减，熔接衰减与熔接手段和人员的素质有关，一般热熔为 0.01～0.3dB/点；冷熔为 0.1～0.3dB/点；接头衰减与接头的质量有很大关系，一般为 1dB/点。系统衰减余量一般不少于 4dB。

（5）核算不合格时，应视情况修改设计，然后再核算。这种情况有时可能会反复几次。

习题五

1. 试述综合布线设计的一般原则。
2. 简述综合布线设计的一般步骤。
3. 工作区适配器的选用原则是什么？如何确定连接器、信息插座的数量？
4. 配线子系统的设计的原则是什么？如何计算配线子系统的线缆用量？
5. 配线架的作用是什么？常见的有哪几种？
6. 干线子系统的设计原则是什么？并说出其设计步骤。
7. 试比较垂直干线敷设的两种方法。
8. 设备间的设计原则是什么？
9. 设备间的线缆敷设有哪几种方法？分别适用什么场合？
10. 管理子系统的设计原则是什么？
11. 说出建筑群子系统的设计要点。
12. 比较建筑群子系统线缆敷设的常用方法。

第6章 综合布线系统工程施工

学习目标

本章主要讲解网络综合布线系统中的设备及线缆的施工标准与操作流程。通过本章的学习，读者应该掌握以下几点：

- 综合布线系统中常用的标准。
- 综合布线系统中常见设备的安装。
- 综合布线系统中各种线缆的安装。

6.1 综合布线施工的技术要点

6.1.1 综合布线系统工程施工的基本要求

在综合布线系统工程安装施工过程中，应注意以下基本要求：

（1）综合布线系统工程安装施工，须按照《建筑与建筑群综合布线系统工程验收规范》（GB50312-2007）中的有关规定进行安装施工，也可以根据工程设计要求办理。

（2）智能化小区的综合布线系统工程中，其建筑群主干布线子系统部分的施工与本地电话网络有关，因此，安装施工的基本要求应遵循我国通信行业标准《本地电话网用户线线路工程设计规范》（YD5006-2003）中的规定。

（3）综合布线系统工程中所用的线缆类型、性能指标、布线部件的规格以及质量等均应符合我国通信行业标准《大楼通信综合布线系统》第1～3部分（YD/T 926、1-3-2009）等规范或设计文件的规定，工程施工中不得使用未经鉴定合格的器材和设备。

（4）施工现场要有技术人员监督、指导。为了确保传输线路的工作质量，在施工现场要有参与该项工程方案设计的技术人员进行监督、指导。

（5）标记一定要清晰、有序。清晰、有序的标记会给下一步设备的安装、调试工作带来便利，以确保后续工作的正常进行。

（6）对于已敷设完毕的线路，必须进行测试检查。线路的畅通、无误是综合布线系统正常可靠运行的基础和保证，测试检查是线路敷设工作中不可缺少的一项工作。要测试线路的标记是否准确无误，检查线路的敷设是否与图线一致等。

（7）需敷设一些备用线。备用线的敷设是必要的，其原因是：在敷设线路的过程中，由于种种原因难免会使个别线路出问题，备用线的作用就在于它可及时、有效地代替这些出问题的线路。

（8）高低压电线须分开敷设。为保证信号、图像的正常传输和设备的安全，要完全避免电涌干扰，要做到高低压线路分管敷设，高压线需使用铁管；高低压线应避免平行走向，如果由于现场条件只能平行时，其间隔应保证按规范的相关规定执行。

6.1.2　综合布线系统工程施工前的准备

在综合布线系统施工前，各项准备工作必须做好，它是安装施工的前期工作，对确保综合布线系统施工的进度和工程质量非常重要。

安装施工前的准备工作较多，下面介绍主要的几项。

1. 全面了解和熟练掌握设计文件和图纸

施工单位接受综合布线系统工程安装施工项目后，首先要做好以下几点：

（1）对工程设计文件和施工图纸详细阅览。对其中主要内容如设计说明、施工图纸和工程概算等部分，相互对照、认真核对。尤其是在技术上有无问题、安装施工中有无困难，与其他工程有无矛盾。此外，对于工程概算部分，重点是工程量有无缺项或漏项、概算的费率有无用错，设备和材料的规格和数量有无错误等。对于设计文件和施工图纸上交代不清或有疑问的地方，应及早向设计单位提出，必要时可以和设计人员一同到现场，以求解决安装施工的难题。

（2）会同设计单位现场核对施工图纸，进行安装施工技术交底。设计单位有责任向施工单位对设计文件和施工图纸的主要设计意图和各种因素考虑进行介绍。施工单位在设计文件和施工图纸上发现交代不清或有疑问之处，应向设计单位提出，设计单位应做出解释或提供解决方法，也可在现场由双方协商，提出更加完善的技术方案。经过现场技术交底，施工单位应全面了解工程全部施工的基本内容。

2. 现场调查工程环境的施工条件

现场调查工程环境的施工条件可以与设计单位一起进行，也可以由施工单位自己单独调查。在现场调查中必须注意以下几点：

（1）由于综合布线系统的线缆绝大部分是采取隐蔽的敷设方式，在设计中一般不可能全部做到具体和细致。因此，对于建筑结构，如吊顶、地板、电缆竖井和技术夹层等建筑结构、空间尺寸等进行调查了解，以便真正全面掌握各个安装场合敷设线缆的可能性和难易程度，对决定选择线缆路由和敷设位置有极大的帮助。

如果是已建成的建筑，在现场调查过程中要更加重视其建筑结构，内部有无暗敷管路，若有管路，对其路由、位置以及是否被占用等具体情况要进行充分了解，以便考虑是否利用原有管路；若无管路等设施，应在现场了解其采取明敷或暗敷管线的可能性和具体条件，以便在施工中决定敷设线缆的具体技术方案。

（2）在现场调查中要复核设计的线缆敷设路由和设备安装位置是否正确适宜，有无安装施工的足够空间或需要采取补救措施或变更设计方案。实现预留的暗管、地槽、洞孔的数量位置、规格尺寸应该符合设计中的规定要求。对于安装施工中必须注意的细节，例如在暗敷管路的管孔内有无放置牵引线缆的引拉线，这些具体细小的问题都必须调查清楚，全面掌握，以利于组织施工。

（3）对于设备间和干线交接间等专用房间，必须对其环境条件和建筑工艺进行调查和检验，只有具备以下条件时，才能安装施工。

1）由于设备间是综合布线系统的网络中心，它是安装用户电话交换机、计算机主机和配线设备以及传输维护管理系统设备的场所，其房间内部环境条件都必须具备上述设备所需的安装工艺设计的基本要求。因此，这些房间的土建工程必须全部完工，要求墙壁和地面均平整，室内通风、干燥、光洁，门窗齐全，门的高度和宽度均符合工艺要求，不会影响设备和器材搬入室内，门锁性能良好，钥匙齐全，以保证房间安全可靠，真正具备安装施工的基本条件。

2）房间内按设计要求预先设置的地槽、暗敷管路和洞孔的位置、数量和尺寸均正确无误，满足安装施工需要。

3）对设备间内铺设的活动地板应认真检查其施工质量，要求地板板块铺设的表面平整、板缝严密、安装牢固，无凹凸现象，地板支柱安装坚固牢靠，地板水平面的允许偏差每平方米不应大于 2mm。活动地板应有防静电措施，其接地装置均应符合设计规定和产品要求。

4）设备间和交换间内均应设置应用可靠的交流 50Hz、220V 的施工电源，并有良好的接地装置，以便安装施工和维护检修使用。

5）设备间和交接间的面积大小、环境温湿度条件、防尘和防火措施、内部装修等都符合工艺设计提出的要求或标准的有关规定。

3．编制安装施工进度顺序和施工组织计划

根据综合布线系统工程设计文件和施工图纸的要求，结合施工现场的客观条件、设备器材的供应和施工人员的数量等情况，安排施工进度计划和编制施工组织设计，力求做到合理有序地进行安装施工。因此，要求安装施工计划必须详细、具体、严密和有序，便于监督实施和科学管理。

在安排施工计划时，应注意与建筑和其他系统的配合问题。由于综合布线系统的设备和器材及线缆的价格均比较昂贵，为了避免在施工现场丢失和被损坏，一般宜在建筑的土建工程和室内装修的同时，或稍后和适当的时间安排施工，这样既能确保安装顺利进行，也可减少与上述工程的施工发生矛盾，但应避免彼此脱节。为此，必须注意建筑物和内部装修及其他系统工程的施工进度，必要时可随时修改施工计划，以求密切配合，协作施工，有利于保证工程质量和施工进度的顺利进行。

4．施工工具的准备

在综合布线系统工程中所用的施工工具是进行安装施工的必要条件，随施工环境和安装工序的不同，有不同类型和品种的工具。在安装施工前应对各种工具进行清点和检验，这是十分重要的，否则在施工过程中会因这些工具失效造成人身安全事故或影响施工进程。尤其是对于登高工具中的梯子和高凳必须重视，检查是否坚固牢靠，有无晃动和损坏现象，如有上述情况，必须修复完好后才允许在工地现场使用，以免发生人员受伤事故。此外，应检查牵引工具是否切实有效、有无磨损或断裂现象以及是否存在失灵和严重缺陷等，必要时应更换新的工具，不宜使用带有严重缺陷的工具施工，防止产生其他危害工程质量和人员安全的事故。凡是电动施工工具因在施工时都带电作业，必须详细检查和通电测试，检测这些电动工具的连接软线有无外绝缘护套破损、有无产生漏电的隐患、其使用功能是否切实有效、会不会发生问题等。只有证实确无问题时，才可在工程中使用。

6.1.3　工程施工前检查

1．环境检查

在对综合布线系统的线缆、工作区的信息插座、配线架及所有连接器件安装施工之前，首先要对土建工程，即建筑物的安装现场条件进行检查，在符合 GB/T50312-2000《建筑与建筑群综合布线系统设计规范》和设计文件相应要求后，方可进行安装。

（1）概述。综合布线系统设备的安装包括工作区、交接间、设备间及进线间在内的环境条件。除了要适应配线线缆和连接器件的安装要求外，如果与其他机房合建，还应满足终端设备、计算机网络设备、电话交换机、传输设备及各种接入网设备等的安装要求。不应在温度高、灰尘多、存在有害气体、易爆等场所进行安装，还应避开有振动和强噪声、高低压变配电及强电干扰严重的场所。

综合布线系统对建筑、结构、采暖通风、供电、照明等工种及预埋管线等配合要求，一般由建筑专业人员承担设计，弱电设计人员应该提出比较详细的布线系统安装环境要求，如室内的净高、地面载荷、线缆出入孔洞位置及大小、室内温湿度要求条件等。

如果布线系统设备安装在旧房屋内，一般可以根据具体情况，在保证综合布线质量的前提下，适当降低对房屋改建的要求。除此之外，房屋设计还应符合环保、消防、人防等规定。

（2）房屋一般要求。综合布线系统应取得不小于规范规定面积的交接间和设备间以安装配线设备，如考虑安装其他弱电系统设备时，建筑物还应为这些设备预留机房面积。

在工业与民用建筑安装工程中，综合布线施工与主体建筑有着密切的关系。如配管、配线及配线架或配线柜的安装等都应在土建实施工程中密切配合，做好预留孔洞的工作。这样既能加快施工进度又能提高施工质量，既安全可靠，又整齐美观。

对于钢筋混凝土建筑物的暗配管工程，应当在浇灌混凝土前（预制板可在铺设后）将一切管路、接线盒和配线架或配线柜的基础安装部分全部预埋好，其他工程则可以等混凝土干涸后再施工。表面敷设（明设）工程也应在配合土建施工时装好，避免以后过多地凿洞破坏建筑物。对不损害建筑的明设工程，可在抹灰工作及表面装饰工作完成后再进行施工。

在安装工程开始以前应对交接间、设备间的建筑和环境进行检查，具备下列条件方可开工：交接间、设备间、工作区土建工程已全部竣工；房屋地面平整、光洁，门的高度和宽度应不妨碍设备和器材的搬运，门锁和钥匙齐全；预留地槽、暗管、孔洞的位置、数量、尺寸均应符合设计要求；设备间敷设的活动地板应符合国家标准 GB6650-86《计算机机房用活动地板技术条件》，地板板块敷设严密坚固，每平方米水平允许偏差不应大于 2mm，地板支柱牢固，活动地板防静电措施的接地应符合设计和产品说明要求。

交接间和设备间应提供可靠的施工电源和接地装置。交接间和设备间的面积，环境温湿度均应符合设计要求和相关规定。交接间安装有源设备（集线器等设备），设备间安装计算机、交换机、维护管理系统设备及配线装置时，建筑物及环境条件应按上述系统设备安装工艺设计要求进行检查。交接间、设备间设备所需要的交直流供电系统，由综合布线设计单位提出要求，在供电单项工程中实施。安装工程除和建筑工程有着密切关系需要协调配合外，还和其他安装工程（如给排水工程、采暖通风工程等）有着密切关系。施工前应做好图纸会审工作，避免发生安装位置的冲突；互相平行或交叉安装时，要保证安全距离的要求，不能满足时，应采取保护措施。

1）所有建筑物构件的材料选用及构件设计，应有足够的牢固性和耐久性，要求防止沙尘的侵入、存积和飞扬。

2）房屋的抗震设计裂度应符合当地的要求。

3）房间的门应向走道开启，门的宽度不宜小于 1.5 m。窗应按防尘窗设计。

4）屋顶应严格要求，防止漏雨及掉灰。

5）设备间的各专业机房之间的隔墙可以做成玻璃隔断，以便维护。

6）房屋墙面应涂浅色不易起灰的涂料或无光油漆。

7）地面应满足防尘、绝缘、耐磨、防火、防静电、防酸等要求。

（3）交接间与设备间安装配线设备时房屋的要求。

1）注意房屋的最低高度与地面载荷和配线设备的形式有很大的关系。

2）地面与墙体的孔洞、地槽沟应和加固的构件结合，充分注意施工的方便。

（4）电缆进线室要求。电缆进线室位于地下室或半地下室时应采取通风的措施，地面、墙面、顶面应有较好的防水和防潮性能。

（5）环境要求。

1）温湿度要求：温度为 10℃～30℃，湿度为 20%～80%。温湿度的过高和过低，易造成线缆及器件的绝缘不良和材料的老化。

2）地下室的进线室应保持通风，排风量应按每小时不小于 5 次换气次数计算。

3）给水管、排水管、雨水管等其他管线不宜穿越配线机房，应考虑设置手提式灭火器和火灾自动报警器。

（6）照明、供电和接地。

1）照明宜采用水平面一般照明，照度可为 75～100Lx，进线室应采用具有防潮性能的安全灯，灯的开关装于门外。

2）工作区、交接间和设备间的电源插座应为 220V 单相带保护的电源插座，插座接地线从 380V/220V 三相五线制的 PE 线引出。在部分电源插座，根据所连接的设备情况，应考虑采用 UPS 的供电方式。

3）综合布线系统要求在交接间设有接地体，接地体的电阻值如果为单独接地，则不应大于 4Ω；如果是采用联合接地，则不应大于 1Ω，接地体主要提供给以下场合使用：

● 配线设备的走线架，过压与过流保护器及告警信号的接地。
● 进局线缆的金属外皮或屏蔽电缆的屏蔽层接地。
● 机柜（机架）屏蔽层接地。

2. 器材检验

（1）器材检验一般要求。

1）工程所用线缆器材型号、规格、数量、质量在施工前应进行检查，无出厂检验证明材料或与设计不符者不得在工程中使用。特别是使用国外器件时，应有出厂检验证明及商检证书。

2）经检验的器材应做好记录，对不合格的器件应单独存放，以备核查与处理。

3）工程中使用的线缆、器材应与订货合同或封存的产品在规格、型号、等级上相符。

4）备品、备件及各类资料应齐全。

（2）型材、管材与铁件的检查。

1）各种型材的材质、规格、型号应符合设计文件的规定、表面应光滑、平整，不得变形、断裂。预埋金属线槽、过线盒、接线盒及桥架表面涂覆或镀层均匀、完整，不得变形、损坏。

2）管材采用钢管（在潮湿处应用热镀锌钢管，干燥处可用冷镀锌钢管）、硬质聚氯乙烯管时，其管身应光滑、无伤痕，管孔无变形，孔径、壁厚应符合设计要求。

3）管道采用水泥管块时，应按通信管道工程施工及验收中相关规定进行检验。

4）各种铁件的材质、规格均应符合质量标准，不得有歪斜、扭曲、飞刺、断裂或破损。

5）铁件的表面处理和镀层应均匀、完整，表面光洁，无脱落、气泡等缺陷。

（3）线缆的检验要求。

1）工程使用的对绞电缆和光缆型号、规格应符合设计的规定和合同要求。

2）电缆所附标志、标签内容应齐全、清晰。

对绞电缆识别标记包括电缆标志和标签。

①电缆标志：在电缆的护套上约 1m 的间隔标明生产厂的厂名或代号及电缆型号，必要时标明生产年份。

②标签：应在每根成品电缆所附的标签或在产品的包装外给出下列信息。

● 电缆型号。

● 生产厂的厂名或专用标志。

● 制造年份。

● 电缆长度。

3）电缆外护线套需完整无损，电缆应附有出厂质量检验合格证。如用户要求，应附有本批量电缆的技术指标。

4）电缆的电气性能抽验应从本批量电缆中的任意 3 盘中各截出 100m 长度，加上工程中所选用的接插件进行抽样测试，并作测试记录。

对绞电缆生产厂家一般以 305m、500m 和 1000m 配盘。在本批量对绞电缆的 3 盘电缆中截出 100m 长度，加上工程采购的接插件进行电缆链路电气性能的抽样测试，结果应符合工程按基本链路连接方式所测的系统指标要求。有的工程（如社区网络）对绞电缆应按特定长度配长，中间不应有接头，一般可使用现场电缆测试仪对电缆长度、衰减、近端串扰等技术指标进行测试。对于光纤链路，在必要时也可用相应的光缆测试仪对每根光缆按光纤链路进行衰减和长度测试。

5）光缆开盘后应先检查光缆外表有无损伤，光缆端头封装是否良好。

6）综合布线系统工程采用光缆时，应检查光缆合格证及检验测试数据，在必要时可测试光纤衰减和光纤长度，测试时要求如下：

● 衰减测试：宜采用光纤测试仪进行测试。测试结果如超出标准或与出厂测试数值相差太大，应用光功率计测试，并加以比较，断定是测试误差还是光纤本身衰减过大。

● 长度测试：要求对每根光纤进行测试，测试结果应一致，如果在同一盘光缆中，光缆长度差异较大，则应从另一端进行测试或做通光检查，以判定是否有断纤现象存在。

7）光纤接插软线（光跳线）检验应符合下列规定：

● 光纤接插软线，两端的活动连接器（活接头）端面应装配有合适的保护盖帽。

● 每根光纤接插软线中光纤的类型应有明显的标记，选用应符合设计要求。

（4）接插件的检验要求。

1）配线模块和信息插座及其他接插件的部件应完整，检查塑料材质是否满足设计要求。

2）保安单元过压、过流保护各项指标应符合有关规定。

3）光纤插座的连接器使用型号和数量、位置应与设计相符。

4）光纤插座面板应有表示发射（TX）或接收（RX）的明显标志。

（5）配线设备的使用。

1）光、电缆交接设备的型号、规格应符合设计要求。

2）光、电缆交接设备的编排及标志名称应与设计相符。各类标志应统一，标志位置正确、清晰。

（6）有关对绞电缆电气性能、机械特性、光缆传输性能及接插件的具体技术指标和要求，应符合设计要求。

6.1.4　施工过程中的注意事项

（1）施工现场督导人员要认真负责，及时处理施工进程中出现的各种情况，协调处理各方意见。

（2）如果现场施工碰到不可预见的问题，应及时向工程单位汇报，并提出解决办法供工程单位当场研究解决，以免影响工程进度。

（3）对工程单位计划不周的问题，要及时妥善解决。

（4）对工程单位新增加的点要及时在施工图中反映出来。

（5）对部分场地或工段要及时进行阶段检查验收，确保工程质量。

（6）制定工程进度表。在制定工程进度表时，要留有余地，还要考虑其他工程施工时可能对本工程带来的影响，避免出现不能按时完工、交工的问题。

6.1.5　工程施工结束时的注意事项

工程施工结束时的注意事项如下：

（1）清理现场，保持现场清洁、美观。

（2）对墙洞、竖井等交接处要进行修补。

（3）各种剩余材料汇总，并把剩余材料集中放置一处，并登记其还可使用的数量。

（4）做总结材料。总结材料主要有：

- 开工报告。
- 布线工程图。
- 施工过程报告。
- 测试报告。
- 使用报告。
- 工程验收所需的验收报告。

6.2　槽道与管路的施工

6.2.1　安装的一般要求

在智能化建筑内综合布线系统的线缆，除利用暗敷管路穿放外，采用桥架和槽道的安装方式较为常用，尤其是在已建成的建筑中使用更加广泛。在桥架和槽道安装施工前，应注意以下要求：

（1）桥架和槽道一般用于线路路由集中且线缆条数较多的段落，例如电缆竖井或上升房（又称干线通道）以及设备间内，这些桥架和槽道均采取明装方式。其装设的路由和位置应以设计文件要求为依据，尽量做到隐蔽安全和便于线缆敷设或连接，尽量将其布置在设备间内和电缆竖井或上升房中的合理部位，并要求安装必须牢固可靠。如果设计中所定的装备设置和相关布置不合理需要改变时，在安装施工中应与设计单位协商后再定。

（2）目前，国内生产桥架和槽道的厂家较多，由于产品标准尚未统一制定，各有其特点。虽然桥架和槽道的型号品种大同小异，但其产品结构规格尺寸和安装方式都有所不同，差异不少。因此，在施工时，必须根据生产厂家的产品特点，熟练掌握其安装方法和具体要求，结合现场环境的实际情况，进行组装施工。

（3）由于桥架和槽道产品的长度、宽度和高度等规格尺寸均按厂家规定的标准生产，例如直线段长度为 2m、3m、4m、6m；转弯角度都为 30°、50°、60°、90°，比较固定。在新建的智能化建筑中安装槽道时，要根据施工现场的具体尺寸进行切割锯裁后加工组装，因而安装施工费时费力，不易达到美观要求。尤其是在已建的建筑物中施工更加困难。为此，最好在订购桥架和槽道时，由生产厂家做好售前服务，派人到现场根据设计要求，实地测定槽道和桥架的各段尺寸和转弯角度等，尤其是遇到梁、柱等突出部位。生产厂家根据实际安装的槽道规格尺寸和外观色彩进行生产（包括槽道、桥架和有关附件及连接件）。在安装施工时，只需按照组装图纸顺序施工，做到对号入座，这样既便于施工，又达到美观要求，且节省材料和降低工程造价。

上述安装施工顺序和具体方法，必须在工程中对设计和施工等进度有通盘考虑的前提下，做出订货要求和供货期限，才可以满足安装施工的要求。

（4）槽道和桥架安装施工是综合布线系统工程中的辅助部分，它是为综合布线系统线缆服务的。因此，它与配线接续设备的安装位置、线缆敷设路由等连接都有密切关系；同时，它又涉及建筑设计和施工以及内部装修等各个方面，例如在墙壁或楼板上预留槽道穿越的槽洞，其具体位置和规格尺寸必须与安装的槽道吻合；此外，在建筑内还有可能与其他管线设施发生相互交叉或平行过近，这些管线有电力线路、给水管和供暖管等，在吊顶内安装槽道时，需要统一考虑采取吊挂或支撑方式，并应与其他系统相互配合。

总之，在桥架和槽道施工中，必须与建筑设计和施工等各有关单位加强联系，必要时，请对方派人到现场进行协商，共同研究，解决施工中的疑难问题，以免影响施工进度和工程质量。

6.2.2　桥架和槽道的安装施工

桥架和槽道安装施工时，采用槽道（或桥架）的规格尺寸、组装方式和安装位置均应按设计规定和施工图要求，槽的线缆敷设一般有以下 4 种方法：

（1）采用电缆桥架或线槽和预埋钢管结合的方式。具体要求如下：

1）电缆桥架宜高出地面 2.2m 以上，桥架顶部距顶棚或其他障碍物不应小于 0.3m，桥架宽度不宜小于 0.1m，桥架内横断面的填充率不应超过 50%。

2）在电缆桥架内，线缆垂直敷设时，线缆的上端应每间隔 1.5m 左右固定在桥架的支架上；水平敷设时，线缆的首、尾、拐弯处每间隔 2～3m 进行固定。

3）电线缆槽宜高出地面 2.2m。在吊顶内设置时，槽盖开启面应保持 80mm 的垂直净空，线槽截面利用率不应超过 50%。

4）水平布线时，布放在线槽内的线缆可以不绑扎，槽内线缆应顺直，尽量不交叉，线缆不应溢出线槽，在线缆进出线槽部位，拐弯处应绑扎固定。垂直线槽布放线缆应每间隔 1.5m 固定在线缆支架上。

5）在水平、垂直桥架和垂直线槽中敷设线时，应对线缆进行绑扎。绑扎间距不宜大于 1.5m，扣间距应均匀，松紧适度。

预埋钢管如图 6-1 所示，它结合布放线槽的位置进行。设置线缆桥架和线缆槽支撑保护要求如下：

1）桥架水平敷设时，支撑间距一般为 1～1.5m，垂直敷设时固定在建筑物体上的间距宜小于 1.5m。

2）金属线槽敷设时，在下列情况下设置支架或吊架：线槽接头处；间距 1～1.5m；离开线槽两端口 0.5m 处；拐弯转角处。

3）塑料线槽槽底固定点间距一般为 0.8～1m。

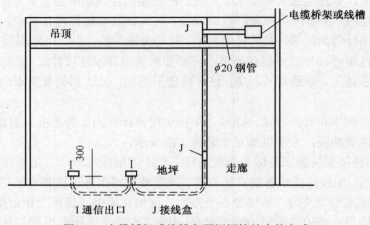

图 6-1　电缆桥架或线槽和预埋钢管结合的方式

（2）预埋金属线槽支撑保护方式。具体要求如下：

1）在建筑物中预埋线槽可视不同尺寸，按一层或两层设置，应至少预埋两根以上，线槽截面高度不宜超过 25mm。

2）线槽直埋长度超过 6m 或在线槽路由交叉、转变时宜设置拉线盒，以便于布放线缆和维修。

3）拉线盒盖应能开启，并与地面齐平，盒盖处应采取防水措施。

4）线槽宜采用金属管引入分线盒内。

预埋金属线槽方式如图 6-2 所示。

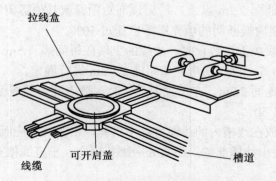

图 6-2　预埋金属线槽方式示意图

（3）预埋暗管支撑保护方式。具体要求如下：

1）暗管宜采用金属管，预埋在墙体中间的暗管内径不宜超过 50mm；楼板中的暗管内径宜为 15～25mm。在直线布管 30m 处应设置暗箱等装置。

2）暗管的转弯角度应大于 90°，在路径上每根暗管的转弯点不得多于两个，并不应有 S 弯出现。在弯曲布管时，在每间隔 15m 处应设置暗线箱等装置。

3）暗管转变的曲率半径不应小于该管外径的 6 倍，如暗管外径大于 50mm 时，不应小于 10 倍。

4）暗管管口应光滑，并加有绝缘套管，管口伸出部位应为 25～50mm。管口伸出部位要求如图 6-3 所示。

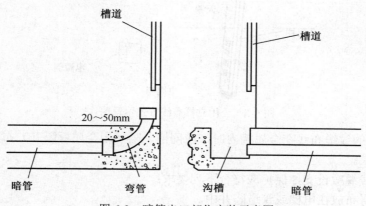

图 6-3　暗管出口部位安装示意图

（4）格形线槽和沟槽结合的保护方式。格形线槽与沟槽的构成如图 6-4 所示。具体要求如下：

1）沟槽和格形线槽必须连通。

2）沟槽盖板可开启，并与地面齐平，盖板和插座出口处应采取防水措施。

3）沟槽的宽度宜小于 600mm。

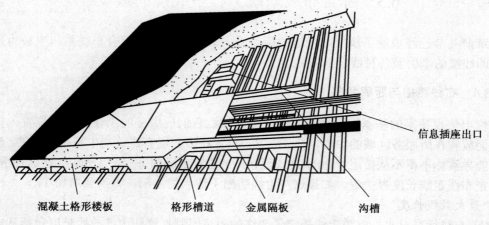

图 6-4　格形线槽与沟槽的构成示意图

4）活动地板敷设线缆时，活动地板内净空不应小于 150mm，活动地板内如果作为通风系统的风道使用时，地板内净高不应小于 300mm。

5）采用公用立柱作为吊顶支撑时，可在立柱中布放线缆，立柱支撑点宜避开沟槽和线槽位置，支撑应牢固。公用立柱布线方式如图 6-5 所示。

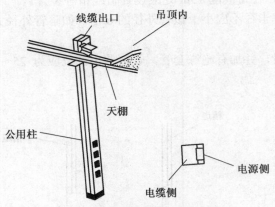

图 6-5　公用立柱布线方式示意图

6）不同种类的线缆布线在金属槽内时，应同槽分隔（用金属板隔开）布放。金属线槽接地应符合设计要求。

干线子系统线缆敷设支撑保护应符合下列要求：
- 线缆不得布放在电梯或管道竖井中。
- 干线通道间应沟通。
- 竖井中线缆穿过每层楼板孔洞宜为矩形或圆形。矩形孔洞尺寸不宜小于 300mm×100mm；圆形孔洞处应至少安装 3 根圆形钢管，管径不宜小于 100mm。

7）在工作区的信息点位置和线缆敷设方式未定的情况下，或在工作区采用地毯下布放线缆时，在工作区宜设置交接箱，每个交接箱的服务面积约为 80cm^2。

6.3　综合布线系统工程中线缆的敷设

本章前几节已经说明了桥架与槽道的架设及安装，本节讲解综合布线系统中最为重要的部分，即线缆的牵引及各种线缆的安装。

6.3.1　布线路由与距离考虑

定位电信设备室的基本原则是将它们放置在接近它们所服务的工作区内的位置，标准建议将它们放置在所服务区域的中心，但这个中心位置在多数现有建筑物中是不可能的，建筑物布局可能导致你不得不从楼层一边的 TR（通讯间）位置走线到每一个工作站，在这种情况下，预先确定布线走线长度很关键，如果这些走线超出了适当的限制，将需要增加 TR。

1. 最大放线长度

LAN 布线标准对水平电缆走线规定了严格的距离限制，这些电缆放线长度包括从电信设备室内接点到工作区插座完整的电缆，标准还涉及中心设备室之间的最大距离，用这种方法，

TIA/EIA-568-B 和 568-A 一起作用，考虑建筑物的结构，完成和满足所需要性能的 LAN 相一致的布线系统。

水平电缆的最大长度是 90m，这个 90m 长度不包括连接用户工作站（或电话装置）与插座的用户软线和连接接插面板（或交接现场）与集线器（或其他设备）的接插软线，这是可接受的最大长度，而不是简单的平均长度或目标，在大多数情况下，应该尝试将布线小于这个长度，对每一个工作区至少提供两个电信插座。

虽然一些较低速的 LAN，如 10Base-T 甚至令牌，可能走线 150m 这样更远的距离，但超出国际标准是一种很坏的想法，你完全不能期望这样的走线长度支持 100/1000Mb/s 数据速率，并且任何设备问题将归咎于超长的放线长度。事实上，考虑到精确测试和测量电缆，要求电缆测试器对长于 90m 的基本链路测试失败。

2. 估计放线长度

从计划的电信设备室到所服务的工作站的电缆放线必须在 90m 最大允许长度内，在最终确定布线系统设计之前，应该估计这些距离，如果估计超出了最大长度，就可能需要增加一个或多个配线间，虽然存在适用于电信设备室的最小尺寸规范和特性，但完全可以插入一个低于标准的电信空间来降低放线长度。

为了估计总的电缆走线长度，首先必须知道电缆是如何选路和悬挂的。通常的布线一般是通过穿过金属楼板或屋顶支架进行选路的，以使得电缆能够很好地位于吊顶上面。另一种方法是，电缆可能悬挂在来自支撑结构的多种类型的电缆挂钩、线夹和缠扎物上，在一些安装中尤其是旧的安装，电缆可能平放在吊顶顶端的支撑架上，大型建筑物经常将电缆放置在悬挂于吊顶支撑架和上层楼板之间的桥架内，这种方法在 5e/6 类安装中越来越普遍，因为在这种安装中，最轻微的弯折或尖锐弯曲都能够损坏电缆性能。同样可以使用这些方法的任意组合。

3. 路由选择技术

两点间最短的距离是直线，但对于布线线缆来说，它不一定就是最好、最佳的路由。在选择最容易布线的路由时，要考虑便于施工，便于操作，即使花费更多的线缆也要这样做。对一个有经验的安装者来说，"宁可使用额外的 1000m 线缆，而不使用额外的 100 工时"，通常线要比劳力费用便宜。

如果要把"25 对"线缆从一个配线间牵引到另一个配线间，采用直线路径，要经天花板布线，路由中要多次分割、钻孔才能使线缆穿过并吊起来；另一条路由是将线缆通过一个配线间的地板，然后通过一层悬挂的天花板，再通过另一个配线间的地板向上。采用何种方式就要我们来选择。

有时如果第一次所做的布线方案并不是很好，则可以选择另一种布线方案。但在某些场合，没有更多的选择余地。例如，一个潜在的路径可能被其他的线缆塞满了，第二种路径要通过天花板，也就是说，这两种路径都是不希望的。因此，考虑较好的方案是安装新的管道，但由于成本费用问题，用户又不同意，这时只能采用布明线，将线缆固定在墙上和地板上。总之，如何布线要根据建筑结构及用户的要求来决定。选择好的路径时，布线设计人员要考虑以下几点：

（1）了解建筑物的结构。对布线施工人员来说，需要彻底了解建筑物的结构，由于绝大多数的线缆是走地板下或天花板内，故对地板和吊顶内的情况要了解得很清楚。就是说，要准确地知道什么地方能布线，什么地方不易布线，并向用户说明。

　　现在绝大多数的建筑物设计是规范的，并为强电和弱电布线分别设计了通道，利用这种环境时，也必须了解走线的路由，并用粉笔在走线的地方作出标记。

　　（2）检查拉（牵引）线。在一个现存的建筑物中安装任何类型的线缆之前，必须检查有无拉线。拉线是某种细绳，它沿着要布线缆的路由（管道）安放好，必须是路由的全长。绝大多数的管道安装者要给后继的安装者留下一条拉线，使布线缆容易进行，如果没有，则考虑穿接线问题，通常使用钢丝进行穿管的操作。

　　（3）确定现有线缆的位置。如果布线的环境是一座旧楼，则必须了解旧线缆是如何布放的，用的是什么管道（如果有的话），这些管道是如何走。了解这些有助于为新的线缆建立路由。在某些情况下能使用原来的路由。

　　（4）提供线缆支撑。根据安装情况和线缆的长度，要考虑使用托架或吊杆槽，并根据实际情况决定托架吊杆，使其加在结构上的质量不至于超重。

　　（5）拉线速度的考虑。拉线缆的速度，从理论上讲，线的直径越小，则拉线的速度愈快。但是，有经验的安装者采取慢速而又平稳地拉线，而不是快速地拉线。原因是快速拉线会造成线的缠绕或被绊住。

　　（6）最大拉力。拉力过大，线缆变型，将引起线缆传输性能下降。线缆最大允许的拉力如下：

- 一根 4 对线电缆，拉力为 100N。
- 两根 4 对线电缆，拉力为 150N。
- 三根 4 对线电缆，拉力为 200N。
- N 根线电缆，拉力为 N×5＋50N。
- 不管多少根线对电缆，最大拉力不能超过 400N。

6.3.2　线缆牵引技术

　　（1）把线缆卷轴放到最顶层。

　　（2）在离房子的开口处（孔洞处）3～4m 处安装线缆卷轴，并从卷轴顶部馈线。

　　（3）在线缆卷轴处安排所需的布线施工人员（数目视卷轴尺寸及线缆质量而定），每层上要有一个工人，以便牵引向下垂的线缆。

　　（4）开始旋转卷轴，将线缆从卷轴上拉出。

　　（5）将拉出的线缆引导进竖井中的孔洞。在此之前，先在孔洞中安放一个塑料的套状保护物，以防止孔洞不光滑的边缘擦破线缆的外皮。

　　（6）慢慢地从卷轴上放缆并进入孔洞向下垂放，请不要快速地放缆。

　　（7）继续放线，直到下一层布线工人员能将线缆引到下一个孔洞。

　　（8）按前面的步骤，继续慢慢地放线，并将线缆引入各层的孔洞。如果要经由一个大孔敷设垂直主干线缆，就无法使用一个塑料保护套了，这时最好使用一个滑车轮，通过它用一条拉线（通常是一条绳）或一条软钢丝绳将线缆牵引穿过墙壁管路、天花板和地板管路。所用的方法取决于要完成作业的类型、线缆的质量、布线路由的难度（例如，在具有硬转弯的管道布线要比在直管道中布线难），还与管道中要穿过的线缆的数目有关，在已有线缆的拥挤的管道中穿线要比空管道难。不管在哪种场合，都应遵循一条规则：拉线与线缆的连接点应尽量平滑，所以要采用电工胶带紧紧地缠绕在连接点外面，以保证平滑和牢固。

1. 牵引双绞线线缆

标准的双绞线很轻，通常不要求做更多的准备，只要将它们用电工带与拉绳捆扎在一起就行了。如果牵引多条双绞线穿过一条管路，可用下列方法：

（1）将多条线缆聚集成一束，并使它们的末端对齐。

（2）用电工带或胶布紧绕在线缆束外面，在末端外绕 50～100mm 长距离即可。

（3）将拉绳穿过电工带缠好的线缆，并系好结。如果是钢丝，就要用钳子绑结实。

如果在拉线缆过程中，连接点散开了，则要收回线缆和拉绳重新制作更牢固的连接，为此，可以采取下列一些措施：

（1）除去一些绝缘层以暴露出 50～100mm 的裸线。

（2）将裸线分成两条。

（3）将两条导线互相缠绕起来形成环。

（4）将拉绳穿过此环并打结，然后将电工带缠到连接点周围，要缠得结实和不滑。

2. 牵引单条"25 对"大对数线缆

对于单条的"25 对"大对数线缆，可用下列方法：

（1）将缆向后弯曲以便建立一个环，直径约 150～300mm，并使缆末端与缆本身绞紧。

（2）用电工带紧紧地缠在绞好的缆上，以加固此环。

（3）把拉绳拉接到缆环上。

（4）用电工带紧紧地缠绕好拉绳，牵拉。

3. 牵引多条"25 对"大对数电缆或"更多对"大对数电缆

大对数线缆的结构可参见图 6-6。

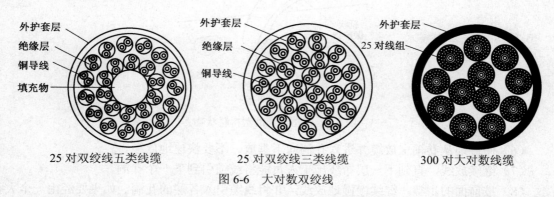

25 对双绞线五类线缆　　25 对双绞线三类线缆　　300 对大对数线缆

图 6-6　大对数双绞线

这时可用一种称为芯（A CORE KITEH）的连接，这种连接非常牢固，它能用于"几百对"的线缆，为此执行下列过程：

（1）剥掉约 30 cm 的线缆外护套，包括导线上的绝缘层。

（2）使用针口钳将线切去，留下约 12 根（一打）。

（3）将导线分成两个绞线组。

（4）将两组绞线交叉地穿过拉绳的环，在线缆的另一端建立一个闭环。

（5）将缆一端的线缠绕在一起以使环封闭。

（6）用电工带紧紧地缠绕在缆周围，覆盖长度约是环直径的 3～4 倍，然后继续再绕上一段。

在某些重缆上装有一个牵引眼：在缆上制作一个环，以使拉绳固定在它上面。对于没有牵引眼的主缆，可以使用一个芯/钩或一个分离的缆夹。将夹子分开把它缠到缆上，在分离部分的每一半上有一个牵引眼。当吊缆已经缠在缆上时，可同时牵引两个眼，使夹子紧紧地保持在缆上。

6.3.3 建筑物主干线电缆连接技术

主干缆是建筑物的主要线缆，它为从设备间到每层楼上的管理间之间传输信号提供通路。在新的建筑物中，通常有竖井通道。在竖井中敷设主干缆一般有两种方法：

1. 向下垂放线缆

向下垂放线缆的一般步骤如下：

（1）把线缆卷轴放到最顶层。

（2）在离房子的开口（孔洞处）3～4m 处安装线缆卷轴，并从卷轴顶部馈线。

（3）在线缆卷轴处安排所需的布线施工人员（数目视卷轴尺寸及线缆质量而定），每层上要有一个工人以便牵引向下垂的线缆。

（4）开始旋转卷轴，将线缆从卷轴上拉出。

（5）将拉出的线缆引导进竖井中的孔洞。在此之前，先在孔洞中安放一个塑料的套状保护物，以防止孔洞不光滑的边缘擦破线缆的外皮，如图 6-7 所示。

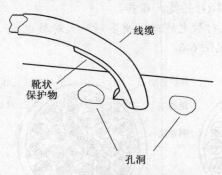

图 6-7 保护线缆的塑料靴状物

（6）慢慢地从卷轴上放缆并进入孔洞向下垂放，不要快速地放缆。

（7）继续放线，直到下一层布线施工人员能将线缆引到下一个孔洞。

（8）按前面的步骤，继续慢慢地放线，并将线缆引入各层的孔洞。如果要经由一个大孔敷设垂直主干线缆，就无法使用塑料保护套了，这时最好使用一个滑车轮，通过它来下垂布线，为此需求做如下操作：

1）在孔的中心处装上一个滑车轮，如图 6-8 所示。

2）将缆拉出绕在滑车轮上。

3）按前面介绍的方法牵引缆穿过每层的孔。

当线缆到达目的地时，把每层上的线缆绕成卷放在架子上固定起来，等待以后的端接。在布线时，若线缆要越过弯曲半径小于允许的值（双绞线弯曲半径为 8～10 倍于线缆的直径，光缆为 20～30 倍于线缆的直径），可以将线缆放在滑车轮上，解决线缆的弯曲问题。方法如图 6-9 所示。

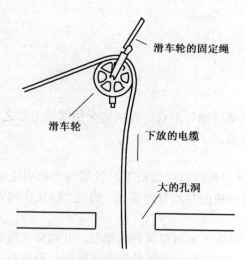

图 6-8 用滑车轮向下布放线缆通过大孔

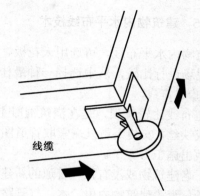

图 6-9 用滑车轮解决线缆的弯曲半径

2. 向上牵引线缆

向上牵引线缆需要用到电动牵引绞车。

（1）按照线缆的质量选定绞车型号，并按绞车制造厂家的说明书进行操作。先往绞车中穿一条绳子。

（2）启动绞车，并往下垂放一条拉绳（确认此拉绳的强度能保护牵引线缆），拉绳向下垂放，直到安放线缆的底层。

（3）如果缆上有拉眼，则将绳子连接到此拉眼上。

6.3.4 建筑群间电线缆布线技术

在建筑群中敷设线缆，一般采用两种方法，即管道内敷设和架空敷设。

1. 管道内敷设线缆

在管道中敷设线缆时，有以下 3 种情况：

（1）小孔到小孔。

（2）在小孔间的直线敷设。

（3）沿着拐弯处敷设。

可用人和机器来敷设线缆，到底采用哪种方法取决于下述因素：

（1）管道中有没有其他线缆。

（2）管道中有多少拐弯。

（3）线缆有多粗和多重。

由于上述因素，很难确切地说是用人力还是用机器来牵引线缆，只能依照具体情况来解决。

2. 架空敷设线缆

架空敷设线缆时，一般步骤如下：

（1）电杆以 30～50m 的间隔距离为宜。

（2）根据线缆的质量选择钢丝绳，一般选 8 芯钢丝绳。

（3）先接好钢丝绳。

（4）架设光缆。

（5）每隔 0.5m 架一挂钩。

6.3.5 建筑物内水平布线技术

建筑物内水平布线，可选用天花板、暗道、墙壁线槽等形式，在决定采用哪种方法之前，到施工现场进行比较，从中选择一种最佳的施工方案。

1. 暗道布线

暗道布线比较繁琐，是在浇筑混凝土时已把管道预埋好在地板下，管道内有牵引电线缆的钢丝或铁丝，安装人员只需索取管道图纸来了解地板的布线管道系统，确定"路径在何处"，就可以做出施工方案了。

对于老建筑物或没有预埋管道的新建筑物，要向业主索取建筑物的图纸，并到要布线的建筑物现场，查清建筑物内电、水、气管路的布局和走向，然后详细绘制布线图纸，确定布线施工方案。对于没有预埋管道的新建筑物，施工可以与建筑物装修同步进行，这样便于布线，暗道布线是在浇筑混凝土时已把管道预埋好地板管道，管道内有牵引电线缆的钢丝或铁丝，安装人员只需索取管道图纸来了解地板的布线管道系统，确定"路径在何处"，就可以做出施工方案了。管道一般从配线间埋到信息插座安装孔。安装人员只要将 4 对线电线缆固定在信息插座的拉线端，从管道的另一端牵引拉线就可使缆达到配线间。

2. 天花板顶内布线

天花板顶内布线是水平布线最常用的方法。具体施工步骤如下：

（1）确定布线路由，即根据现有的情况决定线缆的走向，决定因素有线缆的长度、弯度以及是否影响外观。

（2）沿着所设计的路由，打开天花板，用双手推开每块镶板，可使用 J 形钩、吊索及其他支撑物来支撑线缆。

3. 墙壁线槽布线

墙壁线槽布线一般遵循下列步骤：

（1）确定布线路由，决定因素有电缆的长度、弯度以及外观等。

（2）沿着路由方向放线（讲究直线美观）。

（3）线槽每隔 1m 要安装固定螺钉。

（4）布线（布线时线槽容量为 70%）。

（5）盖塑料槽盖。盖槽盖应错位盖。

6.4 信息模块的压接技术

6.4.1 T 568A 和 T 568B

信息模块的压接分 EIA/TIA568 A 和 EIA/TIA568B 两种方式。

EIA/TIA568A 信息模块的物理线路分布如图 6-10 所示。

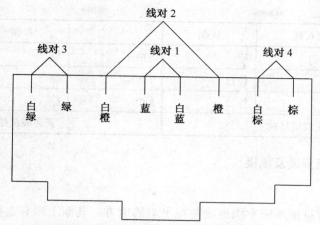

图 6-10 EIA/TIA568A 物理线路接线方式

EIA/TIA 568B 信息模块的物理线路分布如图 6-11 所示。

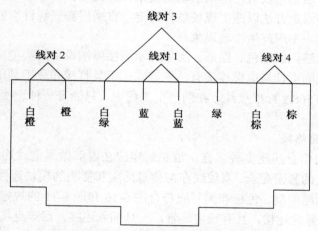

图 6-11 EIA/TIA568B 物理线路接线方式

无论是采用 568A 还是采用 568B，均在一个模块中实现，但它们的线对分布不一样，减少了产生的串音对。在一个系统中只能选择一种，即要么是 568A，要么是 568B，不可混用。可改变导线中信号流通的方向排列，使相邻的线路变成同方向的信号，减少串音对。信息模块压接时一般有直接连接和交叉连接两种方式，如表 6-1 所示。

表 6-1 双绞线缆的两种结构

	A 端	B 端		A 端	B 端
1 PIN	橙白	绿白	1 PIN	橙白	橙白
2 PIN	橙	绿	2 PIN	橙	橙
3 PIN	绿白	橙白	3 PIN	绿白	绿白
4 PIN	蓝	蓝	4 PIN	蓝	蓝
5 PIN	蓝白	蓝白	5 PIN	蓝白	蓝白

	A 端	B 端		A 端	B 端
6 PIN	绿	橙	6 PIN	绿	绿
7 PIN	棕白	棕白	7 PIN	棕白	棕白
8 PIN	棕	棕	8 PIN	棕	棕
交叉线缆结构			直通线缆结构		

6.4.2 信息插座安装及端接

1. 安装要求

安装在地面的信息插座应牢固地安装在平坦的地方，其面上应有盖板。安装在活动地板或地面上时，应固定在接线盒内。插座面板有直立和水平等形式。接线盒盖可开启，并应严密防水、防尘。接线盒盖面应与地面成 45°或垂直。安装在墙体上的信息插座，宜高出地面300mm。若地面采用活动地板时，应从活动地板来计算高度。

信息插座底座的固定方法以施工现场条件而定，宜采用膨胀螺钉、射钉等方式。

固定螺丝需拧紧，不应产生松动现象。

信息插座应有标签，以颜色、图形、文字表示所接终端设备的类型。

信息插座模块化的引针与电缆连接有两种方式：工具打接和免工具压接。

按照 T568B 或 T568A 标准接线。在同一个工程中，只能有一种连接方式，否则就应标注清楚。

2. 通用信息插座端接

综合布线所用的信息插座多种多样，信息插座应在内部做固定线连接。信息插座的核心是模块化插座与插头的紧密配合。双绞线在与信息插座和插头的模块连接时，必须按色标和线对顺序进行卡接。插座类型、色标和编号应符合图 6-10 和图 6-11 的规定。信息插座与插头的8 根针状金属片具有弹性连接，且有锁定装置，一旦插入连接，很难直接拔出，必须解锁后才能顺利拔出。由于弹簧片的摩擦作用，电接触随插头的插入而得到进一步加强。最新国际标准提出信息插座应具有 45°斜面，并具有防尘、防潮护板的功能。同时信息出口应有明确的标记，面板应符合国际 86 系列标准。

双绞电缆与信息插座的卡接端子连接时，应按色标要求的顺序进行卡接。双绞电缆与接线模块（IDC、RJ-45）卡接时，应按设计和厂家规定进行操作。

屏蔽双绞电缆的屏蔽层与连接硬件端接处的屏蔽罩必须保持良好接触。线缆屏蔽层应与连接硬件屏蔽罩 360°圆周接触，接触长度不宜小于 10mm。

在正常情况下，信息插座具有较小的衰减、近端串音及插入电阻。如果连接不好，可能要增加链路衰减及近端串音。所以，安装和维护综合布线的人员必须先进行严格培训，掌握安装技能。图 6-12 所示是信息模块正视图、侧视图和立体图。

下面给出的步骤用于连接 4 对双绞电缆到墙上安装的信息插座。用此法也可将 4 对双绞电缆连接到掩埋型的信息插座上。注意：电气底盒在安装前应已装好。

（1）将信息插座上的螺丝拧开，然后将端接夹拉出来拿开。

（2）从墙上的信息插座安装孔中将双绞线拉出 20cm 长一段。

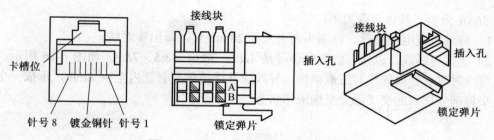

图 6-12 模块正视图、侧视图、立体图

（3）用双绞线剥皮器或扁口钳从双绞线上剥除 10cm 的外护套。

（4）将导线穿过信息插座底部的孔。

（5）将导线压到合适的槽中去，如图 6-13 所示。

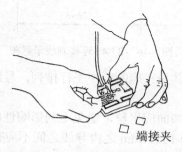

图 6-13 将导线压到合适的槽中

（6）使用扁口钳将导线的末端割断，如图 6-14 所示。

（7）将端接夹放回，并用拇指稳稳地压下，如图 6-15 所示。

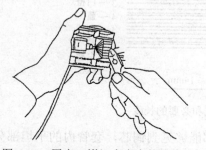 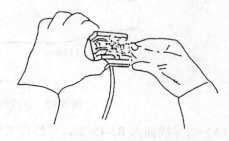

图 6-14 用扁口钳切去多余的导线头　　　　图 6-15 将端接夹放回

（8）重新组装信息插座，将分开的盖和底座扣在一起，再将连接螺丝拧上。

（9）将组装好的信息插座放到墙上。将螺丝拧到接线盒上，以便固定。

注意： 信息插座的位置应使其底部位于离地板面的 300mm 处。

6.4.3 信息模块的压接技术

1. RJ-45 水晶头的连接

RJ-45 的连接也分为 568A 与 568B 两种方式，不论采用哪种方式，必须与信息模块采用的方式相同。对于 RJ-45 插头与双绞线的连接，需要了解以下事宜。

以 568A 为例，具体步骤如下：

（1）将双绞线电缆套管，自端头剥去大于 20mm 长，露出 4 对线。

（2）定位电线缆，以便它们的顺序号是 1&2、3&6、4&5、7&8，如图 6-16 所示。为防止插头弯曲时对套管内的线对造成损伤，导线应并排排列至套管内至少 8mm，形成一个平整部分，平整部分之后的交叉部分呈椭圆形状态。

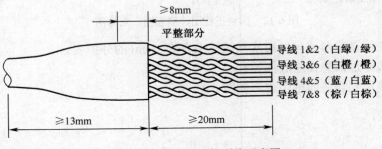

图 6-16　RJ-45 连接剥线示意图

（3）为绝缘导线解扭，使其按正确的顺序平行排列，导线 6 跨过导线 4 和 5。在套管里不应有未扭绞的导线。

（4）导线经修整后（导线端面应平整，避免毛刺影响性能）距套管的长度 14mm，从线头（如图 6-17 所示）开始，至少 10±1mm 之内导线之间不应有交叉，导线 6 应在距套管 4mm 之内，跨过导线 4 和 5）。

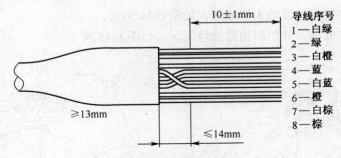

图 6-17　双绞线排列方式和必要的长度

（5）将导线插入 RJ-45 头，导线在 RJ-45 头部能够见到铜芯，套管内的平坦部分应从插塞后端延伸直至初张力消除（如图 6-18 所示），套管伸出插塞后端至少 6mm。

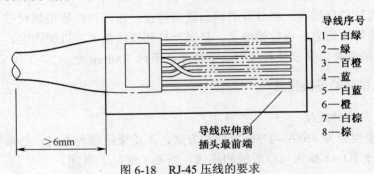

图 6-18　RJ-45 压线的要求

（6）用压线工具压实 RJ-45。

2. 双绞线与 RJ-45 模块的连接

目前，信息模块的供应商有 IBM、CommScope、AMP、西蒙等国外商家，国内有南京普天等公司，产品的结构都类似，只是排列位置有所不同。有的面板注有双绞线颜色标号，与双绞线压接时，注意颜色标号配对就能够正确地压接。CommScope 公司的 568B 信息模块与双绞线连接的位置如图 6-19 所示。

AMP 公司的信息模块与双线连接的位置如图 6-20 所示。

桔	2	□	□	7 白棕
白桔	1	□	□	8 棕
白绿	3	□	□	6 绿
白蓝	5	□	□	4 蓝

图 6-19　AVAYA 信息模块与双绞线连接

白绿	3	□	□	5 白棕
绿	6	□	□	4 棕
白棕	7	□	□	1 绿
棕	8	□	□	2 蓝

图 6-20　AMP 信息模块与双绞线连接

（1）信息模块压接方式。

1）用压线钳压接。

2）不用压线钳直接压接。

根据工程中的经验，一般采用压线钳压接模块。对信息模块压接时应注意以下要点：

1）双绞线是成对出现的，按一定距离拧起的导线可提高抗干扰的能力，减小信号的衰减，压接时一对一对拧开放入与信息模块相对的端口上。

2）在双绞线压处不能拧、撕开，并防止有断线的伤痕。

3）使用压线钳压接时，要压实，不能有松动。

4）双绞线开绞不能超过要求。在现场施工过程中，有时遇到五类线或三类线，与信息模块压接时出现 8 针或 6 针模块。例如，要求将五类线（或三类线）一端压在 8 针的信息模块（或配线面板）上，另一端压在 6 针的语音模块上，无论是 8 针信息模块还是 6 针语音模块，它们在交接处是 8 针，只有输出时有所不同。所以按五类线 8 针压接方法压接。6 针语音模块将自动放弃不用的棕色一对线。

（2）双绞线与 RJ-45 模块的连接。下面以康普超五类 RJ-45 模块（MPS100E-262）的端接为例，讲述双绞线与 RJ-45 模块的连接过程。

1）剥掉线缆的外皮。

2）将电缆中的蓝对线缆解开直到电缆外套；在外套边缘处增加半捻到整个的捻上去，如图 6-21 所示。

3）用一只手托住蓝对的中心，另一只手将蓝对拉到 M100 的线槽中去。

4）将蓝对线缆紧且直地拉入 M100 的线槽中去，用指尖压结实，如图 6-22 所示。

5）将电缆中的绿对线缆解开，直到留下一个的捻。

6）对整个的捻增加半个，将导线拉入 M100E 的槽中去，如图 6-23 所示。

7）同样将橙对拉入 M100E 的槽中去，用指尖将橙对压进通道，如图 6-24 所示。

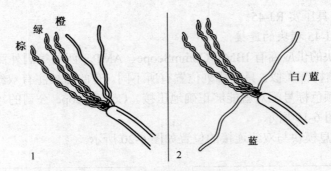

图 6-21　解开蓝对线缆

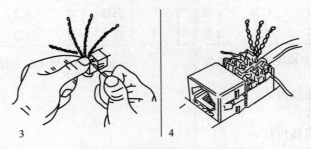

图 6-22　将蓝对线缆紧且直地压入槽中

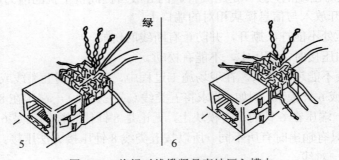

图 6-23　将绿对线缆紧且直地压入槽中

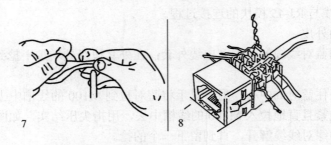

图 6-24　将橙对线缆紧且直地压入槽中

8）将棕对也压入模块的线缆通道，将多出的线向外拉，直到线对靠在一起为止。再用压线工具把全部 8 芯线压入槽的底部并将多余的线切掉，加上帽盖，如图 6-25 所示。

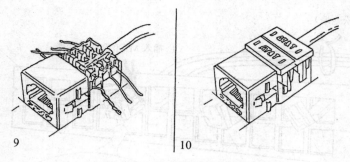

图 6-25　完成模块的打线

　　线对的颜色必须与模块侧面的颜色标注相匹配。这些颜色标注还用来区别 T568B 布线选项。检查标注，以便使用正确类型的模块连接器。

　　这个过程的总目的是，当线缆移动时，性能可能下降。当模块连接器最终被插入到固定硬件中去时，通常线缆要转弯。为了使最后的两对（橙和棕）能在正确的一边，开始此过程时要对电缆定位，并在端接头两对（蓝和绿）时完成此定位工作。

　　模块连接器按下面的步骤端接电缆，符合 T568A 的接线标准。

　　1）检查模块连接器上的颜色标准，以便确认模块连接器是按 T568A 要求接线。

　　2）线对颜色与 T568A 插针匹配：首先是蓝色，然后是橙色，再是绿色，最后是棕色。

6.4.4　配线板端接

　　配线板是提供铜缆端接的装置。配线板有两种结构，一种是固定式，另一种是模块化配线板。一些厂家的产品中，模块与配线架进行了更科学的配置，这些配线架实际上由一个可装配各类模块的空板和模块组成，用户可以根据实际应用的模块类型和数量来安装相应模块，在这种情况下，模块也成为配线架的一个组成部分。固定式配线板的安装与模块连接器相同，选中相应的接线标准后，按色标接线即可。这里介绍一下模块化配线板的安装过程。它可安装多达 24 个任意组合的模块化连接器，并在线缆卡入配线板时提供弯曲保护。该配线板可固定在一个标准的 19 英寸（48.26cm）配线柜内。图 6-26 中给出了在一个配线板上端接电缆的基本步骤。

　　（1）在端接线缆之前，首先整理线缆。松松地将线缆捆扎在配线板的任一边上，最好是捆到垂直通道的托架上。

　　（2）以对角线的形式将固定柱环插到一个配线板孔中去。

　　（3）设置固定柱环，以便柱环挂住并向下形成一个角度以有助于线缆的端接。

　　（4）插入，将线缆放到固定柱环的线槽中去，并按照上述模块化连接器的安装过程对其进行端接。

　　（5）向右边旋转固定柱环，完成此工作时必须注意合适的方向，以避免将线缆缠绕到固定柱环上。顺时针方向从左边旋转整理好线缆，逆时针方向从右边开始旋转整理好线缆。另一种情况是在模块化连接器固定到配线板上以前，线缆可以被端接在模块化连接器上。通过将线缆穿过配线板 200 孔，在配线板的前方或后方完成此工作。

　　综上所述，模块的应用场合如下：端接到不同的面板、安装到表面安装盒和其他组件以及安装到模块化配线架中。

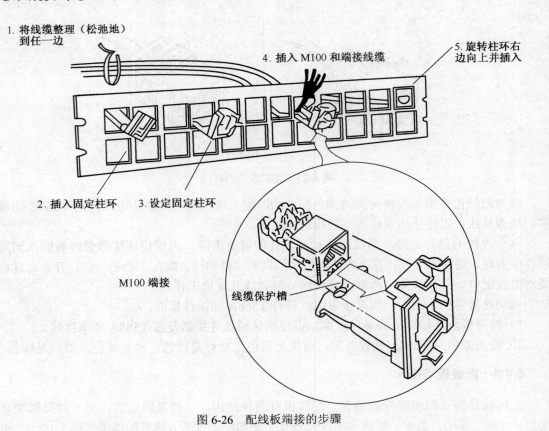

1. 将线缆整理（松弛地）
   到任一边

4. 插入 M100 和端接线缆

5. 旋转柱环右
   边向上并插入

2. 插入固定柱环   3. 设定固定柱环

M100 端接

线缆保护槽

图 6-26 配线板端接的步骤

6.4.5 110 语音配线架端接

110 配线架作为综合布线系统的核心产品，起着传输信号的灵活转接、灵活分配以及综合统一管理的作用，但随着综合布线技术的发展，110 配线架只在语音传输上有较多的应用。

在 110 配线架上可以打接超五类双绞线，也可以打接大对数电缆。下面简述大对数电缆在 110 配线架上的打接操作。

（1）从机柜进线处开始整理大对数电缆，电缆沿机柜两侧整理至配线架处，并留出大约 25 厘米的大对数电缆，用电工刀或剪刀把大对数电缆的外皮剥去，使用绑扎带固定好电缆，将电缆穿过 110 语音配线架一侧的进线孔，摆放至配线架打线处。

（2）25 对线缆进行线序排线，首先进行主色分配，再按配色分配，标准色谱分配原则如下：

线缆主色为：白、红、黑、黄、紫

线缆配色为：蓝、橙、绿、棕、灰

一组线缆为 25 对，线序如下：

①（白蓝、白橙、白绿、白棕、白灰）

②（红蓝、红橙、红绿、红棕、红灰）

③（黑蓝、黑橙、黑绿、黑棕、黑灰）

④（黄蓝、黄橙、黄绿、黄棕、黄灰）

⑤（紫蓝、紫橙、紫绿、紫棕、紫灰）

（3）根据电缆色谱排列顺序，将对应颜色的线对逐一压入槽内，如图 6-27 所示，然后使用 110 打线工具固定线对连接，同时将伸出槽位外多余的导线截断。注意：刀要与配线架垂直，刀口向外。

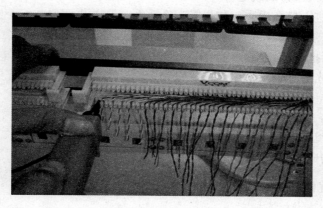

图 6-27　110 配线架的打接

（4）然后用 5 对打线工具把 110 配线架专用 5 对连接块垂直压入槽内，完成后的效果如图 6-28 所示。

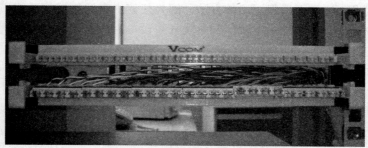

图 6-28　110 配线架的打接效果

6.5　光缆布线技术

6.5.1　内主干光缆布线方法

在新建的建筑物中，通常有一竖井。沿着竖井方向通过各楼层敷设光缆，注意提供防火措施。在许多老式建筑中，可能有大槽孔的竖井。通常在这些竖井内装有管道，以供敷设气、水、电、空调等线缆。若利用这样的竖井来敷设光缆，光缆必须加以保护，也可将光缆固定在墙角上。在竖井中敷设光缆有两种方法：向下垂放光缆和向上牵引光缆。

通常向下垂放比向上牵引容易些，但如果将光缆卷轴机搬到高层上去很困难，则只能由下向上牵引。

1. 向下垂放光缆

（1）在离建筑层槽孔 1～1.5m 处安放光缆卷轴（光缆通常是绕在线缆卷轴上，而不是放在纸板箱中），以使在卷筒转动时能控制光缆，要将光缆卷轴置于平台上以便保持在所有时间内都是垂直的，放置卷时要使光缆的末端在其顶部，然后从卷轴顶部牵引光缆。

（2）使光缆卷轴开始转动，在它转动时，将光缆从其顶部牵出。牵引光缆时要保证不超过最小弯曲半径和最大张力的规定。

（3）引导光缆进入槽孔中去，如果是一个小孔，则首先要安装一个塑料导向板，以防止光缆与混凝土边侧产生磨擦导致光缆的损坏。如果通过大的开孔下放光缆，则在孔的中心上安装一个滑车轮，然后把光缆拉出绞绕到车轮上去。参见本章前面介绍的电缆布线的方法。

（4）慢慢地从光缆卷轴上牵引光缆，直到下面一层楼上的人能将光缆引入到下一个槽孔中去为止。

（5）每隔 2m 左右打一线夹。

2. 向上牵引光缆

向上牵引光缆与向下垂放光缆方向相反，其操作方法与前面类似。

6.5.2　建筑群光缆敷设

建筑群之间的光缆基本上有以下 3 种敷设方法：

（1）管道敷设。在地下管道中敷设光缆是 3 种方法中最好的。因为管道可以保护光缆，防止挖掘、有害动物及其他故障源对光缆造成损坏。

（2）直埋敷设。通常不提倡用这种方法，因为任何未来的挖掘都可能损坏光缆。

（3）架空敷设。即在空中从电线杆到电线杆敷设，因为光缆暴露在空气中会受到恶劣气候的破坏，工程中较少采用架空敷设方法。

1. 管道敷设光缆

（1）在敷设光缆前，根据设计文件和施工图纸对选用光缆穿放的管孔大小及其位置进行核对，如所选管孔孔位需要改变时（同一路由上的管孔位置不宜改变），应取得设计单位的同意。

（2）敷设光缆前，应逐段将管孔清刷干净和试通。清扫时应用专制的清刷工具，清扫后应用试通棒试通检查合格，才可穿放光缆。如采用塑料子管，要求对塑料子管的材质、规格、盘长进行检查，均应符合设计规定。一般塑料子管的内径为光缆外径的 1.5 倍以上，一个 90mm 管孔中布放两根以上的子管时，其子管等效总外径不宜大于管孔内径的 85%。

（3）当穿放塑料子管时，其敷设方法与光缆敷设基本相同，但必须符合以下规定：

1）布放两根以上的塑料子管，如管材已有不同颜色可以区别时，其端头可不必做标记。如无颜色的塑料子管，应在其端头做好有区别的标志。

2）布放塑料子管的环境温度应在-5℃～+35℃之间，在过低或过高的温度时，尽量避免施工，以保证塑料子管的质量不受影响。

3）连续布放塑料子管的长度，不宜超过 300m，塑料子管不得在管道中间有接头。

4）牵引塑料子管的最大拉力，不应超过管材的抗张强度，在牵引时的速度要均匀。

5）穿放塑料子管的水泥管管孔，应采用塑料管堵头（也可采用其他方法），在管孔处安装，使塑料子管固定。塑料子管布放完毕，应将子管口临时堵塞，以防异物进入管内；本期工程中不用的子管必须在子管端部安装堵塞或堵帽。塑料子管应根据设计规定，要求在人孔或手孔中留有足够长度。

6）如果采用多孔塑料管，可免去对子管的敷设要求。

（4）光缆的牵引端头可以预测，也可以现场制作。为防止在牵引过程中发生扭转而损伤光缆，在牵引端头与牵引索之间应加装转环。

（5）光缆采用人工牵引布放时，每个人孔或手孔应有人值守帮助牵引；机械布放光缆时，不需要每个孔均有人，但在拐弯处应有专人照看。整个敷设过程中，必须严密组织，并有专人统一指挥。牵引光缆过程中应有较好的联络手段，不应有未经训练的人员上岗和在无联络工具的情况下施工。

（6）光缆一次牵引长度一般不应大于 1000m。超长距离时，应将光缆采取盘成倒八字形分段牵引或中间适当地点增加辅助牵引，以减少光缆张力和提高施工效率。

（7）为了在牵引工程中保护光缆外护套等不受损伤，在光缆穿入管孔或管道拐弯处与其他障碍物有交叉时，应采用导引装置或喇叭口保护管等保护。此外，根据需要，可在光缆四周加涂中性润滑剂等材料，以减少牵引光缆时的摩擦阻力。

（8）光缆敷设后，应逐个在人孔或手孔中将光缆放置在规定的托板上，并应留有适当余量，避免光缆过于绷紧。人孔或手孔中光缆需要接续时，其预留长度应符合表 6-2 的规定。在设计中如有要求做特殊预留的长度，应按规定位置妥善放置（例如预留光缆是为将来引入新建的建筑）。

表 6-2 光缆敷设的预留长度

光缆敷设方式	自然弯曲增加长度（m/km）	人（手）孔内弯曲增加长度 [m/（人）孔]	接续每侧预留长度（m）	设备每侧预留长度（m）	备注
管道	5	0.5～1.0	一般为 6～8	一般为 10～20	其他预留按设计要求，管道或直埋光缆需引上架空时，其引上地面部分每处增加 6～8m
直埋	7				

（9）光缆管道中间的管孔不得有接头。当光缆在人孔中没有接头时，要求光缆弯曲放置在电缆托板上固定绑扎，不得在人孔中间直接通过，否则既影响今后施工和维护，又增加对光缆损害的机会。

（10）当管道的管材为硅芯管时，敷设光缆的外径与管孔内径大小有关，因为硅芯管的内径与光缆外径的比值会直接影响其敷设光缆的长度，尤其是采取气吹敷设光缆方法。

对于小芯数的光缆，按管道的截面利用率来计算更为合理，规范规定管道的截面利用率为 25%～30%。

（11）光缆及其接头在人孔或手孔中，均应放在人孔或手孔铁架的电缆托板上予以固定绑扎，并应按设计要求采取保护措施。保护材料可以采用蛇形软管或软塑料管等管材。

（12）光缆在人孔或手孔中应注意以下几点：

1）光缆穿放的管孔出口端应封堵严密，以防水分或杂物进入管内。

2）光缆及其接续应有识别标志，标志内容有编号、光缆型号和规格等。

3）在严寒地区应按设计要求采取防冻措施，以防光缆受冻损伤。

4）如光缆有可能被碰损伤时，可在其上面或周围采取保护措施。

2. 直埋敷设光缆

直埋光缆是隐蔽工程，技术要求较高，在敷设时应注意以下几点。

（1）直埋光缆的埋深应符合表 6-3 的规定。

表 6-3　直埋光缆的埋设深度

序号	光缆敷设的地段或土质	埋设深度（m）	备注
1	市区、村镇的一般场合	≥1.2	不包括车行道
2	街坊和智能化小区内、人行道下	≥1.0	包括绿化地带
3	穿越铁路、道路	≥1.2	距道碴底或距路面
4	普通土质（硬土路）	≥1.2	
5	砂砾土质（半石质土等）	≥1.0	

（2）在敷设光缆前应先清洗沟底，沟底应平整，无碎石和硬土块等有碍于施工的杂物。

（3）在同一路由上，且同沟敷设光缆或电缆时，应同期分别牵引敷设。

（4）直埋光缆的敷设位置，应在统一的管线规划综合协调下进行安排布置，以减少管线设施之间的矛盾。直埋光缆与其他管线及建筑物间的最小净距如表 6-4 所示。

（5）在道路狭窄操作空间小的时候，宜采用人工抬放敷设光缆。敷设时不允许光缆在地上拖拉，也不得出现急弯、扭转、浪涌或牵引过紧等现象。

表 6-4　直埋光缆与其他管线及建筑物间的最小净距

序号	其他管线及建筑物名称及其状况		最小净距（m）		备注
			平行时	交叉时	
1	市话通信电缆管道边线（不包括人孔或手孔）		0.75	0.25	
2	非同沟敷设的直埋通信电缆		0.50	0.50	
3	直埋电力电缆	<35kV	0.50	0.50	
		>35kV	2.00	0.50	
4	给水管	管径<30cm	0.50	0.50	光缆采用钢管保护时，交叉时的最小径距可降为 0.15m
		管径为 30~50cm	1.00	0.50	
		管径>50cm	1.50	0.50	
5	燃气管	压力小于 3kg/cm^2	1.00	0.50	同给水管备注
		压力 3~8kg/cm^2	2.00	0.50	
6	树木	灌木	0.75		
		乔木	2.00		
7	高压石油天然气管		10.00	0.50	同给水管备注
8	热力管或下水管		1.00	0.50	
9	排水管		0.80	0.50	
10	建筑红线（或基础）		1.0		

（6）光缆敷设完毕后，应及时检查光缆的外护套，如有破损等缺陷，应立即修复；并测试其对地绝缘电阻。具体要求参照我国通信行业标准《光线缆路对地绝缘指标及测试方法》（YD-5012-95）中的规定。

（7）直埋光缆的接头处、拐弯点或预留长度处以及与其他地下管线交越处，应设置标志，以便今后维护检修。标志可以专制标石，也可利用光缆路由附近的永久性建筑的特定部位，测量出距直埋光缆的相关距离，在有关图纸上记录，作为今后查考资料。

3．架空敷设光缆

架空敷设光缆的方法基本与架空敷设电缆相同。其差别是光缆不能自支持。因此，在架空敷设光缆时，必须将它固定到两个建筑物或两根电杆之间的钢绳上。

6.5.3　光缆保护

光纤链路要求的物理保护程度取决于两个因素：光缆结构和光缆走线位置。在光纤分布面板上的光纤几乎不需要物理保护，需要的只是几种用于光纤管理和存放的设备。相反，用于水平走线或干线走线的光纤确实需要更多的保护，这些光纤走线要求使用适当的外套、桥架和电缆管道来提供额外的、适当程度的物理保护。

吹入光纤将相对没有保护的光纤放入事先安装在电信设备室和工作区之间的塑料管子，这些管子技术上等同于电缆管道，如果需要，它们必须满足任何用于通风空间设备的可燃性和低烟要求，同样，封闭的光纤也必须是适合安装位置的规格。

另一种保护光纤的电缆导管类型叫做内导管，内导管用在必须保护多根光纤的情况下，这种电缆管道通常是螺纹结构，和平滑管子一样，允许它很容易地大半径弯曲而不会破坏内部光纤，螺纹结构还提供抗压的机械程度，内管可以放在称之为管道的更大结构内部，管道基本上是敷设在建筑物之间的圆形或方形管子，内导管用于细分大型管道的空间，对通过管道敷设的光缆提供额外的保护。

内导管显然是用于保护楼层之间垂直光缆或相同楼层电信设备之间光缆的选择，对电信设备室和结合点之间的水平走线，内导管也非常有用，内导管还可以在电缆桥架内用来隔离光缆和铜质电缆。内导管的主要优点是它能够在光缆走线之间安装，因而，可以简单地将内导管选路到光缆需要去的地方，然后再牵引光缆并将光纤端接，这就防止了在新的建筑物施工过程中对敷设好的光缆损坏的可能，和所有布线构件一样，内导管如果被放置在通风空间，必须满足所有适当的特性。

电缆桥架用于帮助组织和保护水平走线中的布线设施，它们能够用于任何大小的安装，但经常在大型建筑物中发现，它们适用于保护所有类型的电缆，但它们更适合作为在水平走线中产生数以百计弯曲处的电缆吊架的取代品。电缆在桥架内躺平，而且不需要类似滑轮这样的特别设备就能平直地拉过很远距离，只要需要，增加的电缆很容易放置在桥架内。实际上，电缆桥架在中型和大型电信设备室都是必需的，桥架可以是塑料或金属结构，它必须满足和电缆相同的通风空间使用要求，在第一次被安装电缆时，拐角和弯曲处要求使用电缆滑轮。

6.5.4　光纤连接技术

光纤与光纤的相互连接，称为光纤的接续。光纤与光纤的连接常用的技术有两种：一种是拼接技术，另一种是熔接技术。下面来介绍这两种接续技术。

1. 光纤拼接技术

它是将两段断开的光纤永久性地连接起来。这种拼接技术又有两种：一种是融接技术；另外一种是机械拼接技术。

这里所说的融接技术与后面要讲的熔接有较大的不同。这种融接是将制备好的光纤垂直地放入光纤接头，如 ST 接头中，然后将融化的硅胶用注射器注入 ST 接头中，待硅胶冷却凝固后，再用专业切割刀将光纤头部切断，然后用不同规格的砂纸研磨光纤的接头端面，直到合格为止。这种方法因为操作繁琐，成功率低，已经是过时的光纤接续技术。

因为上面的光纤融接法成功率低，多家公司又研发出一种较简单的机械拼接技术。也是将制备好的光纤放入专用的光纤接头中，再使用专用的压接钳子将光纤与光纤接头压制成一体。然后就和上面一样，用专业切割刀将光纤头部切断，用不同规格的砂纸研磨光纤的接头端面直到合格。

2. 光纤熔接技术

这里说的光纤熔接技术是使用光纤熔接机进行高压放电，使待接续光纤端头熔融，合成一段完整的光纤。这种方法接续损耗小（一般小于 0.1dB），而且可靠性高，是目前最普遍使用的方法。

光纤熔接中应严格执行操作规程的要求，以确保光纤熔接的质量。其操作程序一般如图 6-29 所示。

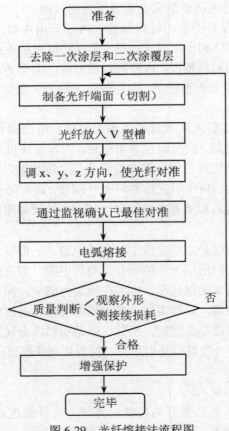

图 6-29　光纤熔接法流程图

光缆熔接共分以下 7 步：

（1）准备工作。光纤熔接工作不仅需要专业的熔接工具，还需要很多普通的工具辅助完成这项任务，如剪刀等辅助工具。

（2）安装工作。一般我们都是通过光纤配线架或光纤接续箱（盒）来固定光纤的，无论是室内光纤还是室外光纤，都要固定在光纤配线架上，制作完成的光纤要环绕并固定在光纤配线架内，防止日常使用松动。

（3）制备工作。室外光纤制备较难，先要去除黑色光纤外表，大概去掉 1m 长左右；去钢丝，剥保护铝片；再使用美工刀或专业钳子将光纤内的硬质 PVC 保护管去掉，用纸巾擦掉粘状液体；用剪刀剪掉里面的亚麻丝；取光纤一条，用专门的剥线剪刀去除外皮，然后用专用钳子去除光纤的涂覆层，再用酒精擦拭干净。我们要熔接的是裸纤，即纤芯；用切割刀来切割光纤，切割长度按照上面参数来确定，切割刀上面有尺寸刻度，注意保持切割端面的垂直状态，误差一般是 2° 以内，1° 以上，注意要先清洁后切割，如图 6-30 所示。

图 6-30　光纤切割器

（4）清洁工作。不管我们在去皮工作中多小心，也不能保证玻璃丝没有一点污染，因此在熔接工作开始之前必须对光纤进行清洁。比较普遍的方法就是用纸巾或棉花沾上酒精，然后擦拭清洁每一小根光纤。

（5）套接工作。清洁完毕后，要给需要熔接的光纤套上光纤热缩套管，光纤热缩套管主要用于在玻璃丝对接好后套在连接处，经过加热形成新的保护层。

（6）熔接工作。将两端剥去外皮露出内芯的光纤放置在光纤熔接器中，然后将光纤芯固定，开始熔接。从光纤熔接器的显示屏中可以看到两端玻璃丝的对接情况，如图 6-31 所示。等待几秒钟后就完成了光纤的熔接工作。

图 6-31　光纤熔接机

（7）包装工作。熔接完的光纤内芯还露在外头，很容易折断。这时候就可以使用刚刚套上的光纤热缩套管进行固定了。将套好光纤热缩套管的光纤放到加热器中按加热键开始加热，过 10 秒钟后就可以拿出来了，至此完成了一个线芯的熔接工作。最后还需要把熔接好的光纤放置固定在光纤配线架中。

习题六

1．施工前的准备工作有哪些？
2．试述桥架和槽道安装的注意事项。
3．简述线缆的牵引技术。
4．简述建筑群间的线缆布线技术。
5．简述建筑物内光缆的布线方法。
6．同轴电缆的布线和双绞线的布线有什么不同？
7．光缆是如何保护的？

第7章 综合布线系统的测试

学习目标

本章主要讲解双绞线和光纤测试内容，及常用测试工具的工作原理与使用方法。通过本章的学习，读者应该掌握以下内容：

- 超五类和六类双绞线测试内容。
- 光纤测试内容。
- DSP 4000 的特点与使用。

一个优质的综合布线工程，不仅要求设计合理，选择布线器材优质，还要有一支素质高、经过专门培训、实践经验丰富的施工队伍来完成工程施工任务。但在实际工作中，业主往往更多地注意工程规模、设计方案，而经常忽略了施工质量。由于我国普遍存在着工程领域的转包现象，施工阶段漏洞甚多。尤其不重视工程测试验收这一重要环节，把组织工程测试验收当作可有可无事情的现象十分普遍。往往等到建设项目需要开通业务时，发现问题众多，麻烦事丛生，才后悔莫及。

7.1 测试概述

7.1.1 现场测试

现场测试工作是综合布线系统工程进行过程中和竣工验收阶段中始终要抓的一项重要工作，业主、设计、监理、施工等部门都应给予足够重视。把握好施工器材的抽样测试关、施工进行过程中的随工验证测试关、工程阶段竣工的工程质量认证测试这 3 个技术质量关，至关重要。

1. 抽验器材

启动工程，批量器材进入工程现场之后，工程监理组织对综合布线用器材进行核查验收；按照国家和行业标准要求，针对线缆、接插件进行抽样测试（测试应委托具备测试条件和测试能力的公正的第三方机构进行）；在出具检验合格证书后，准予使用。并在整个工程进行过程中，适当地安排对器材的抽测，这是确保工程质量的重要环节之一。经过抽测不合格的，应按照工程监理"施工中甩用材料及设备的质量控制"处理原则进行处理。

2. 验证测试

施工过程中的验证测试环节必不可少。验证测试是施工人员在施工过程中边施工边做的测试，目的是解决综合布线安装、保证打线的正确性。通过此项工作，了解安装工艺水平，及时发现施工安装过程中的问题，使其得到相应修正。不致于等到工程完工时再发现问题，重新返工，耗费大量的、不必要的人力、物力和财力。验证测试不需要使用复杂的测试仪，只要购置检验布线图是否正确和测试长度的测试仪就可以了。因为在工程竣工检查中，发现信息链路不通、短路、反接、线对交叉、链路超长的情况，往往占整个工程发现问题的 80%。在施工初期都是非常容易解决的事，调换一下线缆，修正一下路由即解决了；如果到了布线后期发现，就非常难以解决了。

3. 认证测试

综合布线系统的认证测试是所有测试工作中最重要的环节，也称为竣工测试。综合布线系统的性能不仅取决于综合布线方案设计、施工工艺，同时取决于在工程中所选的器材的质量。认证测试是检验工程设计水平和工程质量的总体水平行之有效的手段，所以对于综合布线系统，要求必须进行认证测试。

认证测试通常分为以下两种类型：

（1）自我认证测试。自我认证测试由施工方自己组织进行，要按照设计施工方案对工程每一条链路进行测试，确保每一条链路都符合标准要求。如果发现未达标链路，应进行修改，直至复测合格；同时编制成准确的链路档案，写出测试报告，交业主存档。测试记录应当做到准确、完整，使用查阅方便。由施工方组织的认证测试，可以由设计、施工多方共同进行，工程监理人员参加。

认证测试是设计、施工方对所承担的工程所进行的一个总结性质量检验，为工程结束划上一个初步句号，这在工程质量管理上是必需的一道程序，也是最基本的步骤。

施工单位承担认证测试工作的人员应当具备哪些条件呢？应当是经过正规培训（仪表供应商通常负责仪表培训工作）、学习、考试合格的，既熟悉计算机技术，又熟悉布线技术的人员和责任心强的人。

为了日后更好地管理维护布线系统，甲方（业主单位）应派遣熟悉该工序的、了解布线施工过程的人员，参加施工、设计单位组织的自我认证测试组，以便了解整个测试全过程。

（2）第三方认证测试。由于综合布线系统是一个复杂的计算机网络基础传输媒体，工程质量将直接影响业主计算机网络能否按设计要求开通，能否保证使用质量，这是业主最为关心的问题。支持千兆以太网的五类、超五类及六类双绞线综合布线系统的推广应用，和光纤到桌面的大量推广使用，使得对工程施工工艺要求越来越严格。越来越多的业主既要求布线施工方提供布线系统的自我认证测试，同时也委托第三方对系统进行验收测试，以确保布线施工的质量。这是对综合布线系统验收质量管理的规范化做法。

目前采取的做法有以下两种：

1）对工程要求高、使用器材类别高、投资大的工程，业主除要求施工方要做自我认证测试外，还邀请第三方对工程做全面验收测试（事先与施工方签订协议，测试费从工程款中支出）。

2）业主在要求施工方做自我认证测试的同时，请第三方对综合布线系统链路做抽样测试；抽样点数量要能反映整个工程质量。

（3）现场测试是评价、衡量工程可用性的最重要的途径。衡量、评价一个综合布线系统的质量优劣，唯一科学、有效的途径就是进行全面现场测试；目前，综合布线系统在工程界是少有的已具有完备的全套验收标准的，可以通过验收测试来确定工程质量水平的项目之一。

7.1.2　综合布线系统认证测试涉及的标准

综合布线系统作为建筑智能化的重要环节，由于推广应用时间早、技术要求高，国际上1995年就颁布了相应技术标准。美国EIA/TIA委员会1995年推出了TSB-67《非屏蔽双绞线（UTP）布线系统的传输性能测试规范》，它是国际上第一部综合布线系统现场测试的技术规范，它叙述和规定了电缆布线的现场测试内容、方法和对仪表精度要求。TSB-67 规范包括以下内容：

（1）定义了现场测试用的两种测试链路结构。

（2）定义了三、四、五类链路需要测试的传输技术参数（具体说有 4 个参数：接线图、长度、衰减、近端串音损耗）。

（3）定义了在两种测试链路下各技术参数的标准值（阈值）。

（4）定义了对现场测试仪的技术和精度要求。

（5）现场测试仪测试结果与试验室测试仪器测试结果的比较。

TSB-67 涉及的布线系统，通常是在一条线缆的两对线上传输数据，可利用最大带宽为 100MHz，最高支持 100Base-T 的以太网。

从 1998 年以来，国际标准化组织加快了标准修订和对新标准的研究速度。事实上，面对网络的快速发展和新技术对综合布线系统不断提出新要求，过去几年，不管是布线产品性能和链路性能，都有了非常明显的提高。支持 1000Base-TX 局域网的五类（Cat.5）和六类（Cat.6）布线标准 EIA/TIA-568B 已经于 2002 年推出。

我国对综合布线系统专业领域的标准和规范的制定工作也非常重视。1996 年以来，先后颁布了国家标准和行业标准：

序号	标准编号	标准名称
1	GB 50311-2007	《建筑与建筑群综合布线系统工程设计规范》
2	GB 50312-2007	《建筑与建筑群综合布线系统工程验收规范》
3	YD/T926-1～3（2009）	《大楼综合布线总规范》
4	YD/T1013-2013	《综合布线系统电气特性通用测试方法》
5	YD/T1019-2013	《数字通信用实心聚烯烃绝缘水平对绞电缆》

上述 5 个标准作为综合布线领域的实用性标准，相互补充，相互配合使用。

其中，标准 YD/T1013-2013 是专门为我国综合布线系统现场测试和工程验收编制的标准。该标准弥补了在使用 TSB-67 时的不足，除了定义三、五类链路外，还定义了起五类（5e）和宽带链路（六类）及光纤链路，定义了上述链路所需要测试的技术参数、测试连接方式、各技术指标的测试原理、仪表的选择使用及布线系统测试报告应包括的内容、链路验收测试的判定准则等，是综合布线系统验收测试工作的重要指导性文件。

其他标准则可以作为数字通信线缆、器材、生产、检测、工程设计及验收的依据。

7.1.3　综合布线链路分类及测试链路分类模型

1.　综合布线链路

本节涉及的综合布线链路，是指在综合布线系统中占 90%比例的水平布线链路。下面分别对双绞线水平布线链路和光纤布线链路进行介绍。垂直主干链路和建筑群之间的链路，由于目前尚无测试标准，在整个工程中所占数量和比例不大，在此不作介绍。

（1）双绞线水平布线链路。按照用户对数据传输速率不同的需求，根据不同应用场合对链路分类如下：

1）三类水平链路。使用三类双绞电缆及同类别或更高类别的器材（接插硬件、跳线、连接插头、插座）进行安装的链路。三类链路的最高工作频率为 16MHz。

2）五类水平链路。使用五类双绞电缆及同类别或更高类别的器材（接插硬件、跳线、连接插头、插座）进行安装的链路。五类链路的最高工作频率为 100MHz。

3）超五类水平链路（TIA/EIA568B 标准中的五类事实上就是超五类）。使用超五类双绞电缆（又称增强型五类）及同类别或更高类别的器件（接插硬件、跳线、连接插头、插座）进行安装的链路。超五类链路的最高工作频率为 100MHz。同时使用 4 对芯线时，支持 1000Base-T 以太网工作。

4）六类水平链路。使用六类双绞电缆及同类别或更高类别的器件（接插硬件、跳线、连接插头、插座）进行安装的链路。六类链路的最高工作频率为 250MHz，同时使用 2 对芯线时，支持 1000Base-T 或更高速率的以太网工作。

（2）光纤水平布线链路。水平布线长度超过 100m；传输速率在 100Mb/s 以上应用；有高质量传输数据要求；布线环境处于电磁干扰严重的情况，有上述情况之一时，可考虑采用光纤水平布线链路。

楼宇内光纤水平布线也常被称为光纤到桌面，一般使用多模光纤，也可使用单模光纤。根据不同需求，可以选择的多模光纤有 62.5/125μm 和 50/125μm 两种。使用模式带宽分别为 200MHz/km 和 500MHz/km（参见 GB50311-2007）。当使用 1000Base-sx 局域网进行数据传输时，它们分别可以支持最大 220m 和 500m 长度的水平链路的使用。

2．综合布线测试连接及定义

（1）双绞线水平线连接方式。双绞线水平布线链路方式，根据测试的不同需求，定义了两种测试连接方式，供测试者选择。

1）信道方式（Channel）。用户连接方式用以验证包括用户终端连接线在内的整体通道的性能。

通道连接包括：最长 90m 的水平线缆、一个信息插座、一个靠近工作区的可选的附属转接连接器、在楼层配线间跳线架上的两处连接跳线和用户终端连接线，总长不得长于 100m。通道链路方式如图 7-1 所示。

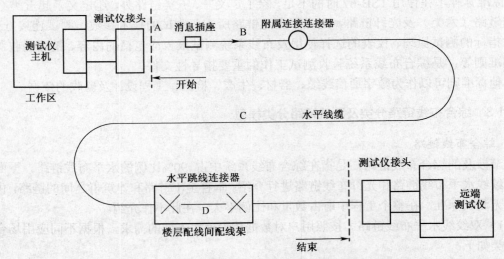

A：用户终端连接线；B：用户转接线；C：水平线缆；

D：跳线架连接跳线 B+C≤90m；E：跳线架到通信设备连接线 A+D+E≤10m

图 7-1　信道链路方式

2）永久链路方式（Permanent Link）。永久链路又称固定链路，在国际标准化组织 ISO/IEC 所制定的超五类、六类标准及 TIA/EIA568B 新的测试定义中，定义了永久链路测试方式，它将代替基本链路方式。永久链路方式供工程安装人员和用户使用，用以测量所安装的固定链路的性能。永久链路连接方式由 90m 水平电缆和链路中相关接头（必要时增加一个可选的转接/汇接头）组成，与基本链路方式不同的是，永久链路不包括现场测试仪插接线和插头，以及两端 2m 测试电缆，电缆总长度为 90m，如图 7-2 所示。

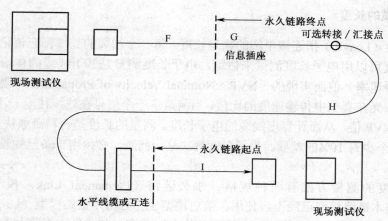

F：测试设备跳线，2m；G：信息插座；H：可选转接/汇接点及水平电缆；
I：测试设备跳线，2m；H 的最大长度≤90m

图 7-2　永久链路方式

永久链路测量方式，排除了测量连线在测量过程本身带来的误差，使测量结果更准确、合理。当测试永久链路时，测试仪表应能自动扣除 F、I 和 2m 测试线的影响。

在实际测试应用中，选择哪一种测量连接方式应根据需求和实际情况决定。使用通道链路方式更符合使用的情况，但由于它包含用户的设备连线部分，测试较复杂，一般工程验收测试建议选择基本链路方式或永久链路方式进行。

（2）水平光缆布线测试连接方式。水平光缆布线测试连接方式如图 7-3 所示。

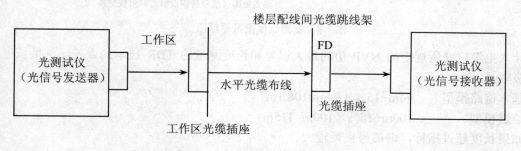

图 7-3　水平光缆布线测试连接方式

（3）楼宇内垂直主干布线测量链路。楼宇内垂直主干布线使用的铜缆有：三类、五类大对数对称双绞电缆，光缆可能是多模光纤，也可能是单模光纤，测试起始点可以安排在楼层配线架上（FD），测试终点在楼宇总配线架（BD）。

由于目前对大对数数字电缆尚无测试标准，所以测试时只能测试各线对有无短路、开路、交叉，布线长度及传输衰减等。有关标准目前正在研究当中。

7.2 双绞线的测试内容

本章的测试参数标准值主要参考 TIA/TIA 568B、GB50312 和 ISO 11801。

7.2.1 线缆的长度

线缆的长度（Length）指连接电缆的物理长度。每一个线缆的长度都应该记录在管理系统中。线缆的长度可以用电子长度测量来估算，电子长度测量是基于线缆的传输延迟和电缆的 NVP（额定传播速率）值而实现的。NVP（Nominal Velocity of Propagation）表示电信号在电缆中传输速度与光在真空中传输速度的比值。当测量了一个信号在线缆往返一次的时间后，即可得知电缆的 NVP 值，从而计算出线缆的电子长度。测量的长度是否精确取决于 NVP 值，而实际上 NVP 值至少有 10%的差异。为了正确解决这一问题，必须用一条已知长度的典型电缆来校验 NVP 值。

对线缆长度的测量方法有两种规格：永久链路（Permanent Link）模型和信道模型（Channel），基本链路模型已经不再使用。信道模型也称为用户链路模型（User Link）。基本链路模型的最大长度是 90m，外加 4m 的测试仪专用电缆，共 94m，信道模型的最大长度是 100m。链路长度测量原理参见图 7-4。

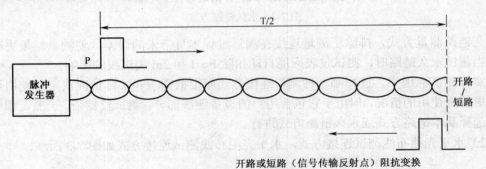

图 7-4 链路长度测量原理图

计入电缆厂商所规定的 NVP 值的最大误差和长度测量的 TDR 技术的误差。测量长度的误差极限是：

基本链路模型   94m+15%×94m=108.1m

信道模型   100m+15%×100m=115m

如果长度超过指标，则信号损耗较大。

NVP 的计算公式为：

$$NVP= (2×L)/(T×C)$$

其中：L 为电缆长度；T 为信号传送与接收之间的时间差；C 为真空状态下的光速（300000000m/s）。

一般 UTP 的 NVP 值为 72%，但不同厂家的产品会稍有差别。

7.2.2　线路图

线路图（Wire Map）用于验证线对连接是否正确。这不仅是一个简单的逻辑连接测试，而具要确认链路一端的每一个针与另一端相应的针连接，而不是连在任何其他导体或屏蔽上。此外，线路图还要确认链路导线的线对是否正确，判断是否有开路、短路、反向、交错和串绕等情况出现。保持线对正确绞接是非常重要的测试项目。

开路和短路：在施工中，由于工具、接线技巧或墙内穿线技术欠缺等问题，会产生开路或短路故障。

- 反接：同一对线在两端针位接反，比如一端为 1-2，另一端为 2-1。
- 错对：将一对线接到另一端的另一对线上，比如一端为 1-2，另一端为 4-5 上。
- 串绕：指将原来的两对线分别拆开后又重新组成新的线对。

如图 7-5 所示，端到端测试会显示正确的连接（用万用表可以测试），但这种连接会产生极高的串音，使数据传输产生错误。由于出现这种故障时，端对端的连通性并未受影响，所以用普通的万用表不能检查出故障原因，只有通过使用专用的电缆测试仪才能检查出来。表 7-1 是布线连接图测试状态分项图例。

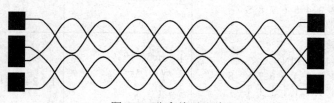

图 7-5　分离线对配线

表 7-1　布线连接图测试状态分项图例

连接图类型	显示标准	线缆实际状况	说明
正确连接	连接图 RJ-45　PIN 1 2 3 4 5 6 7 8 S 丨丨丨丨丨丨丨丨丨 1 2 3 4 5 6 7 8 S 通过	1——1　2——2 3——3　4——4 5——5　6——6 7——7　8——8	S：屏蔽层（非屏蔽线缆 S 互不连接）
线条交叉	连接图 RJ-45　PIN 1 2 3 4 5 6 7 8 S 丨丨丨丨丨丨丨丨丨 ? ? ? 4 5 ? 7 8 S 失败	1———1 2 　 2 　✕ 3 　 3 6———6	1、2 线对中的线与 3、6 线对中的线条发生交叉，形成一不可识别的回路
反向线对	连接图 RJ-45　PIN 1 2 3 4 5 6 7 8 S ✕✕丨丨丨丨丨丨丨 1 2 3 4 5 6 7 8 S 失败	1 　 1 　✕ 2 　 2	同一线对中线 1 和线 2 交叉

续表

连接图类型	显示标准	线缆实际状况	说明
交叉线对	连接图 RJ-45　PIN 1 2 3 4 5 6 7 8　S × × × | | × | | 3 6 1 4 5 2 7 8　S 失败	1 1 2 2 3 3 6 6	1、2 线对和 3、6 线对交叉
短路	连接图 RJ-45　PIN 1 2 1 4 5 6 7 8　S | | | | | | | | 1 2 1 4 5 6 7 8　S 失败	1 1 2 2 3 3 6 6	线 1 和线 3 短路
开路	连接图 RJ-45　PIN 1 2 3 4 5 6 7 8　S ○ | | | | | | | ? 3 4 5 6 7 8　S 失败	1—○○—1 2———2	线 1 断开
串绕线对	连接图 RJ-45　PIN 1 2 3 4 5 6 7 8　S | | | | | | | | 1 2 3 4 5 6 7 8　S 失败	1 1 2 2 3 3 6 6	1、2 线对与 3、6 线对相串绕

注：①表中"显示图示"的方式不是唯一的，各种测试仪规定不同；②此表仅用来表示接线图常见的 7 种状态，而未包含全部接线的可能状态。

7.2.3　衰减

衰减（Attenuation）是沿链路的信号损失度量，如图 7-6 所示。衰减随频率而变化，所以应测量应用范围内全部频率上的衰减。比如，测量五类线缆的信道模式（Channel）的衰减，要从 1MHz～100MHz 以最大步长为 1MHz 进行。对于三类线缆测试频率范围是 1MHz～16MHz，四类线缆测试频率范围是 1MHz～20MHz。

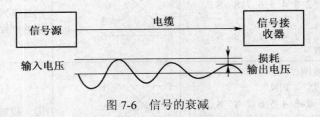

图 7-6　信号的衰减

衰减与线缆的长度有关系，随着长度的增加，信号衰减也随之增加。衰减用 dB 作单位，表示源传送端信号到接收端信号强度的比率。

568B 定义了一个链路衰减的公式。此外 568B 还给出了一个链路模式和信道模式的衰减允许值表。这个表定义了在 20℃时的允许值。随着温度的增加，衰减也增加。具体来说，对于三类电缆，每增加 1℃衰减增加 1.5%，对于四类和五类电缆每增加 1℃衰减增加 0.4%，当电缆安装在金属管道内时，链路的衰减增加 2%～3%。

现场测试设备应测量出安装的每一对线衰减的最严重情况，并且通过将衰减最大值与衰减允许值比较后，给出合格（Pass）和不合格（Fail）的结论。

- 如果合格，则给出处于可用频宽内的最大衰减值。
- 如果不合格，则给出不合格时的衰减值，测试允许值及所在点的频率。
- 如果测量结果接近测试极限，测试仪不能确定是 Pass 或 Fail，则此结果用 Pass*表示；若结果处于测试极限的错误侧，则给出 Fail。

Pass/Fail 的测试极限是按链路的最大允许长度（信道是 100m、永久链路是 90m）设定的，不是按长度分摊的。然而，若被测量出的值大于链路实际长度的预定极限，则在报告中前者将加星号，以示警戒。

不同连接方式下允许的最大衰减值一览表见表 7-2。

表 7-2　不同连接方式下允许的最大衰减值一览表

频率 （MHz）	三类（dB）		四类（dB）		五类（dB）		超五类（dB）		六类（dB）	
	通道 链路	基本 链路	通道 链路	基本 链路	通道 链路	基本 链路	通道 链路	永久 链路	通道 链路	永久 链路
1.0	4.2	3.2	2.6	2.2	2.5	2.1	2.4	2.1	2.2	2.1
4.0	7.3	6.1	4.8	4.3	4.5	4.0	4.4	4.0	4.2	3.6
8.0	10.2	8.8	6.7	6.0	6.3	5.7	6.8	6.0		5.0
10.0	11.5	10.0	7.5	6.8	7.0	6.3	7.0	6.0	6.5	6.2
16.0	14.9	13.2	9.9	8.8	9.2	8.2	8.9	7.7	8.3	7.1
20.0			11.0	9.9	10.3	9.2	10.0	8.7	9.3	8.0
25.0					11.4	10.3				
31.25					12.8	11.5	12.6	10.9	11.7	10.0
62.5					18.5	16.7				
100					24.0	21.6	24.0	20.4	21.7	18.5
200									31.7	26.4
250									32.9	30.7

注：①表中数值为 20℃下的标准值；②实际测试时，根据现场温度，对三类电缆和接插件构成的链路，每增加 1℃，衰减量增加 1.5%。对于四类及五类电缆和接插件构成的链路，温度变化 1℃，衰减量变化 0.4%，线缆的高频信号走向靠近金属芯线表面时，衰减量增加 3%，五类以上修正量待定。

按图 7-7 使用扫频仪在不同频率上发送 0dB 信号，用选频表在链路远端测试各特定频率点接收电平 dB 值，即可确定衰减量。

图 7-7 衰减量测试原理图

测试标准按表 7-3 规定，测试内容应反映表中所列各项目，指出测试的线对最差频率点及该点衰减数值（以 dB 表示）。

表 7-3 衰减量测试结果的报告项目及说明

报告项目	测试结果报告内容说明
线对	与结果相对应的电线缆对，本项测试显示线对：1,2,4,5,3,6,7,8
衰减量（dB）	如测试通过，该值是所测衰减值中最高的值（最差的频率点的值）；如测试失败，该值是超过测试标准最高的测量衰减值
频率（Hz）	如测试通过，该频率是发生最高衰减值的频率值；如测试失败，该频率是发生最严重不合格值处的频率
衰减极限（dB）	给出在所指定的频率上所容许的最高衰减值（极限标准值），取决于最大允许线缆长
余量（dB）	最差频率点上极限值与测试衰减值之差，正数据表示测量衰减值低于极限值，负数据表示测量衰减值高于极限值
结果	测试结果判断：余量测试为正数据表示"通过"，余量测试为负数据表示"失败"

在"自动测试"和"单项测试"中，自动显示被测线缆中每一线对的衰减参数的标准值和测试值。

7.2.4 近端串音 NEXT 损耗

当信号在一个线对上传输时，会同时将一小部信号感应到其他线对上，这种信号感应就是串音，如图 7-8 所示。串音分近端串音（NEXT）和远端串音（FEXT），测试仪主要是测量 NEXT，由于存在线路损耗，因此 FEXT 的量值的影响较小。

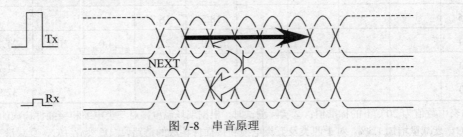

图 7-8 串音原理

近端串音（NEXT）损耗是测量一条 UTP 链路中从一对线到另一对线的信号耦合。对于 UTP 链路，NEXT 是一个关键的性能指标，也是最难精确测量的一个指标。随着信号频率的增加，其测量难度将加大。568B 中定义了五类 UTP 线缆链路必须在 1MHz～100MHz 的频宽内测试，四类线缆链路是 1MHz～20MHz，三类线缆链路是 1MHz～16MHz。

在一条 UTP 链路上的 NEXT 损耗的测试需要在每一对线之间测试，也就是说，对于典型的 4 对 UTP 来说，有 6 对线对关系组合，即测试 6 次。

NEXT 并不表示在近端点所产生的串音值，它只是表示在近端点所测量到的串音值。这个量值会随电缆长度不同而变化，电缆越长，其值变得越小。同时发送端的信号也会衰减，对其他线对的串音也相对变小。实验证明，只有在 40m 内测量得到的 NEXT 是较真实的。如果另一端是远于 40m 的信息插座，那么它会产生一定程度的串音，但测试仪可能无法测量到这个串音值。因此，最好在两个端点都进行 NEXT 测量。现在的测试仪都配有相应设备，使得在链路一端就能测量出两端的 NEXT 值。NEXT 测试的结果请参考表 7-4。

表 7-4　最小近端串音损耗一览表

频率（MHz）	三类（dB）		四类（dB）		五类（dB）		超五类（dB）		六类（dB）	
	通道链路	基本链路	通道链路	基本链路	通道链路	基本链路	通道链路	永久链路	通道链路	永久链路
1.0	39.1	40.1	53.3	54.7	>60.0	>60.0	63.3	64.2	65.0	65.0
4.0	29.3	30.7	43.4	45.1	50.6	51.8	53.6	54.8	63.0	64.1
8.0	24.3	25.9	38.2	40.2	45.6	47.1	48.6	50.0	58.2	59.4
10.0	22.7	24.3	36.6	38.6	44.0	45.5	47.0	48.5	56.6	57.8
16.0	19.3	21.0	33.1	35.3	40.6	42.3	43.6	45.2	53.2	54.6
20.0			31.4	33.7	39.0	40.7	42.0	43.7	51.6	53.1
25.0					37.4	39.1	40.4	42.1	50.0	51.5
31.25					35.7	37.6	38.7	40.6	48.4	50.0
62.5					30.6	32.7	33.6	35.7	42.4	45.1
100					27.1	29.3	30.1	32.3	39.9	41.8
200									34.8	36.9
250									33.1	35.3

NEXT 的测量原理是测试仪从一个线对发送信号，当其沿电缆传送时，测试仪在同一侧的某相邻被测线对上捕捉并计算所叠加的全部谐波串音分量，计算出其总串音值。测量原理如图 7-9 所示。

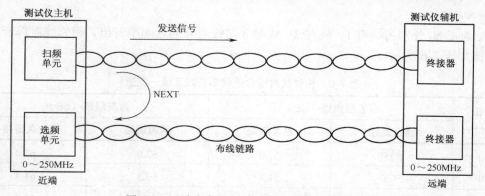

图 7-9　近端串音损耗（NEXT）测试原理图

人们总是希望被测线对被串音的程度越小越好，某线对受到越小的串音，意味着该线对对外界串音具有越大的损耗能力，这就是为什么不直接定义串音，而定义成串音损耗的原因所在。

近端串音损耗是随频率增加而减小的量，测试结果应反映表 7-5 中所列的各项目。

表 7-5　近端串音损耗测试项目及测试结果说明

报告项目	测试结果报告内容说明
线对	与测试结果相对应的两个相关线对：1,2-3,6　　1,2-4,5　　1,2-7,8　　3,6-4,5　3,6-7,8　　4,5-7,8
频率（MHz）	显示发生串音损耗最小值的频率
串音损耗（dB）	所测规定线对间串音损耗（NEXT）最小值（最差值）
近端串音极限值（dB）	各频率下近端串音损耗极限值，取决于所选择的测试标准
余量（dB）	所测线对的串音损耗值与极限值的差值
结果	测试结果判断：正余量表示"通过"，负余量表示"失败"

7.2.5　特性阻抗

特性阻抗包括电阻及频率为 1MHz～100MHz 的电感阻抗及电容阻抗，它与一对电线之间的距离及绝缘体的电气性能有关。各种电缆有不同的特性阻抗，而双绞线电缆则有 100Ω、120Ω 及 150Ω 三种。从频率 1MHz 到该链路级别规定的最高频率，链路特性阻抗与选定的标称特性阻抗的容差（允许偏差值）应不超过 ±15Ω。

7.2.6　远方近端串音损耗

与 NEXT 定义相对应，在一条链路的另一侧，发送信号的线对向其同侧其他相邻（接收）线对通过电磁感应耦合而造成的串音，与 NEXT 同理定义为串音损耗。

远方近端串音损耗（RNEXT）值技术指标见表 7-4，对一条链路来说，NEXT 与 RNEXT 可能是完全不同的值，测试需要分别进行。

7.2.7　相邻线对综合近端串音

在 4 对型双绞线的一侧，3 个发送信号的线对向另一相邻接收线对产生串音的总和近似为 $N_4 = N_1 + N_2 + N_3$。

N_1、N_2、N_3 分别为线对 1、线对 2、线对 3 对线对 4 的近端串音值。相邻线对综合近端串音限定值如表 7-6 所示。

表 7-6　相邻线对综合近端串音限定值一览表

频率（MHz）	超五类线缆（dB）		六类线缆（dB）	
	通道链路	基本链路	通道链路	永久链路
1.0	57.0	57.0	62.0	62.0
4.0	50.6	51.8	60.5	61.8
8.0	45.6	47.0	55.6	57.0

频率 （MHz）	超五类线缆（dB）		六类线缆（dB）	
	通道链路	基本链路	通道链路	永久链路
10.0	44.0	45.5	54.0	55.5
16.0	40.6	42.2	50.6	52.2
20.0	39.0	40.7	49.0	50.7
25.0	37.4	39.1	47.3	49.1
31.25	35.7	37.6	45.7	47.5
62.5	30.6	32.7	40.6	42.7
100.0	27.1	29.3	37.1	39.3
200.0			31.9	34.3
250			30.2	32.7

相邻线对综合近端串音测量原理就是测量 3 个相邻线对对某线对近端串音总和。

如图 7-10 所示，在同一链路中的 3 个线对上同时发送 0～250MHz 信号，在第 4 个线对上同时统计 N_1、N_2、N_3 串音值并进行 N_4 求和运算。测量结果应反映表 7-7 中所列各项目的内容，测试标准按表 7-6 所示。该项为宽带链路应测技术指标。

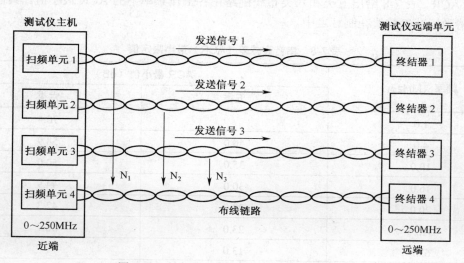

图 7-10 相邻线对综合近端串音测试原理图

表 7-7 相邻线对综合近端串音（PSNEXT）测试项目及测试结果说明

报告项目	测试结果报告内容说明
线对	与测试结果相对应的各线对：（1,2）（3,6）（4,5）（7,8）；需测试 4 种组合
频率（MHz）	显示发生最接近标准限定值的 PSNEXT 频率点
功率和值（dB）	所测线对 PSNEXT 最小值（最差值）

续表

报告项目	测试结果报告内容说明
功率和极限值（dB）	各频率下 PSNEXT 极限值（标准值）
余量（dB）	所测线对 PSNEXT 与极限值的差值
结果	正余量判"通过"，负余量判"失败"

7.2.8 近端串音与衰减差

串音衰减差（ACR）定义为：在受相邻发信线对串音的线对上，其串音损耗（NEXT）与本线对传输信号衰减值（A）的差值（单位为 dB），即：

$$ACR（dB）= NEXT（dB）-A（dB）$$

一般情况下，链路的 ACR 通过分别测试 NEXT（dB）和 A（dB），可以由上面的公式直接计算出。通常，ACR 可以被看成布线链路上信噪比的一个量。NEXT 即被认为是噪声；ACR=3dB 时所对应的频率点，可以认为是布线链路的最高工作频率（即链路带宽）。

对于由五类、高于五类线缆和同类接插件构成的链路，由于高频效应及各种干扰因素，ACR 的标准参数值不能单纯从串音损耗值 NEXT 与衰减值 A 在各相应频率上的直接的代数差值导出，其实际值与计算值略有偏差。通常可以通过提高链路串音损耗 NEXT 或降低衰减来改善链路 ACR。表 7-8 给出五类和六类布线链路在各工作频率下的 ACR 最小值。其他类的链路 ACR 精确标准参数值在制订之中。

表 7-8 串音衰减差（ACR）最小限定值

频率（MHz）	ACR 最小值（dB）	
	五类	六类
1.0	/	70.4
4.0	40.0	58.9
10.0	35.0	50.0
16.0	30.0	44.9
20.0	28.0	42.3
31.25	23.0	36.7
62.5	13.0	/
100	4.0	18.2
200	/	3.0

注：①该表五类数据参照 ISO11801-1995 标准 6.2.5 中 Class D 级链路给出；②六类数据为 ISO11801（2000 年 5 月 8 日修改版提供，仅供参考）。

测试仪所报告的 ACR 值，是由测试仪对某被测线对分别测出 NEXT 和线对衰减 A 后，在各预定被测频率上计算 NEXT（dB）和 A（dB）的结果。

ACR、NEXT 和衰减 A 三者的关系表示如图 7-11 所示。该项目为宽带链路应测技术指标。

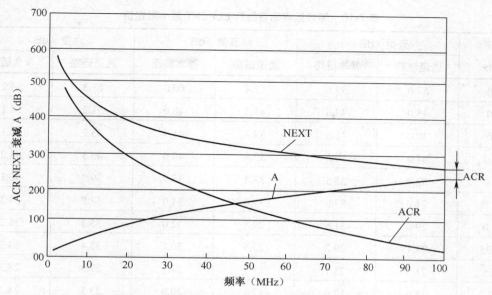

图 7-11　串音损耗 NEXT、衰减 A 和 ACR 关系曲线

上面的测试报告中列出了串音衰减差（ACR）测试的各项内容，测试过程按表 7-9 所列项目进行，测试标准值为某频率下的串音衰减差（ACR）最小限定值。

表 7-9　串音衰减差（ACR）测试项目及测试结果说明

报告项目	测试结果报告内容说明
串音对	做该项测试的受扰电线缆对（1,2）-（3,6）（1,2）-（4,5）（1,2）-（7,8）（3,6）-（4,5）（3,6）-（7,8）（4,5）-（7,8）
ACR（dB）	实测最差情况下的 ACR。若未超出标准，该值指最接近极限值的 ACR 值；若已超出标准，该值指超出极限值最多的那一个 ACR 值
频率（MHz）	发生最差 ACR 情况下的频率
ACR 极限值（dB）	发生最差 ACR 频率处的 ACR 标准极限数值，取决于所选择的测试标准
余量	最差情况下测试 ACR 值与极值之差，正值表示最差测试值高于 ACR 极限值，负值表示实测最差 ACR 低于极限值
结果	按余量判定，正值表示"通过"，负值表示"失败"

7.2.9　等效远端串音损耗

等效远端串音损耗（ELFEXT）是指某对芯线上远端串音损耗与该线路传输信号衰减的差，也称为远端 ACR。从链路近端线缆的一个线对发送信号，该信号沿路经过线路衰减，从链路远端干扰相邻接收线对，定义该远端串音损耗值为 FEXT。可见，FEXT 是随链路长度（传输衰减）而变化的量。定义：

$$ELFEXT（dB）= FEXT（dB）- A（dB）$$

其中，A 为受串音接收线对的传输衰减。等效远端串音损耗最小限定值如表 7-10 所示。

表 7-10　等效远端串音损耗 ELFEXT 最小限定值

频率	五类（dB）		超五类（dB）		六类（dB）	
MHz	通道链路	基本链路	通道链路	基本链路	通道链路	永久链路
1.0	57.0	59.6	57.4	60.0	63.3	64.2
4.0	45.0	47.6	45.3	48.0	51.2	52.1
8.0	39.0	41.6	39.3	41.9	45.2	46.1
10.0	37.0	39.6	37.4	40.0	43.3	44.2
16.0	32.9	35.5	33.3	35.9	39.2	40.1
20.0	31.0	33.6	31.4	34.0	37.2	38.2
25.0	29.0	31.6	29.4	32.0	35.3	36.2
31.25	27.1	29.7	27.5	30.1	33.4	34.3
62.5	21.5	23.7	21.5	24.1	27.3	28.3
100.0	17.0	17.0	17.4	20.0	23.3	24.2
200.0					17.2	18.2
250.0					15.3	16.2

　　等效远端串音损耗就是远端串音损耗与线路传输衰减值的测量。

　　按图 7-12 所示的原理进行测试，并报告不同测试频率下的 ELFEXT 各值。该项目为宽带链路应测技术指标。指标应符合表 7-10 的规定。

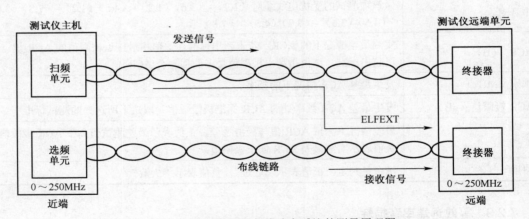

图 7-12　远端串音损耗与线路衰减比的测量原理图

　　测量结果报告受扰线对发生最差 ELFEXT 的数据、频率与极限值之间的差值。

7.2.10　其他参数

1. 远端等效串音总和（PSELEFXT）

　　表 7-11 列出了线缆远端受干扰的接收线对上所承受的相邻各线对对其等效串音损耗 ELFEXT（dB）总和与该线对传输信号衰减值之差（dB）的限定值。

表 7-11　远端等效串音总和 PSELFEXT 限定值

频率（MHz）	五类（dB）	超五类（dB）		六类（dB）	
		通道链路	基本链路	通道链路	永久链路
1.0	54.4	54.4	55.0	60.3	61.2
4.0	42.6	42.4	45.0	48.2	49.1
8.0	36.4	36.3	38.9	42.2	43.1
10.0	34.4	34.4	37.0	40.3	41.2
16.0	30.3	30.3	32.9	36.2	37.1
20.0	28.4	28.4	31.0	34.2	35.2
25.0	26.4	26.4	29.0	32.3	33.2
31.25	24.5	25.4	27.1	30.4	31.3
62.5	18.5	18.5	21.1	24.3	25.3
100.0	14.4	14.4	17.0	20.3	21.2
200.0				14.2	15.2
250				12.3	13.2

2. 传播时延（Delay）

表 7-12 列出了在通道链路方式下，时延在不同频率范围和特征频率点上的标准值（引自 ISO11801 2001 版）。

表 7-12　传输时延不同连接方式下特征点最大限值

频率（MHz）	Class C（三类）	Class D（五类）ns		Class E（六类）ns	
		通道链路	基本链路	通道链路	永久链路
1.0	580	580	521	580	521
10.0	555	555		555	
16.0	553	553	496	553	496
100.0	548	548	491	548	491
250.0				546	490

3. 线对间传输时延差（Delay skew）

线对间传输时延差是以同一线缆中，信号传播时延最小的线对的时延值作为参考，其余线对与参考线对的时延差值。

在通道链路方式下规定极限值为 50ns。

在永久链路下规定极限值为 44ns。若线对间时延差超过该极限值，在链路高速传输数据下和在 4 个线对同时并行传输数据时，将有可能造成对所传输数据帧结构的严重破坏。

该项目为五类和宽带链路需测试的技术指标，参见表 7-13。

表 7-13 传播时延测试及结果说明

报告项目	测试结果报告内容说明
线对	测试传播时延参数的相关线对
传播时延（ns）	测试线对的实际传播时延
时延差值（ns）	实测各线对传输时延与参考时延值的差值
最大时延差极限值（ns）	各线对时延值与参考时延值最大差值的极限定值
结果	若测得某线对最大时延值小于标准值，或时延差值小于差值极限规定值，则判"通过"；反之判"失败"

4．回波损耗（RL）

回波损耗是由线缆与接插件构成链路时，由于特性阻抗偏离标准值导致功率反射而引起的。

RL 由输出线对的信号幅度和该线对所构成的链路上反射回来的信号幅度的差值导出，表 7-14 列出了不同链接方式下回波损耗的限定范围。

表 7-14 回波损耗在不同链路下的极限值

频率（MHz）	Class D（五类）		Class E（六类）	
	通道链路	基本链路	通道链路	永久链路
1～10	17	19	19	21
16	17	19	24－5log(f)	26－5log(f)
20	17	19		
20＜f＜40	30－10log(f)	32－10log(f)		
100			32－10log(f)	34－10log(f)
200				
250				

回波损耗的测量原理是使用高频电桥，根据电桥平衡原理，按所测链路阻抗，选择与其阻抗相匹配的扫频设备、选频设备、高频阻抗电桥等构成，如图 7-13 所示（选频仪输入阻抗和高频电桥的阻抗值 Z，扫频信号发生的输出阻抗 Z，均为 100Ω）。

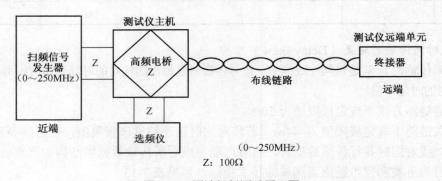

图 7-13 回波损耗测试原理图

测试标准按表 7-14 的规定，该项目为五类和宽带链路需测技术指标，参见表 7-15。

表 7-15　回波损耗（RL）测试项目及测试结果说明

报告项目	测试结果报告内容说明
线对	所测线缆的线对号
RL（dB）	最差情况 RL 值，若未超标准，该值指最接近于极限值的 RL 测量值，如实测 RL 值超过极限值，显示超出极限值最多的那一个 RL 值
频率（MHz）	发生最差 RL 情况下的频率
RL 极限值（dB）	发生最差 RL 频率处的 RL 规定标准极限值
余量（dB）	最差 RL 情况下，实测值与极限值之差。正值表示测试结果优于极限值，负值表示测试结果未达到标准
结果	按余量判定，正值表示"通过"，负值表示"失败"

注：①测试结果提供表 7-14 中要求的全部数据；②根据需求，提供 RL 随频率变化的曲线；③需要在近、远端分别做 RL 测试。

5. 链路脉冲噪声电平

由于大功率设备间断性启动，给布线链路带来了电冲击干扰，布线链路在不连接有源器件和设备的情况下，高于 200mV 的脉冲噪声发生个数的统计。由于布线链路用于传输数字信号，为了保证数字脉冲信号可靠传输，根据局域网的安全，要求限制网上干扰脉冲的幅度和个数。测试 2 分钟，捕捉脉冲噪声个数不大于 10。该参数在验收测试中，只在整个系统中抽样几条链路进行测试。

6. 背景杂讯噪声

背景杂讯噪声一般是由用电器工作带来的高频干扰、电磁干扰和杂散宽频低幅干扰产生的。综合布线链路在不连接有源器件及设备的情况下，杂讯噪声电平应≤30dB。该指标也应抽样测试。

7. 综合布线系统接地测量

综合布线接地系统安全检验。接地自成系统，与楼宇地线系统接触良好，并与楼内地线系统连成一体，构成等压接地网络。接地导线电阻≤1Ω（其中包括接地体和接地扁钢，在接地汇流排上测量）。

8. 屏蔽线缆屏蔽层接地两端测量

链路屏蔽线屏蔽层与两端接地电位差＜1Vrms。

如果进行三至五类链路测试，仅测试上述 1～7 个参数即可；在对五类布线（用于开通千兆以太网使用）和进行超五类及六类测试时，需测试 1～13 个参数的全部项目。项目 15～17 在工程测试中为抽样测试。

9. 一条电缆（UTP5）的认证报告

一条电缆经测试仪 DSP-4000 测试后，将向用户提供一份认证测试报告。其报告的内容如图 7-14 所示。

```
Wire Map PASS                Result   RJ45 PIN:   1 2 3 4 5 6 7 8 S
                                                  | | | | | | | |
                                      RJ45 PIN:   1 2 3 4 5 6 7 8
```

Pair	Length (m)	Limit	Prop. Delay ns	Limit	Delay Skew ns	Limit	Resistance ohms	Limit	Impedance ohms	Limit	Attenuation Anom. (m)	Result (dB)	Freq. MHz	Limit (dB)
12	42.6	100.0	206	555	5	50						8.6	100.0	24.0
36	42.0	100.0	203	555	2	50						8.4	100.0	24.0
45	42.6	100.0	206	555	5	50						8.6	100.0	24.0
78	41.6	100.0	201	555	0	50						8.3	100.0	24.0

	Main Results							Remote Results					
	Worst Margin			Worst Value			Worst Margin			Worst Value			
Pair	Result (dB)	Freq. MHz	Limit (dB)	Result (dB)	Freq. MHz	Limit (dB)	Result (dB)	Freq. MHz	Limit (dB)	Result (dB)	Freq. MHz	Limit (dB)	
RETURN LOSS													
12	16.2	83.8	10.8	16.2	83.8	10.8	22.2	23.2	16.4	19.3	83.6	10.8	
36	20.9	62.8	12.1	20.9	62.8	12.1	26.1	21.9	16.7	23.2	74.8	11.3	
45	21.9	25.7	15.9	20.8	86.4	10.6	21.3	25.7	15.9	21.3	25.7	15.9	
78	17.0	36.6	14.4	17.0	36.6	14.4	21.2	36.4	14.4	19.7	61.2	12.1	
PSNEXT													
12	51.9	20.4	38.9	41.5	90.4	27.8	50.2	20.3	38.9	40.1	95.6	27.4	
36	42.0	49.8	32.3	39.1	95.6	27.4	42.3	50.0	32.3	37.5	95.8	27.4	
45	42.0	50.0	32.3	38.5	95.4	27.4	35.4	98.2	27.2	35.4	98.2	27.2	
78	43.7	43.2	33.3	38.2	96.2	27.4	47.5	28.6	36.4	40.1	96.6	27.3	
PSACR													
12	55.6	10.5	36.4	33.3	90.4	5.1	55.0	9.4	37.6	31.6	95.6	4.0	
36	42.3	28.4	24.2	30.8	100.0	3.0	64.0	3.7	46.9	29.3	98.2	3.4	
45	60.9	4.7	44.6	30.1	95.4	4.0	47.1	17.1	30.7	26.9	98.2	3.4	
78	50.7	13.2	33.8	30.1	96.2	3.9	63.1	4.3	45.4	32.0	96.6	3.8	
NEXT													
12-36	46.7	59.0	34.0	46.7	59.0	34.0	49.8	47.0	35.7	47.4	90.8	30.8	
12-45	53.0	20.4	41.9	43.3	95.4	30.4	51.3	20.3	41.9	41.2	98.6	30.2	
12-78	46.0	67.2	33.1	46.0	67.2	33.1	47.4	62.0	33.6	46.1	78.2	31.9	
36-45	43.5	49.8	35.3	40.8	100.0	30.1	42.7	50.0	35.3	37.9	98.2	30.2	
36-78	48.6	28.2	39.5	40.9	96.2	30.4	49.0	28.2	39.5	43.5	96.2	30.4	
45-78	54.1	13.2	45.0	42.2	96.4	30.4	54.8	13.0	45.1	42.4	99.4	30.1	
ACR													
12-36	57.9	10.1	39.8	39.6	90.4	8.1	69.7	3.1	51.5	39.5	90.8	8.0	
12-45	49.2	20.3	31.7	34.9	95.4	7.0	47.5	20.3	31.7	32.7	98.6	6.3	
12-78	59.7	11.4	38.5	39.2	90.0	8.2	59.1	10.7	39.2	38.8	78.2	10.9	
36-45	51.1	17.5	33.5	32.2	100.0	6.0	50.3	17.2	33.7	29.4	98.2	6.4	
36-78	44.3	28.1	27.3	32.8	96.2	6.9	61.0	6.6	44.3	35.4	96.2	6.9	
45-78	51.1	13.2	36.8	34.1	96.4	6.8	51.8	13.1	36.9	34.1	99.4	6.2	
ELFEXT													
12-36	33.6	98.0	17.6	33.6	98.0	17.6	33.4	98.0	17.6	33.4	98.4	17.5	
12-45	77.4	1.6	53.3	41.7	100.0	17.4	77.5	1.6	53.3	41.7	100.0	17.4	
12-78	48.1	68.4	20.7	47.4	76.4	19.8	47.8	68.4	20.7	47.1	97.4	17.6	
36-12	33.0	97.8	17.6	32.9	100.0	17.4	33.2	97.8	17.6	33.1	100.0	17.4	
36-45	29.8	99.2	17.5	29.8	99.4	17.4	29.9	99.2	17.5	29.9	99.4	17.4	
36-78	75.1	1.1	56.6	38.4	98.8	17.5	75.1	1.1	56.6	38.3	98.8	17.5	
45-12	41.2	99.0	17.5	41.2	99.0	17.5	41.3	99.0	17.5	41.3	99.0	17.5	
45-36	31.5	97.8	17.6	31.5	100.0	17.4	31.4	98.0	17.6	31.3	100.0	17.4	
45-78	74.7	1.0	57.4	38.3	96.8	17.7	74.7	1.0	57.4	38.0	96.8	17.7	
78-12	50.9	43.6	24.6	49.0	62.2	21.5	51.3	43.0	24.8	49.3	62.2	21.5	
78-36	75.5	1.1	56.6	37.9	91.8	18.1	75.5	1.1	56.6	37.9	91.6	18.1	
78-45	69.8	1.8	52.3	37.3	100.0	17.4	69.9	1.8	52.3	37.6	100.0	17.4	
PSELFEXT													
12	32.4	97.8	14.6	32.3	100.0	14.4	32.8	98.0	14.6	32.8	98.6	14.5	
36	29.0	98.0	14.6	29.0	100.0	14.4	27.9	99.2	14.5	27.9	99.6	14.4	
45	28.9	99.2	14.5	28.9	99.6	14.4	30.3	98.0	14.6	30.2	100.0	14.4	
78	72.1	1.0	54.4	35.2	96.8	14.7	69.0	1.5	50.9	34.8	100.0	14.4	

图 7-14　一条电缆（UTP5）的认证测试报告

从图 7-14 中可以看到下列几组重要的数据:

（1）接线图:

```
RJ-45 PIN:    1 2 3 4 5 6 7 8 S
              | | | | | | | |
RJ-45 PIN:    1 2 3 4 5 6 7 8
```

表明接线正确。

（2）线对:（1,2）、（3,6）、（4,5）、（7,8）。

- 特性阻抗（Impedance），Ω
- 电缆长度（Length），m
- 合适延迟（Prop Delay），ns

- 阻抗（Resistance），Ω
- 衰减（Attenuation），dB

PASS 表示成功（在限定值范围内），如果超过限定值则 FAIL，表示失败，不能通过测试。

（3）线对组:

- 近端串音（NEXT），dB
- 远端串音（FEXT Remote），dB

它对应的结果为 PASS（成功）时，结果符合标准。

7.3　光缆的测试

随着计算机高速网络的不断发展，光缆在计算机网络中的应用越来越广，当工程结束时，必须检测已铺光缆是否达到设计要求，是否符合网络的要求，从而保证系统连接的质量，减少故障因素以及出现故障时找出光纤的故障点。光缆测试主要包括光纤的传输特性以及与传输特性相关的一些参数，主要有光缆长度、衰减、传输延迟、插入损耗、后向散射曲线和光的折射率等。

1. 光缆长度

光缆长度测试是利用 OTDR 比较精确地测试出每盘光缆的光纤长度，再根据换算公式算出光缆的长度，为光缆的布放提供精确的数据。

测试光缆长度的具体操作如下:

（1）开剥光缆，制备光纤端面。

（2）仪表加电，测试前的准备。在制备光纤的同时先给仪表（OTDR）加电预热，并根据光纤长度测试的相关要求设置好仪表的各项参数，为光纤长度测量做好准备。

（3）连接被测光纤。把制备的光纤端面通过连接设备与 OTDR 的测试尾纤连接起来。

（4）调整仪表读出光纤的长度。

（5）纤长、缆长换算。利用测得的光纤纤长，再按光缆制造厂家提供的纤/缆换算系数将测得的光纤长度换算成光缆长度:

$$L = 1 \times (1-P)$$

式中，L 为光缆长度（m），l 为测得的光纤的长度（m），P 为纤/缆换算系数。

光缆长度测量可为光缆布放提供精确的缆长数据，并能合理利用光缆而不造成浪费，同时也是检测生产厂家产品数量合格与否的尺度。要求光缆长度在出厂时为正偏差；当发现有负偏差时应重点测试，以测出光缆的实际长度。

2. 光缆衰减

光缆衰减一般由光纤的本地衰减、光纤连接点的连接衰减和光缆的弯曲衰减组成。光缆衰减测试的目的是：检验光缆内光纤的衰减是否达到设计文件（或合同书）的技术要求，光纤是否可用。

衰减测试常用的方法有剪断法、插入法和 OTDR 法。

（1）剪断法。剪断法是一种带有破坏性的测试方法，具体操作步骤如下：

1）剥开光缆，制备光纤端面。

2）按图 7-15 所示连接好光源、光功率计和被测光纤。

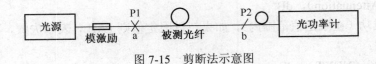

图 7-15　剪断法示意图

3）在 b 点测出该点的光功率 P2。

4）在 a 处剪断光纤，在保持光源、模激励状态不变的情况下把光功率计移动到 a 点，并测出相应的光功率 P1。

5）用 P1 减 P2 即为光缆衰减。

剪断法是 ITU-T 规定的基准测试法。虽然这种测试方法对光缆有一定的破坏性，但测试精度较高，并且对仪表本身的要求不是很高。为了提高测试准确性，可连续测试多次，求平均值。

（2）插入法。由于在光线缆路测试中并不需要非常高的精度，因此在工程和维护中也可以使用插入测试法，具体操作过程如下：

1）剥开光缆，制备光纤端面。

2）按图 7-16 所示连接好光源、光功率计和被测光纤。

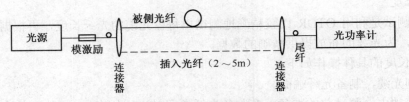

图 7-16　光缆插入法测试示意图

3）先插入光纤（2～5m）接入连接器，调整两侧连接器使光功率计读数最大，记为功率 P1（单位为 dam）。

4）将被测光纤接入连接器（以取代插入光纤），调整连接器使光功率计读数最大，记为功率 P2（单位为 dam）。

5）P1 减 P2 即为光缆的衰减。

（3）OTDR 法。OTDR 法又称后向或背向散射法。OTDR 法是一种非破坏性测试方法，其测试精度、可靠性主要受仪表的精度和耦合方式影响较大，同时光注入条件不同也会对测试值有所影响。具体操作步骤如下：

1）剥开光缆，制备光纤端面。

2）按图 7-17 所示连接 OTDR 和被测光缆。

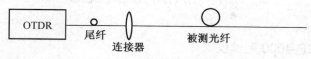

图 7-17　光纤 OTDR 法测试示意图

3）设定 OTDR 的各项参数，使其符合测试实际和要求。

4）调整游标 A 和 B，使它们各自落在被测光纤的起点和终点。

5）在 OTDR 屏幕下方的功能框中可找到光缆的衰减。

3．传输延时

传输延时是指信号在光线缆路中传输所使用的时间。有些应用系统对光缆布线通道的最大传输延迟有专门的要求，否则将影响系统的性能。

传输延时可用相移法或脉冲时延法进行测量。

4．插入损耗

插入损耗是指光纤中的光信号通过活动连接器之后，其输出光功率相对输入光功能的比率的分贝数，表示式为：

$$Ac= -10log(P0/P1)$$

其中，Ac 为连接器插入损耗（dB），P0 为输入端的光功率，P1 为输出端的光功率。

对于多模光纤连接器来讲，输入的光功率应当经过稳模器、高阶模滤模器，使光纤中的模式为稳态分布，这样才能准确地衡量连接器的插入损耗。插入损耗愈小愈好。插入损耗用 OTDR 测量即可得到。

5．后向散射曲线

光缆后向散射信号曲线，是观察光纤沿长度衰减分布是否均匀、有无光纤断裂，尤其是轻微裂伤点的重要依据。

光纤后向散射曲线又称光纤时域反射波形式图。光纤后向散射曲线是光纤的重要特性指标，是人们观察光纤反射特性的主要依据，同时又是光纤维护中的重要参考资料。

光纤后向散射曲线具有直观、可比性强、真实性好的特点，可直接反映光纤链路每一点的传输特性。在光纤后向散射曲线上，可直接观察光纤链路上的熔接点、弯曲点、活动连接器的位置和光纤的断裂点，并测出其具体位置。

将光纤与 OTDR 连接好，按要求设置 OTDR 的测试参数，即可得到后向散射曲线，分析测试曲线得到相应的结果。

6．光缆的折射率

在测量光纤长度时，必须正确输入光纤的折射率；当折射率有偏差时，测试的光纤长度就不会准确。如果不知道光缆内光纤折射率或对厂家提供的折射率系数进行验证时，就必须进行折射率的测试。

光纤折射率测试主要用 OTDR 法，测试方法为：取一段标准长度的光纤，用 OTDR 测其长度，改变 OTDR 上的折射率数值，使 OTDR 上测试的纤长与实际的纤长相等，此时 OTDR 上的折射率数值即为光纤的折射率。

7.4　常用的测试仪器

7.4.1　Fluke DSP-4000 测试仪

DSP-4000 系列测试仪是 Fluke 公司数字式电缆分析仪家族中的最新成员，专门为布线工程商和网络使用者依据当前的业界标准和将来的更高标准认证高速铜缆和光缆而设计的。无论是认证布线系统、进行故障诊断、向高速网络升级、检查用户电缆的问题，还是对布线链路增减、移动后进行再认证，Fluke 公司的 DSP-4000 系列都是最佳选择。

1．数字测试技术

DSP-4000 系列数字电缆分析仪是带有可扩展数字平台的电缆测试仪，确保满足新标准的要求，具备高达 350MHz 的测试能力（如图 7-18 所示），为未来的高速布线系统提供全面的性能"预览"。

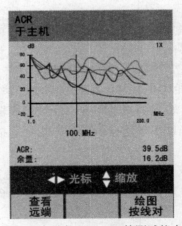

图 7-18　具备 350MHz 的测试能力

使用数字脉冲激励链路进行测试，并在时域中使用数字信号处理技术来处理测试结果。这种测试方法所提供的精度和重复性，要远远超过所有模拟或扫频的方法。具有实验室级的精度、坚固的手持设计和供电时间持久的性能特点。

时域测试的另一大优势就是其强大的故障诊断能力，可以及时提供准确的、图形化的故障信息。只需按一个键即可给出故障的精确位置。

为帮助快速探测网络利用率，DSP-4000 系列可以监视 10Base-T 和 100Base-TX 以太网系统的网络流量，监视双绞线电缆上的脉冲噪声，帮助确定 Hub 端口的位置并判定所连接 Hub 端口支持的标准。另外脉冲噪声性能可以探测并排除串音测试过程中的噪声源干扰。

2．强大的故障诊断功能

DSP-4000 系列带有强大的故障诊断功能，可以识别和定位被测试链路中的开路、短路和异常等问题。例如 Fluke 公司的专利技术——精确双向时域串音分析（HDTDX）功能，可以找出串音的具体位置，并能给出串音与测试仪之间的准确距离。

专利的 HDTDX 分析技术也为解决布线链路中复杂的 Return Loss 故障提供了精确的手段。

DSP-4000 系列能够帮助迅速地识别和定位被测链路中的开路、短路和连接异常等问题。只需要按一下故障信息键（FAULT-INFO），DSP-4000 系列即可自动诊断电缆故障并以图形方式显示故障在链路中的位置，如图 7-19 所示。

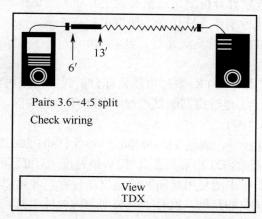

图 7-19　自动诊断电缆故障并显示故障在链路中的位置

3. 配置比较

标准配置包括 Cable Manger 软件、语音对讲耳机（2）、AC 适配器/电池充电器（2）、便携软包、使用手册&快速参考卡、仪器背带（2）、同轴电缆（BNC）、校准模块、RS-232 串行电缆、RJ-45 到 BNC 的转换电缆。DSP 4000 系列配置比较见表 7-16。

表 7-16　DSP 4000 系列配置比较表

	DSP-4300	DSP-4000PL	DSP-4000
DSP-4000 系列的标准配置	√	√	√
Cat 6/5e 永久链路适配器	√	√	
Cat 6/5e 通道适配器	√	√	√
Cat 5e 基本链路适配器			√
Cat 6 通道/流量监视适配器	√		
仪器内部存储器	√ 300 个图形测试结果	√ 摘要测试结果	√
多媒体存储卡&存储卡读取器	√		

7.4.2　Fluke DTX 系列电缆认证分析仪

此铜缆和光纤认证测试仪可确保布线系统符合 TIA/ISO 标准。测试 10 兆到 10 千兆线缆。

1. 概览

- DTX 可以显著减少总体认证成本，每年高达 33%。
- 在 9 秒内完成 Cat 6 自动测试，比现有测试仪快 3 倍。
- 超出了 Cat 5e/6 和 E/D/F 类的规格要求。
- 通过 UL 独立验证是否符合 ISO IV 级和建议的 TIA IIIe 级准确性要求。
- 光纤模块只需按一下按钮即可在铜缆和光纤之间切换。
- 使用 LinkWare 报告软件分析测试结果并创建专业的测试报告。
- 以 DTX 光纤模块执行基本光纤认证，速度可提高 5 倍。
- 以 DTX Compact OTDR 执行高级光纤认证。

2. 产品功能

福禄克网络公司最新推出的 DTX 系列电缆认证分析仪，是既可满足当前要求又面向未来技术发展的高技术测试平台。通过提高测试过程中各个环节的性能，这一革新的测试平台极大地缩短了整个认证测试的时间。

Cat 6 链路测试时间仅 9 秒钟，满足 TIA-568-C 和 ISO 11801:2002 标准对结构化布线系统的认证要求，而这些仅仅是开始，DTX 系列还具有 IV 级精度、无可匹敌的智能故障诊断能力、900MHz 的测试带宽、12 小时电池使用时间和快速仪器设置，并可以生成详细的中文图形测试报告。有了 DTX 系列测试仪的帮助，就有了解决问题的最佳工具，并且为未来的任何挑战做好了准备。

3. 技术指标（如表 7-17 所示）

表 7-17　各项技术指标

电缆类型	LAN 网用屏蔽和非屏蔽双绞线（STP，FTP，SSTP 和 UTP）
标准的链路接口适配器	- TIA Category 3，4，5，5e，6 和 6A：100Ω - ISO/IEC C 级和 D 级：100Ω 和 120Ω - ISO/ IEC Class E，100Ω ISO/ IEC Class F，100Ω - Cat 6A/ Class E_A 永久链路适配器插头类型及寿命：屏蔽和非屏蔽电缆，TIA Cat 3，4，5，5e，6，6A 和 ISO/IEC Class C，D，E 及 E_A 永久链路 - Cat 6A/ Class E_A 通道适配器插头类型及寿命：屏蔽和非屏蔽电缆，TIA Cat 3，4，5，5e，6，6A 和 ISO/IEC Class C，D，E 及 E_A 通道
测试标准	- TIA Category 3，5e，6 依据 ANSI/TIA-568-C.2 - TIA TSB-95 标准：五类（1000BASE-T） - TIA/EIA-568B.2-1 标准：六类（TIA/EIA-568B.2 附录 1） - TIA Category 6A 依据 ANSI/TIA-568-C.2（6A 仅 DTX-1800 支持） - TR 24750（仅 DTX-1800 支持） - ISO/IEC 11801 标准：C 级、D 级和 E 级 - ISO/IEC 11801 标准：F 级（仅限 DTX-1800） - EN 50173 标准：C 级、D 级和 E 级 - EN 50173 Class E_A，F（仅 DTX-1800 支持） - ANSI TP-PMD - 10BASE5，10BASE2，10BASE-T，100BASE-TX，1000BASE-T

续表

自动测试速度	完整的双向 6 类双绞线链路自动测试时间：12 秒或更少 双向自动测试 Category 6A 及 ISO/IEC Class F 链路只需 22 秒
支持的测试参数	（测试参数及测试的频率范围由所选择的测试标准所决定） 接线图 长度 传输时延 时延偏离 支流环路电阻 插入损耗（衰减） 回波损耗，远端回波损耗 近端串扰、远端近端串扰 衰减串扰比(ACR-N), ACR-N @ Remote
支持的测试参数	ACR-F (ELFEXT), ACR-F @ Remote PS ACR-F (ELFEXT), PS ACR-F @ Remote PS NEXT, PS NEXT @ Remote PS ACR-N, PS ACR-N @ Remote 综合外部近端串扰 (PS ANEXT) 综合外部衰减远端串扰比(PS AACR-F)
电缆上的音频发生器	产生可被如 IntelliTone 智能音频探头等音频探头检测到的音频。向所有线对发生音频。 音频的频率范围为 440～831Hz
显示	带背景灯的无源彩色透射 LCD，对角线长度9.4cm，点阵：（宽）240 点×（高）320 点
输入保护	能经受持续的电话电压和100mA 的过流。偶尔的 ISDN 过压不会造成仪器损坏
便携包	带冲击能量吸收的高效塑料包
尺寸	主机与智能远端：21.6cm×11.2cm×6cm
重量	1.1kg（未接测试模块时）
操作温度	0℃～45℃
保存温度	-20℃～+60℃
可操作的相对湿度（非凝结）	0℃～35℃：0%～90% 35℃～45℃：0%～70%
振动	随机，2g，5～500Hz
震动	1m 跌落试验，无论是否带有模块式适配器
安全	CSA C22.2 No. 1010.1:1992 EN 61010-1 第 1 版+修订 1，2
污染级别	IEC 60664 中描述的 2 级污染，遵守 IEC60950"信息技术设备安全性，1999"标准
高度	操作：4000m；保存：12000m
EMC	EN 61326-1

电源	主机与远端：锂离子电池，7.4V，4000mAh
	典型电池使用时间：12～14 小时
	充电时间（关机状态）：4 小时（低于 40℃）
	交流适配器/充电器，USA 版本：直线电源：输入 108～132Vac，60Hz；输出 15Vdc，1.2A
	交流适配器/充电器，国际版本：开关电源；输入 90～264Vac，48～62Hz；输出 15Vdc，1.2A（隔离输出）
	主机中存储单元备用电池：锂电池
	锂电池典型寿命：5 年
	在 0℃～45℃温度范围外电池不会充电
	在 40℃～45℃温度范围内电池充电效率会降低
支持的语言	英语、法语、德语、西班牙语、葡萄牙语、意大利语、日语、简体中文、繁体中文、韩语、俄罗斯语、捷克语、波兰语、瑞典语、匈牙利语
校准	到维修站的校准周期是 1 年

4. 测试仪使用

（1）初始化步骤。

1）充电。将 Fluke DTX 系列产品主机、辅机分别用变压器充电，直至电池显示灯转为绿色。

2）设置语言。将 Fluke DTX 系列产品主机旋钮转至 SET UP 档位，按右下角绿色按钮开机；使用"↓"箭头；选中第三条 Instrument setting（本机设置），按 ENTER 键进入参数设置，按一下"→"箭头，进入第二个页面，按"↓"箭头选择最后一项 Language，按 ENTER 键进入；按"↓"箭头选择最后一项 Chinese，按 ENTER 键选择。将语言选择成中文后才进行以下操作。

3）自校准。取 Fluke DTX 系列产品 Cat 6/Class E 永久链路适配器，装在主机上，辅机装上 Cat 6/Class E 通道适配器。然后将永久链路适配器末端插在 Cat 6/Class E 通道适配器上；打开辅机电源，辅机自检后，PASS 灯亮后熄灭，显示辅机正常。SPECIAL FUNCTIONS 档位，打开主机电源，显示主机、辅机软件、硬件和测试标准的版本（辅机信息只有当辅机开机并和主机连接时才显示），自测后显示操作界面，选择第一项"设置基准"后（如选错用 EXIT 退出重复），按 ENTER 键和 TEST 键开始自校准，显示"设置基准已完成"说明自校准成功完成。

（2）设置参数。将 Fluke DTX 系列产品主机旋钮转至 SET UP 档位，使用"↑↓"键来选择第三条"仪器值设置"，按 ENTER 进入参数设置，可以按"←→"翻页，用"↑↓"键选择所需设置的参数，按 ENTER 键进入参数修改，用"↑↓"键选择所需采用的参数设置，选好后按 ENTER 键选定，并完成参数设置。

1）新机第一次使用需要设置的参数，以后不需要更改（将旋钮转至 SET UP 档位，使用↓箭头；选中第三条"仪器设置值"，按 ENTER 键进入，如果返回上一级按 EXIT）：

- 线缆标识码来源：一般使用自动递增，会使电缆标识的最后一个字符在每一次保存测试时递增，一般不用更改。

- 图形数据存储：（是）、（否），通常情况下选择（是）。

- 当前文件夹：DEFAULT，可以按 ENTER 键进入修改其名称（想要的名字）。
- 结果存放位置：使用默认值"内部存储器"，假如有内存卡的话也可以选择"内存卡"。
- 按"→"键进入第 2 个设置页面，操作员：（Your Name），按 ENTER 键进入，按 F3 键删除原来的字符，按"←→↑↓"键来选择需要的字符，选好后按 ENTER 键确定。
- 地点：Client Name，是你所测试的地点，可以依照地上一步进行修改。
- 公司：Your Company Name，你公司的名字。
- 语言：Language，默认是英文。
- 日期：输入现在日期。
- 时间：输入现在时间。
- 长度单位：通常情况下选择"米（m）"。

2）新机不需设置采用原机器默认值的参数：
- 电源关闭超时：默认"30 分钟"。
- 背光超时：默认"1 分钟"。
- 可听音：默认"是"。
- 电源线频率：默认"50Hz"。
- 数字格式：默认"00.0"。
- 将旋钮转至 SET UP 档位，选择双绞线，按 ENTER 键进入后，NVP 不用修改。
- 光纤里面的设置，在测试双绞线时不需修改。

3）使用过程中经常需要改动的参数：
将旋钮转至 SET UP 档位，选择双绞线，按 ENTER 键进入：
- 线缆类型：按 ENTER 键进入后，按"↑↓"选择你要测试的线缆类型，例如要测试超五类的双绞线，在按 ENTER 键进入后，选择 UTP，按"ENTER、↑↓"选择 Cat 5e UTP，按 ENTER 键返回。
- 测试极限值：按 ENTER 键进入后，按"↑↓"选择与你要测试的线缆类型相匹配的标准，按 F1 选择更多，进入后一般选择 TIA 里面的标准，例如：测试超五类的双绞线，按 ENTER 键进入后，看看在上次使用里面有没有"TIA Cat 5e channel"，如果没有，按 F1 键进入更多，选择 TIA 按 ENTER 键进入，选择"TIA Cat 5e channel"按 ENTER 键确认返回。
- NVP：不用修改，使用默认。
- 插座配置：按 ENTER 键进入，一般使用的 RJ-45 水晶头使用 568B 的标准。其他可以根据具体情况而定。可以按"↑↓"键选择要测试的打线标准。
- 地点 Client Name：测试的地点。一般情况下是每换一个测试场所，就要根据实际情况进行修改，具体方法前面已经讲过。

（3）测试。

1）根据需求确定测试标准和电缆类型：通道测试还是永久链路测试，是 Cat 5e 还是 Cat 6 还是其他。

2）关机后将测试标准对应的适配器安装在主机、辅机上，如选择 TIA Cat 5e CHANNEL 通道测试标准时，主辅机安装 DTX-CHA001 通道适配器，如选择 TIA Cat 5e PERM.LINK 永久链路测试标准时，主辅机各安装一个 DTX-PLA001 永久链路适配器，末端加装 PM06 个性化模块。

3）再开机后，将旋钮转至 AUTO TEST 档或 SINGLE TEST。选择 AUTO TEST 是将所选测试标准的参数全部测试一遍后显示结果；SINGLE TEST 是针对测试标准中的某个参数测试，将旋钮转至 SINGLE TEST，按"↑↓"键选择某个参数，按 ENTER 键再按 TEST 键即进行单个参数测试。

4）将所需测试的产品连接上对应的适配器，按 TEST 键开始测试，经过一段时间后，显示测试结果 PASS 或 FAIL。

（4）查看结果及故障检查。

测试完成后，会自动进入结果页。使用 ENTER 键可查看各参数的明细，用 F2 键翻"上一页"，用 F3 翻"下一页"。按 ESC 键后，再按 F3 键则是查看内存数据存储情况。如果测试后结果为 FAIL，则需检查故障细节，可以通过"上"、"下"按钮选择"X"显示条，再按 ENTER 键查看详细情况。

（5）保存测试结果。

1）刚才的测试结果按 SAVE 键存储，使用"←→↑↓"键移动光标，再配合 F1、F2、F3 键的功能来选择想使用的名字，如 FAXY001，按 SAVE 键存储。

2）更换待测产品后，重新按 TEST 开始测试新数据，再次按 SAVE 键存储数据时，机器自动取名为上个数据加 1，即 FAXY002，如同意再按存储键。一直重复以上操作，直至测试完所需测试产品或内存空间不够，需下载数据后再重新开始以上步骤。

（6）数据处理。

1）安装 Linkware 软件：到www.faxy-tech.com或 www.faxy.com.cn（福禄克官方合作伙伴连讯公司网站）的"软件下载"栏目中下载电缆管理软件 Linkware V5 版本或更高版本，并安装好。

2）将界面转换为中文界面：运行 Linkware 软件，单击 Options→Language→Chinese (simplified)选项，则软件界面转为中文简体。

3）从主机内存下载测试数据到计算机：选择 Linkware 软件菜单"文件"→"从文件导入（选择 DTX CableAnalyzer）命令，很快就可将主机内存储的数据输入计算机。

4）数据存入后可打印也可存为电子文档备用。

转换为 PDF 文件格式：选择"文件"→"PDF"→"自动测试报告"命令，则自动转为 PDF 格式，以后可用 Acrobat Reader 软件直接阅读、打印；转换为 TXT 文件格式：选择"文件"→"输出至文件"→"自动测试报告"命令即可，以后可用 Acrobat Reader 软件直接阅读、打印。

7.5　双绞线测试错误的解决方法

对双绞线缆进行测试时，可能产生的问题有：近端串音未通过、衰减未通过、接线图未通过、长度未通过，现分别叙述如下。

（1）近端串音未通过。原因可能有：

1）近端连接点有问题。

2）远端连接点短路。

3）串对。

4）外部噪声。

5）链路线缆和接插件性能有问题或不是同一类产品。

6）线缆的端接质量有问题。

（2）衰减未通过。原因可能有：

1）长度过长。

2）温度过高。

3）连接点有问题。

4）链路线缆和接插件性能有问题或不是同一类产品。

5）线缆的端接质量有问题。

（3）接线图未通过。原因可能有：

1）两端的接头有断路、短路、交叉、破裂开路。

2）跨接错误（某些网络需要发送端和接收端跨接，当为这些网络构建测试链路时，由于设备线路的跨接，测试接线图会出现交叉）。

（4）长度未通过。原因可能有：

1）NVP 设置不正确，可用已知的好线确定并重新校准 NVP。

2）实际长度过长。

3）开路或短路。

4）设备连线及跨接线的总长度过长。

（5）测试仪问题。

1）测试仪不启动，可更换电池或充电。

2）测试仪不能工作或不能进行远端校准，应确保两台测试仪都能启动，并有足够的电池或更换测试线。

3）测试仪设置为不正确的电缆类型，应重新设置测试仪的参数、类别、阻抗及标称的传输速度。

4）测试仪设置为不正确的链路结构，按要求重新设置为基本链路或通路链路。

5）测试仪不能存储自动测试结果，确认所选的测试结果名字唯一，或检查可用内存的容量。

6）测试仪不能打印存储的自动测试结果，应确定打印机和测试仪的接口参数，设置成一样或确认测试结果已被选为打印输出。

习题七

1. 试述线缆测试的主要内容。

2. 什么是近端串音？

3. 简述光缆的测试内容。

4. 简述 Fluke DSP-4000 测试仪的功能和使用方法。

第 8 章　综合布线工程的验收

学习目标

本章主要讲述综合布线工程的最后一步——工程验收。通过本章的学习，读者应该掌握以下内容：

● 布线工程验收的主要内容。
● 环境检查和器材检查。
● 设备安装检验、线缆的敷设和保护方式检验。
● 线缆终接和工程电气测试。
● 竣工文档的主要内容。

8.1　概述

综合布线系统已经得到了广泛的应用，但是由于综合布线工程所存在的施工质量问题，将会给通信网络和计算机网络造成潜在的隐患，影响信息的传送。随着综合布线系统技术和产品的发展，62.5/125μm 或 50/125μm 多模及单模光缆，五类以上双绞线铜缆综合布线系统已被工程采用。根据工程建设需要提出切实可行的验收要求，确保工程的质量，是我国综合布线系统建设的需要。

验收是整个工程中最后的部分，同时也标志着工程的全面完工。那么，用户验收如何组织呢？

当然，用户不一定是专家，但可以聘请相关行业的专家。对于防雷及地线工程等关系到计算机信息系统安全相关的工程部分，甚至还可以申请有关主管部门协助验收（如气象局、公安局等）。因此，通常的综合布线工程验收领导小组可以考虑聘请以下人员参与工程的验收：

● 工程双方单位的行政负责人。
● 有关直管人员及项目主管。
● 主要工程项目监理人员。
● 建筑设计施工单位的相关技术人员。
● 第三方验收机构或相关技术人员组成的专家组（如电信、城建、公安、消防、广播电视、信息技术等）。

综合布线系统的验收应遵循以下规定：

（1）进行综合布线系统工程验收时，应按设计文件及合同规定的内容进行。

（2）进行综合布线系统的施工、安装、测试及验收，必须遵守相应的技术标准、技术要求及国家标准。

（3）在施工过程中，施工单位必须执行有关施工质量检查的规定。建设单位应通过工地代表或工程监理人员加强工地的随工质量检查，及时组织隐蔽工程的检验和签证工作。

（4）竣工验收项目内容和方法应按有关规范办理。

（5）施工操作规程应贯彻执行有关规范要求。

（6）综合布线系统工程的验收，应符合国家现行的有关标准的规定。

8.1.1　验收阶段

工程的验收工作对于保证工程的质量起到重要的作用，也是工程质量的四大要素"产品、设计、施工、验收"的一个组成内容。工程的验收体现于新建、扩建和改建工程的全过程，就综合布线系统工程而言，又和土建工程密切相关，而且涉及与其他行业间的接口处理。验收阶段分随工验收、初步验收、竣工验收等几个阶段，每一阶段都有其特定的内容。

（1）随工验收。在工程中为随时考核施工单位的施工水平和施工质量，对产品的整体技术指标和质量有一个了解，部分的验收工作应该在随工中进行（比如布线系统的电气性能测试工作、隐蔽工程等）。这样可以及早地发现工程质量问题，避免造成人力和器材的大量浪费。

随工验收应对工程的隐蔽部分边施工边验收，在竣工验收时，一般不再对隐蔽工程进行复查，由工地代表和质量监督员负责。

（2）初步验收。对所有的新建、扩建和改建项目，都应在完成施工调测之后进行初步验收。初步验收的时间应在原定计划的建设工期内进行，由建设单位组织相关单位（如设计、施工、监理、使用等单位）人员参加。初步验收工作包括检查工程质量，审查竣工资料、对发现的问题提出处理意见，并组织相关责任单位落实解决。

（3）竣工验收。综合布线系统接入电话交换系统、计算机局域网或其他弱电系统，在试运转后的半个月内，由建设单位向上级主管部门报送竣工报告（含工程的初步决算及试运行报告），并请示主管部门接到报告后，组织相关部门按竣工验收办法对工程进行验收。

工程竣工验收为工程建设的最后一个程序，对于大、中型项目可以分为初步验收和竣工验收两个阶段。

一般综合布线系统工程完工后，尚未进入电话、计算机或其他弱电系统的运行阶段，应先期对综合布线系统进行竣工验收。验收的依据是在初验的基础上，对综合布线系统各项检测指标认真考核审查。如果全部合格，且全部竣工图纸资料等文档齐全，也可对综合布线系统进行单项竣工验收。

8.1.2　工程验收——现场（物理）验收

作为验收，是分两部分进行的，第一部分是物理验收，第二部分是文档验收。作为鉴定，是由专家组和甲方、乙方共同进行的。由甲方、乙方共同组成一个验收小组，对已竣工的工程进行验收。

作为网络综合布线系统，在物理上主要验收点如下：

（1）工作区子系统验收。对于众多的工作区不可能逐一验收，而是由甲方抽样挑选工作间。验收的重点是：

1）线槽走向、布线是否美观大方，符合规范。

2）信息座是否按规范进行安装。

3）信息座安装是否做到一样高、平、牢固。

4）信息面板是否都固定牢靠。

（2）水平干线子系统验收。水平干线验收的主要验收点有：

1）槽安装是否符合规范。

2）槽与槽、槽与槽盖是否接合良好。

3）托架、吊杆是否安装牢靠。

4）水平干线与垂直干线、工作区交接处是否出现裸线，有没有按规范去做。

5）水平干线槽内的线缆有没有固定。

（3）垂直干线子系统验收。垂直干线子系统的验收除了类似于水平干线子系统的验收内容外，要检查楼层与楼层之间的洞口是否封闭，以防火灾出现时成为一个隐患点。线缆是否按间隔要求固定，拐弯线缆是否留有弧度。

（4）管理间、设备间子系统验收。主要检查设备安装是否规范整洁。

验收不一定要等工程结束时才进行，往往有的内容是随时验收的。

8.2　环境检查的主要内容

（1）如果交接间安装有源设备（集线器、交换机等设备），设备间安装计算机、交换机、信息传输等设备，建筑物的环境条件应按上述系统设备安装工艺设计要求进行检查。

交接间、设备间安装设备所需要的交流供电系统和接地装置，及预埋的暗管、线槽应由工艺设计提出要求，如程控交换机及计算机房都有相应规范规定。在土建工程中，通信设备直流供电系统及 UPS 供电系统应另立项目实施，并由工艺按各系统要求进行设计。设备供电系统均按工艺设计要求进行验收。

（2）应对交接间、设备间、工作区的建筑和环境条件进行检查，检查内容如下：

1）交接间、设备间、工作区土建工程已全部竣工。房屋地面平整、光洁，门的高度和宽度应不妨碍设备和器材的搬运，门锁和钥匙齐全。

2）房屋预埋地槽、暗管及孔洞和竖井的位置、数量、尺寸均应符合设计要求。

3）铺设活动地板的场所，活动地板防静电措施的接地应符合设计要求。

4）交接间、设备间应提供 220V 单相带地电源插座。

5）交接间、设备间应提供可靠的接地装置，设置接地体时，检查接地电阻值及接地装置应符合设计要求。

6）交接间、设备间的面积、通风及环境温度、湿度应符合设计要求。

8.3　设备安装检验

8.3.1　机柜、机架的安装要求

（1）机柜、机架安装完毕后，垂直偏差度应不大于 3mm。机柜、机架的安装位置应符合

设计要求。

（2）机柜、机架上的各种零件不得脱落或碰坏，漆面如有脱落应予以补漆，各种标志应完整、清晰。

（3）机柜、机架的安装应牢固，如有抗震要求时，应按施工图的抗震设计进行加固。

8.3.2 各类配线部件的安装要求

（1）各部件应完整，安装就位，标志齐全。

（2）安装螺丝必须拧紧，面板应保持在一个平面上。

8.3.3 8 位模块通用插座的安装要求

（1）安装在活动地板或地面上，应固定在接线盒内，插座面板采用直立和水平等形式；接线盒盖可开启，并应具有防水、防尘、抗压功能。接线盒盖面应与地面齐平。安装在墙体上，宜高出地面 300mm。如地面采用活动地板时，应加上活动地板内的净高尺寸。

（2）8 位模块式通用插座、多用户信息插座或集合点配线模块，安装位置应符合设计要求。

（3）8 位模块式通用插座底座盒的固定方法按施工现场条件而定，宜采用预置扩张螺丝钉固定等方式。

（4）固定螺丝需拧紧，不应产生松动现象。

（5）各种插座面板应有标识，以颜色、图形、文字表示所接终端设备类型。

8.3.4 电缆桥架及线槽的安装要求

（1）桥架及线槽的安装位置应符合施工图规定，左右偏差不应超过 50mm。

（2）桥架及线槽水平度每米偏差不应超过 2mm。

（3）垂直桥架及线槽应与地面保持垂直，并无倾斜现象，垂直度偏差不应超过 3mm。

（4）线槽截断处及两线槽拼接处应平滑、无毛刺。

（5）吊架和支架安装应保持垂直，整齐牢固，无歪斜现象。

（6）金属桥架及线槽节与节间应接触良好，安装牢固。

（7）安装机柜、机架、配线设备屏蔽层及金属钢管、线槽使用的接地体应符合设计要求，就近接地，并应保持良好的电气连接。

（8）安装机架面板，架前应留有 1.5m 的空间，机架背面离墙距离应大于 0.8m，以便于安装和施工。

（9）壁挂式机框底距地面宜为 300～800mm。

（10）配线设备机架的安装要求：

1）采用下走线方式时，架底位置应与电缆上线孔相对应。

2）各直列垂直倾斜误差不应大于 3mm，底座水平误差每平方米不应大于 2mm。

3）接线端子各种标志应齐全。

4）交接箱或暗线箱宜暗设在墙体内。预留墙洞安装，箱底高出地面宜为 500～1000mm。

8.4 线缆敷设的检验

8.4.1 线缆检验的主要内容

1. 线缆的敷设

（1）线缆的型号、规格应与设计规定相符。

（2）线缆的布放应自然平直，不得产生扭绞、打圈接头等现象，不应受外力的挤压和损伤。

（3）线缆两端应贴有标签，应标明编号，标签书写应清晰、端正和正确。标签应选用不易损坏的材料。

（4）线缆终接后应有余量。交接间、设备间对绞电缆预留长度宜为 0.5～1m；工作区为 10～30mm；光缆布放宜盘留，预留长度宜为 3～5m，有特殊要求的应按设计要求预留长度。

（5）线缆的弯曲半径应符合下列规定：

1）非屏蔽 4 对对绞线电缆的弯曲半径应至少为电缆外径的 4 倍。

2）屏蔽 4 对对绞线电缆的弯曲半径应至少为电缆外径的 6～10 倍。

3）主干对绞电缆的弯曲半径应至少为电缆外径的 10 倍。

4）光缆的弯曲半径应至少为光缆外径的 15 倍，在施工过程中应至少为 20 倍。

（6）线缆布放，在牵引过程中，吊挂线缆的支点相隔间距不应大于 1.5m。

（7）布放线缆的牵引力，应小于线缆允许张力的 80%，对光缆瞬间最大牵引力不应超过光缆允许的张力。以牵引方式敷设光缆时，主要牵引力应加在光缆的加强芯上。

（8）线缆布放过程中为避免受力和扭曲，应制作合格的牵引端头。如采用机械牵引时，应根据牵引的长度、布放环境、牵引张力等因素选用集中牵引或分散牵引等方式。

（9）布放光缆时，光缆盘转动应与光缆布放同步，光缆牵引的速度一般为 15m/min。光缆出盘处要保持松弛的弧度，并留有缓冲的余量，又不宜过多，避免线缆出现背扣。

（10）电源线、综合布线系统线缆应分隔布放，线缆间的最小净距应符合设计要求，并应符合表 8-1 的规定。

表 8-1 对绞电缆与电力线最小净距

单 位 范 围 内 容	最小净距（mm）		
	380V < 2kVA	380V 2.5～5kVA	380V > 5kVA
对绞电缆与电力电缆平行敷设	130	300	600
有一方在接地的金属槽道或钢管中	70	150	300
双方均在接地的金属槽道或钢管中	见表注	80	150

注：双方均在接地的金属槽道或钢管中，且平行长度小于 10m 时，最小间距可为 10mm。表中对绞电缆如采用屏蔽电缆时，最小净距可适当减小，并符合设计要求。

对在建筑物内线缆通道较为拥挤的部位，综合布线系统与大楼弱电系统合用一个金属线槽布放线缆时，各系统的线束间应用金属板隔开，电源线与传输高频率线缆间的位置尽量远离。

各系统线缆间距应符合设计要求。

（11）综合布线系统光、电缆与电力线及其他管线间距应按建筑物内线缆的敷设要求，建筑物群区域内电、光缆与各种设施之间的间距要求按《本地网通信线路工程验收规范》中的相关规定执行。

建筑物内电、光缆暗管敷设与其他管线最小净距规定见表 8-2。

表 8-2 电、光缆暗管敷设与其他管线最小净值

管线种类	平行净距（mm）	垂直交叉净距（mm）
避雷引下线	1000	300
保护地线	50	20
热力管（不包封）	500	500
热力管（包封）	300	300
给水管	150	20
煤气管	300	20
压缩空气管	150	20

（12）在暗管或线槽中线缆敷设完毕后，宜在信道两端口出口处用填充材料进行封堵。

2. 预埋线槽和暗管敷设线缆

（1）敷设线槽的两端宜用标志表示出编号和长度等内容。

（2）敷设暗管宜采用钢管或阻燃硬质 PVC 管。布放多层屏蔽电缆、扁平线缆和大对数主干光缆时，直线管道的管径利用率为 50%～60%，弯管道应为 40%～50%。暗管布放 4 对对绞电缆或 4 芯以下光缆时，管道的截面利用率应为 25%～30%。

预埋线槽宜采用金属线槽，线槽的截面利用率不应超过 50%。

在暗管中布放不同线缆时，管径和截面利用率可用如下公式进行计算。

穿放线缆的暗管管径利用率的计算公式：

$$管径利用率 = \frac{d}{D} \tag{8-1}$$

式中：d 为线缆的外径；D 为管道的内径。

穿放线缆的暗管截面利用率的计算公式：

$$截面利用率 = \frac{A_1}{A} \tag{8-2}$$

式中：A 为管子的内截面积；A_1 为穿在管子内线缆的总截面积（包括导线的绝缘层的截面）。

在暗管中布放屏蔽电缆、25 对以上主干电缆、12 芯以上主干光缆时，宜采用管径利用率公式（8-1）进行计算，选用合适规格的暗管。

在暗管中布放非屏蔽电缆、屏蔽电缆时，为保证线对扭绞状态，避免线缆受到挤压，宜采用管截面利用率公式（8-2）进行计算，选用合适规格的暗管。

3. 光缆与电缆同管敷设

光缆与电缆同管敷设时，应在暗管内预置塑料子管，将光缆敷设在子管内，使光缆和电缆分开布放，子管内径应为光缆外径的 1.5 倍。

4. 光缆与其他管线的最小净距

光缆敷设时与其他管线最小净距应符合表 8-3 的规定。

表 8-3 光缆与其他管线最小净距

内 容	单 位 范 围	最小间隔距离（m）	
		平行	交叉
市话管道边线（不包括入孔）		0.75	0.25
非同沟的直埋通信电缆		0.50	0.50
埋式电力电缆	<35kV	0.50	0.50
	>35kV	2.00	0.50
给水管	管径<30cm	0.50	0.50
	管径 30～50	1.00	0.50
	管径>50cm	1.50	0.50
高压石油、天然气管		10.00	0.50
热力、下水管		1.00	0.5
煤气管	压力<3kg/cm^2	1.00	0.5
	压力 3～8kg/cm^2	2.00	0.50
排水沟		0.80	0.50

5. 设置电缆桥架和线槽敷设线缆

（1）电线缆槽、桥架宜高出地面 2.2m 以上。线槽和桥架顶部距楼板不宜小于 300mm；在过梁或其他障碍物处，不宜小于 50 mm。

（2）槽内线缆布放应顺直，尽量不交叉，在线缆进出线槽部位、转弯处应绑扎固定，其水平部分线缆可以不绑扎。垂直线槽布放线缆应每间隔 1.5m 固定在线缆支架上。

（3）电缆桥架内线缆垂直敷设时，在线缆的上端和每间隔 1.5m 处应固定在桥架的支架上；水平敷设时，在线缆的首、尾、转弯及每间隔 5～10m 处进行固定。

（4）在水平、垂直桥架和垂直线槽中敷设线缆时，应对线缆进行绑扎。对绞电缆、光缆及其他信号电缆应根据线缆的类别、数量、缆径、线缆芯数分束绑扎。绑扎间距不宜大于 1.5m，间距应均匀，松紧适度。

（5）楼内光缆宜在金属线槽中敷设，在桥架敷设时应在绑扎固定段加装垫套。

6. 采用吊顶支撑柱敷设线缆

采用吊顶支撑柱作为线槽在顶棚内敷设线缆时，每根支撑柱所辖范围内的线缆可以不设置线槽进行布放，但应分束绑扎，线缆护套应阻燃，线缆选用应符合设计要求。

7. 建筑群子系统线缆的敷设

建筑群子系统采用架空、管道、直埋、墙壁及暗管敷设电、光缆的施工技术要求，应按照本地网通信线路工程验收的相关规定执行。

8.4.2　保护措施

（1）水平子系统线缆敷设保护。

1）预埋金属线槽保护要求。

①在建筑物中预埋线槽，宜按单层设置，每一路由预埋线槽不应超过 3 根，线槽截面高度不宜超过 25mm，总宽度不宜超过 300mm。

②线槽直埋长度超过 30m 或在线槽路由交叉、转弯时，宜设置过线盒，以便于布放线缆和维修。

③过线盒盖能开启，并与地面齐平，盒盖处应具有防水功能。

④过线盒和接线盒盒盖应能抗压。

⑤从金属线槽至信息插座接线盒间的线缆宜采用金属软管敷设。

预埋金属线槽方式见图 4-12。

2）预埋暗管保护要求。

①预埋在墙体中间的最大管径不宜超过 50mm，楼板中暗管的最大管径不宜超过 25mm。

②直线布管每 30m 处应设置过线盒装置。

③暗管的转弯角度应大于 90 度，在路径上每根暗管的转弯角度不得多于 2 个，并不应有 S 弯出现，有弯头的管段长度超过 20m 时，应设置管线过线盒装置；在有 2 个弯时，不超过 15m 应设置过线盒。

④暗管转弯的曲率半径不应小于该管外径的 6 倍，如暗管外径大于 50mm 时，不应小于 10 倍。

⑤暗管管口应光滑，并加有护口保护，管口伸出部位宜为 25～50mm。暗管管口伸出部位要求见图 4-13。

3）网络地板线缆敷设保护要求。

①线槽之间应沟通。

②线槽盖板应可开启，并采用金属材料。

③主线槽的宽度由网络地板盖板的宽度而定，一般宜在 200mm 左右，支线槽宽不宜小于 70mm。

④地板块应抗压、抗冲击和阻燃。

格形楼板和沟槽结合采用时，敷设线缆支撑保护要求见图 4-14。

4）设置线缆桥架和线缆线槽保护要求。

①桥架水平敷设时，支撑间距一般为 1.5～3m，垂直敷设时固定在建筑物构体上的间距宜小于 2m，距地 1.8m 以下部分应加金属盖板保护。

②金属线槽敷设时，在下列情况下设置支架或吊架：

- 线槽接头处。
- 每间距 3m 处。
- 离开线槽两端出口 0.5m 处。
- 转弯处。

③塑料线槽底固定点间距一般宜为 1m。

5）铺设活动地板敷设线缆时，活动地板内净空应为 150～300mm。

6）采用公用立柱作为顶棚支撑柱时，可在立柱中布放线缆。立柱支撑点宜避开沟槽和线槽位置，支撑应牢固。立柱中电力线和综合布线线缆合一布放时，中间应有金属板隔开，间距应符合设计要求。公用立柱布放线缆方式见图 4-15。

（2）工作区子系统的线缆敷设保护。在工作区的信息点位置和线缆敷设方式未定的情况下，或在工作区采用地毯下布放线缆时，在工作区宜设置交接箱，每个交接箱的服务面积约为 80m²。

1）信息插座安装于桌旁，其距地面尺寸可为 300mm 或 1200mm。

2）信息插座在办公桌隔板架上的安装，要注意与电源插座的位置不要太近。

（3）金属线槽接地应符合设计要求。

（4）金属线槽、线缆桥架穿过墙体或楼板时，应有防火措施。

（5）干线子系统线缆敷设保护。

1）线缆不得布放在电梯或供水、供气、供暖管道竖井中，亦不应布放在强电竖井中。

2）干线通道间应沟通。

3）建筑群子系统线缆敷设保护方式应符合设计要求。

4）光缆应装于保护箱内。

8.5　线缆终接的检验

1. 线缆终接的一般要求

（1）线缆在终接前必须核对线缆标识内容是否正确。

（2）线缆中间不允许有接头。

（3）线缆终接处必须牢固、接触良好。

（4）线缆终接应符合设计和施工操作规程。

（5）对绞电缆与插接件连接应认准线号、线位色标，不得颠倒和错接。

2. 对绞电缆芯线终接要求

（1）终接时，每对对绞线应保持扭绞状态，扭绞松开长度对于五类线不应大于 13mm。

（2）对绞线在与 8 位模块式通用插座相连时，必须按色标和线对顺序进行卡接。插座类型、色标和编号应符合 T568A 或 T568B 的规定。在两种连接图中，首推 A 类连接方式，但在同一布线工程中两种连接方式不应混合使用。

（3）屏蔽对绞电缆的屏蔽层与接插件终接处屏蔽罩必须可靠接触，线缆屏蔽层应与接插件屏蔽罩 360 度圆周接触，接触长度不宜小于 10mm。

3. 光缆芯线终接要求

（1）采用光纤连接盒对光纤进行连接、保护，在连接盒中光纤的弯曲半径应符合安装工艺要求。

（2）光纤熔接处应加以保护和固定，使用连接器以便于光纤的跳接。

（3）光纤连接盒面板应有标志。

（4）光纤连接损耗值应符合表 8-4 的规定。

表 8-4　光纤连接损耗

连接类别	光纤连接损耗 （dB）			
	多模		单模	
	平均值	最大值	平均值	最大值
熔接	0.15	0.3	0.15	0.3

4. 各类跳线的终接要求

（1）各类跳线线缆和接插件间接触应良好，接线无误，标志齐全。跳线选用类型应符合系统设计要求。

（2）各类跳线长度应符合设计要求，一般对绞电缆跳线不应超过 5m，光缆跳线不应超过 10m。

8.6　工程电气测试

综合布线工程的工程电气测试包括电缆系统电气性能测试及光纤系统性能测试。其中电缆系统测试内容又分为基本测试项目和任选测试项目。各项测试应有详细记录，以作为竣工资料的一部分，测试记录格式如表 8-5 所示。

表 8-5　五类以上铜缆及光纤综合布线系统工程电气性能测试记录

序号	编号			内容								记录
				电缆系统						光缆系统		
	地址号	线缆号	设备号	长度	接线图	衰减	近端串音（2 端）	电缆屏蔽层连通情况	其他任选项目	衰减	长度	
	测试日期、人员及测试仪表型号											
	处理情况											

综合布线系统工程电气性能测试，参照 TIA/EIA TSB67 标准要求，提出测试长度、接线图、衰减、近端串音 4 项内容。其他如衰减对串音比、环境噪声干扰强度、传播时延、回波损耗、特性阻抗、直流环路电阻等电气性能测试项目，可以根据工程的具体情况和用户的要求及现场测试仪表的功能、施工现场所具备的条件选项进行测试，并作好记录。对于五类及高于五类的综合布线系统，在吉比特以太网、ATM 等高速宽带场合使用时，综合布线工程的测试方法和内容应在测试项目上，增测近端串音功率和、等电平远端串音、等电平远端串音功率和、回波损耗、传播时延、线对间传输时延差等项目。对上述电气性能测试，应采用符合相应精度要求的仪表，参照 YD/T1013-1999《综合布线系统电气特性通用测试方法》所规定的内容和测试要求进行。

对于屏蔽布线系统屏蔽特性的要求及测试方法，国际上正在制定相关的标准和规定，目前不具备测试条件。现场测试仪应能对屏蔽电缆屏蔽层两端作导通测试。总屏蔽的直流电阻应小于下式的计算值：

$$R(D) = \frac{62.5}{D}$$

式中：$R(D)$ 为总屏蔽电阻，单位Ω/km；D 为总屏蔽外径，单位 mm。

电气性能测试还要满足以下要求：

（1）电气性能测试仪按二级精度，应达到表 8-6 规定的要求。

表 8-6　测试仪精度最低性能要求

序号	性能参数	1-100 兆赫（MHz）
1	随机噪音最低值	65−15log(f100)dB
2	剩余近端串音（NEXT）	55−15log(f100)dB
3	平衡输出信号	37−15log(f100)dB
4	共模抑制	37−15log(f100)dB
5	动态精确度	±0.75dB（注）
6	长度精确度	±1m±4%
7	回损	15dB

注：动态精确度适用于从 0dB 基准值至优于 NEXT 极限值 10dB 的一个带宽，按 60dB 限制。

（2）现场测试仪应能测试三类、五类对绞电缆布线系统及光纤链路。

（3）对于光缆链路的测试，首选在两端对光纤进行测试的连接方式，如果按两根光纤进行环回测试时，所测得的指标应换算成单根光纤链路的指标来验收。

（4）100m 以内大对数主干电缆及所连接的配线模块可按布线系统的类别进行长度、接线图、衰减的测试。对于五类大对数电缆布线系统应测试近端串音，测试结果不得低于五类 4 对对绞电缆布线系统所规定的数值。

（5）测试仪表应有输出端口，以将所有存储的测试数据输出至计算机和打印机，进行维护和文档管理。

（6）电、光缆测试仪表应具有合格证及计量证书。

8.7　工程验收

8.7.1　工程验收的方式

1. 工程验收

（1）工程验收件准及依据。

1）EIA/TIA568A 商用建筑电信布线标准及 EN50173 ISO/IEC11801 等国外综合布线标准。

2）生产厂商颁发 15 年质保证书的标准。

3）甲方签字确认的施工图纸、技术文件。施工规范及测试规范。

4）国内的综合布线标准。

（2）工程的验收方式。

1）采用分段验收与完工总验收相结合的方式。

2）各管理区子系统配线架线缆要有分区标志，并安装牢固。

3）布线竣工后，交付符合技术规范垂直布线分配表和 MDF/IDF 位置分布表。

4）大对数电缆与光纤的相关测试，并提供测试报告。

2. 竣工资料

（1）施工单位（乙方）完成工程施工督导和安装测试后，书面通知建设单位（甲方）并提供原测试方案、具体测试事项和工程达到的技术标准。

（2）施工单位（乙方）向建设单件（甲方）提供如下符合技术规范的结构化综合布线技术档案材料：

1）综合布线系统配置图。

2）光纤端接架上光纤分配表。

3）光纤测试报告。

4）铜缆系统测试报告。

5）竣工图。

3. 竣工技术文件编制

（1）工程竣工后，施工单位应在工程验收以前，将工程竣工技术资料交给建设单位。

（2）综合布线系统工程的竣工技术资料应包括以下内容：

- 安装工程量。
- 工程说明。
- 设备、器材明细表。
- 竣工图纸为施工中更改后的施工设计图。
- 测试记录。
- 工程变更、检查记录及施工过程中，需更改设计或采取相关措施，由建设、设计、施工等单位之间的双方洽商记录。
- 随工验收记录。
- 隐蔽工程签证。
- 工程决算。

（3）竣工技术文件要保证质量，做到外观整洁、内容齐全、数据准确。

4. 布线工程的检验内容

综合布线系统工程应按表 8-7 中所列项目、内容进行检验。

表 8-7　检验项目及内容

阶段	验收项目	验收内容	验收方式
一、施工前检查	1. 环境要求	（1）土地施工情况：地面、墙面、门、电源插座及接地装置 （2）土建工艺：机房面积、预留孔洞 （3）施工电源 （4）地板铺设	施工前检查

阶段	验收项目	验收内容	验收方式
一、施工前检查	2. 器材检验	(1) 外观检查 (2) 型号、规格、数量 (3) 电缆电气性能测试 (4) 光纤特性测试	施工前检查
	3. 安全、防火要求	(1) 消防器材 (2) 危险物的堆放 (3) 预留孔洞防火措施	施工前检查
二、设备安装	1. 交接间、设备间、设备机柜、机架	(1) 规格、外观 (2) 安装垂直、水平度 (3) 油漆不得脱落 (4) 各种螺丝必须紧固 (5) 抗震加固措施 (6) 接地措施	随工检验
	2. 配线部件及 8 位模块式通用插座	(1) 规格、位置、质量 (2) 各种螺丝必须拧紧 (3) 标志齐全 (4) 安装符合工艺要求 (5) 屏蔽层可靠连接	随工检验
三、电、光缆布放（楼内）	1. 电缆桥架及线槽布放	(1) 安装位置正确 (2) 安装符合工艺要求 (3) 符合布放线缆工艺要求 (4) 接地	随工检验
	2. 线缆暗敷（包括暗管、线槽、地板等方式）	(1) 线缆规格、路由、位置 (2) 符合布放线缆工艺要求 (3) 接地	隐蔽工程签证
四、电、光缆布放（楼间）	1. 架空线缆	(1) 吊线规格、架设位置、装设规格 (2) 吊线垂度 (3) 线缆规格 (4) 卡、挂间隔 (5) 线缆的引入符合工艺要求	随工检验
	2. 管道线缆	(1) 使用管孔孔位 (2) 线缆规格 (3) 线缆走向 (4) 线缆的防护设施的设置质量	隐蔽工程签证
	3. 埋式线缆	(1) 线缆规格 (2) 敷设位置、深度 (3) 线缆的防护设施的设置质量 (4) 回土夯实质量	隐蔽工程签证

续表

阶段	验收项目	验收内容	验收方式
四、电、光缆布放（楼间）	4. 隧道线缆	（1）线缆规格 （2）安装位置，路由 （3）土建设计符合工艺要求	隐蔽工程签证
	5. 其他	（1）通信线路与其他设施的距 （2）进线室安装、施工质量	随工检验或隐蔽工程签证
五、线缆终结	1. 8 位模块式通用插座 2. 配线部位 3. 光纤插座 4. 各类跳线	符合工艺要求	随工检验
六、系统测试	1. 工程电气性能测试	（1）连接图 （2）长度 （3）衰减 （4）近端串音（两端都应测试） （5）设计中特殊规定的测试内容	竣工检验
	2. 光纤特性测试	（1）衰减 （2）长度	竣工检验
七、工程总验收	1. 竣工技术文件	清点、交接技术文件	竣工检验
	2. 工程验收评价	考核工程质量，确认验收结果	

5. 其他

（1）在验收中发现不合格的项目，应由验收机构查明原因，分清责任，提出解决办法。

（2）综合布线系统工程如采用计算机进行管理和维护工作，应按专项进行验收。

（3）综合布线图纸是综合布线工程竣工文件的重要工程图纸，一定要完整、准确。

8.7.2　工程管理文档

综合布线网络工程的管理部分与其他部分有很大不同，事先周密的计划可使所有后续的文档制作和管理工作更加简便，对已建立的系统文件必须进行准确及时的维护。

有效管理系统的主要文件必须做到输入数据准确，并确保记录维护良好。下面介绍通信设施在预安装、施工和安装后各个阶段应制定和维护的文档。

（1）预安装设计。恰当的设计总是有益于布线系统的实施与管理。系统设计生成的文档将有助于投标阶段和初装期间的工作，并在整个布线设施的生命期内具有重要价值。设计文档对工程的实施进行评估，使投标书更加规范准确；并使用户能更加直观地看到项目完工后的预期效果。在安装完成之后一般应当对设计文档加以修正，以反映布线系统"竣工"后的状态，使系统的维护从一开始便以准确完整的数据进行管理。

系统设计过程中通常需要制定一些文档内容（即使用户需求），这些内容是与用户一起进行分析后制定的，其中包括物理介质要求和工程竣工后对工程计划修正得出的结果等。

（2）工程细节。应制定每一种主要安装组件的工程细节，说明设备间、配线间、建筑入口设施布局，机架/机柜立面图，纤芯和主干连接图，主干固定明细及任何其他特殊或非常规区域。明确各区域内细节可提高施工明晰度，便于理解。一般情况下，施工细节应为 CAD（计算机辅助设计）比例图，规定设备间、配线间、建筑入口设施布局、机架/机柜立面图等分布和设备间进入/维护与清洁，包括面板布置/位置、线缆管理、标注签分配和接地明细等。

（3）安装规范。制定安装规范旨在详细描述布线系统。安装规范以设计图为依据，并按照功能讨论介质要求，其中包括标准和参数、主干容量、放置与固定，主干线缆路径与分布，水平线缆放置，端接与交叉连接子系统，光纤衰减测量，功能测试和布线系统认证，线缆管理要求，竣工文档制作等。规范一般按品牌、等效品牌或仅按功能规定部件质量、功能和外观要求。

（4）材料清单。一般要制定完成项目预计所需的材料清单，将其作为材料单包括在设计方案中。材料单含系统所需的全部布线产品组件、安装硬件和耗材等杂项的预计数量。投标方应要求以自己认为能够满足各种需要的材料和数量进行投标，这时的设计清单恰好帮助最终用户确定实施安装的大致费用。

（5）楼层平面图。地面设计方案应包括建筑内涉及安装的各个区域。地面设计采用 CAD 比例俯视图，俯视每个配线间和分配的标识、主干、插座位置和分配的标识、楼层平面路径。设计图纸应足够详细，可供承包商用于施工和拟定设计系统的安装责任，为清楚起见，通常应提供建筑主干连接图作为参照。

（6）线缆路由表。至少设计一张线缆路由表，定义系统中每条主干和水平线缆的起止点、各端接部件、专用通信间等；如有可能，路径也需标明；为满足用户和建筑物管理的实际需求，标签配置方案的路由表中还要包括线缆长度、类型、端接类型和标注签标识等。可制定附加明细表定义所有端接硬件和交叉连接配线方案，线缆路由表应与硬件明细表链接，表明所有线缆路径端接的硬件与相关端接位置，以及交叉连接的配置状况等信息。

良好的设计是形成完整的管理方案的前提，用户可以根据自己的特定要求定制方案的类型和繁简程度，设计阶段制作的全套文档中应包括系统启用后有效管理系统的全部必要信息。

（7）竣工图纸。项目开工时至少应有大比例项目图，供技术代表在项目施工过程中随时检查。通常在现场施工中，图纸设计可能会因故发生某些变化，比如线缆路由的设计与实际插座分布等原因。但是，一般情况下，除非书面批准，设计的端接位置和水平线缆标识、主干线缆标识、接地导体等不得变更。

项目竣工后，经标注的图纸应精确地描述系统竣工后的状态，包括端接位置、主干布线、交叉连接分布和线缆系统各种管理标注的配置方案等内容。

（8）工程日志。日志由作业主管填写并维护，对安装过程中有可能造成日后通信系统扩容或维护困难的任何区域提供文字说明。安装施工中诸如与其他行业施工规范相悖或客量接近满负荷的路径等需提请关注的问题应加以记录。

（9）测试文档制作。项目完工后，应汇编、装订测试文件。在水平布线和主干布线中，扫描测试结果、光纤衰减测试结果和合格测试结果应用索引签隔开，且隔开的每一部分应按管理记录排列的顺序列出测试数据，文件结束部分应附测试设备的名称、生产厂家、型号和最后标定日期，并用简练的文字说明测试过程中使用的测试方法和设备的设定参数等。

扫描测试结果可以用 A4 纸打印。手写测试结果（衰减结果和合格测试结果）应填写在事先打印好的测试表中。进行维修和重新测试时发现的问题和采取的纠正措施应写入备注，发生故障和测试合格的数据都应出现在文件中——良好的文档化的安装对于建立管理系统极具参考价值,这样有助于故障的排除和问题的纠正。

(10)移动、添加与变更。当系统发生任何移动、添加与变更时,应准确及时地修改记录,这对维护管理系统数据完整件是最至关重要的。无论采用书面或计算机管理系统,记录的完整性都是最重要的。采用工作记录和对布线系统的操作进行限制有助于控制系统完整性。

(11)文档的移交。文档的移交是每一个工程最重要同时又是最容易忽略的细节,设计科学而完备的文档不仅可以为用户提供帮助,更重要的是为工程商和施工单位吸取经验和总结教训提供了可能。那么,我们的文档通常都应包括哪些内容?这些制作好的管理文档中,哪些需要移交给用户?通常,工程竣工后,以下文档及文件应当完全移交用户并妥善保管。

1)网络工程中所有设备(合同条款清单中涉及的服务器、计算机、外部设备、网络设备及附件等)的安装、使用及维护手册、最终用户保修卡、授权书等必须完全收集、整理、编号、登记并重新装订移交给用户。

2)网络工程中所有设备(合同条款清单中涉及的服务器、计算机、外部设备、网络设备及附件等)的驱动程序(通常是软盘或光盘)、使用说明及相关授权书等必须完全收集、整理、编号、登记并重新包装移交给用户。

3)网络工程的重要系统参数文档,包括网段的划分、网络地址(比如 IP 地址和子网掩码)分配方案、网络打印机默认参数设定、管理员密码、域用户组或工作划分、用户设定、初始权限划定(出于计算机信息系统安全性考虑,通常是能达到用户要求的最少用户和最低权限设定)、网络服务端口号设置等。

4)网络综合布线的相关说明和图表,包括方案、带宽、速率、结点构成、地址划分、拓扑结构等,另外必须包括施工的各种比例的路径图、线槽及线缆直埋图、冗余线缆敷设图、现有项目编号、标注和色标的含义、施工中与方案不符的条款说明及所采取的措施(如预留管道位置与原地下管线冲突而造成的敷设路径改动等)、施工中的重要注意事项等。

5)各项测试结果,包括软件和硬件、单机和网络、线缆和设备,以及关于功能和性能的、扩展性和灵活性的测试结果与预期结果、相关标准的比较等。

6)网络在使用与维护中的各种注意事项、参考建议和意见等。

8.8　综合布线系统工程电气测试基本指标

(1)在选定的某一频率上,信道和基本链路衰减量应符合表 8-8 和表 8-9 的要求,信道的衰减包括 10m(跳线、设备连接线之和)及各电缆段、接插件的衰减量的总和。

表 8-8　信道衰减量

频率(MHz)	三类(dB)	五类(dB)
1.00	4.2	2.5
4.00	7.3	4.5
8.00	10.2	6.3
10.00	11.5	7.0
16.00	14.9	9.2

续表

频率（MHz）	三类（dB）	五类（dB）
20.00	–	10.3
25.00	–	11.4
31.25	–	12.8
62.50	–	18.5
100.00	–	24.0

注：总长度为 100m 以内。

表 8-9　基本链路衰减量

频率（MHz）	三类（dB）	五类（dB）
1.00	3.2	2.1
4.00	6.1	4.0
8.00	8.8	5.7
10.00	10.0	6.3
16.00	13.2	8.2
20.00	–	9.2
25.00	–	10.3
31.25	–	11.5
62.50	–	16.7
100.00	–	21.6

注：总长度为 94m 以内。

　　以上测试是以 20℃为准，对三类对绞电缆，每增加 1℃则衰减量增加 1.5%；对五类对绞电缆，则每增加 1℃会有 0.4%的变化。

　　（2）近端串音。近端串音是对绞电缆内，两条线对间信号的感应。对近端串音的测试，必须对每对线在两端进行测量。某一频率上，线对间近端串音应符合表 8-10 和表 8-11 的要求。

表 8-10　信道近端串音（最差线间）

频率（MHz）	三类（dB）	五类（dB）
1.00	39.1	60.0
4.00	29.3	50.6
8.00	24.3	45.6
10.00	22.7	44.0
16.00	19.3	40.6

续表

频率（MHz）	三类（dB）	五类（dB）
20.00	—	39.0
25.00	—	37.4
31.25	—	37.4
62.50	—	35.7
100.00	—	30.6
	—	27.1

注：最差值限于 60dB。

表 8-11　基本链路近端串音（最差线间）

频率（MHz）	三类（dB）	五类（dB）
1.00	40.1	60.0
4.00	30.7	51.8
8.00	25.9	47.1
10.00	24.3	45.5
16.00	21.0	42.3
20.00	—	40.7
25.00	—	39.1
31.25	—	37.6
62.50	—	32.7
100.00	—	29.3

注：最差值限于 60dB。

（3）光缆布线链路在规定的传输窗口测量出的最大光衰减（介入损耗）应不超过表 8-12 的规定，该指标已包括链路接头与连接插座的衰减在内。

表 8-12　光缆布线链路的衰减

布线	链路长度（m）	衰减（dB）			
		单模光缆		多模光缆	
		1310nm	1550nm	850nm	1300nm
水平	100	2.2	2.2	2.5	2.2
建筑物主干	500	2.7	2.7	3.9	2.6
建筑物主干	1500	3.6	3.6	7.4	3.6

（4）光缆布线链路的任一接口测出的光回波损耗应大于表 8-13 给出的值。

表 8-13　最小光回波损耗

类别	单模光缆		多模光缆	
波长	1310nm	1550nm	850nm	1300nm
光回波损耗	26dB	26dB	20dB	20dB

习题八

1. 什么是综合布线工程的验收？其主要项目有哪些？
2. 器材检查的内容是什么？
3. 光缆的敷设要注意什么？
4. 简要说明线缆的保护方式。
5. 竣工文档的主要内容是什么？

第9章 综合布线工程实例

学习目标

本章将选择某综合布线工程真实案例，简述设计与实施过程，并完成相关图纸的绘制。具体包括：

- 办公楼综合布线系统的设计。
- 综合布线系统设计中用到的表格。
- 综合布线系统设计中用到的图纸。

9.1 某综合布线工程设计

现有一栋办公大楼：楼高十层，办公面积为 20000 平方米，每层 60 个信息点，其中语音 20 个点，数据 40 个点；合计语音 200 个点，数据 400 个点，共计 600 个信息点。

（一）办公大楼用途

企业内部网络管理。大楼内网络类型为 1000Base-T 高速网络，要求话音点和数据点可相互转换。总体布线工程要求一次到位。

（二）工程要求

（1）完成大楼内的综合布线系统工程的设计、施工与测试。

（2）完成大楼内网络工程的设计与施工。

（三）设计步骤

1. 用户需求调研

（1）确定具体网络类型。

（2）确定数据、话音等信息点的具体点数。

2. 画出建筑物平面图

（1）确定信息点的具体位置。

（2）确定楼层最长距离。

（3）确定线缆走线路由。

（4）确定线缆走线方式。

（5）确定水平线槽、桥架的尺寸。

该建筑物平面图如图 9-1 所示。

3. 画出综合布线系统示意图

（1）确定主配线架位置。

（2）确定楼层配线架位置及数量。

（3）确定主干路由。

（4）确定弱电井内竖井桥架的尺寸。

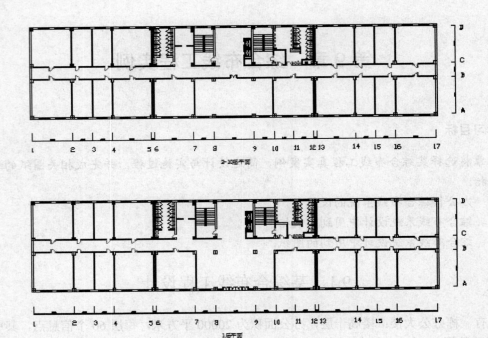

图 9-1　建筑物平面图

4. 确定主体方案

工作区

配线子系统

干线子系统

设备间

管理

接入

（1）两种方案可供选择

1）RJ-45+110 系列。

①水平布线用超五类 4 对非屏蔽双绞线。

②数据配线架采用 RJ-45 系列。

③语音配线架采用 110 系列。

④主干语音配线架采用 110 系列。

⑤语音干线采用三类大对数电缆。

⑥数据配线架与网络设备连接用 RJ-45-RJ-45 跳线。

⑦数据与语音转换用 RJ45-110 鸭嘴跳线。

2）全 RJ-45 系列。

①水平布线用超五类（或以上）4 对非屏蔽双绞线。

②数据和语音配线架全部采用 RJ-45 系列。

③主干语音配线架采用 110 系列。

④数据干线采用多模室内光纤。

⑤语音干线采用三类大对数电缆。

⑥数据配线架与网络设备连接用 RJ-45-RJ-45 跳线。

⑦语音主干与水平相连用 RJ11-110 跳线。

⑧语音与数据转换用 RJ-45-RJ-45 跳线。

（2）两种方案比较

1）RJ-45+110：投资适中，便于管理，数据传输性能稳定、可靠，数据部分性能可达五类以上。

2）全 RJ-45 系列：投资较高，数据传输性能好，稳定可靠，语音与数据转换方便，所有信息点均可达到超五类以上性能。

（3）确定主干布线种类：

1）4 对非屏蔽双绞线+大对数电缆：语音用三类大对数电缆，数据用五类或五类以上 4 对非屏蔽双绞线。

2）光纤+大对数电缆：语音用三类大对数电缆，数据用室内多模光纤，硬件需加光纤收发器或带光纤接口的网络设备（集线器或交换机）。

确定楼层配线架的数量和位置：

①依据每层信息点的数量和距离确定楼层配线架的数量和位置。

②数量：小于 260 个信息点。

③距离：小于 90m。

5．产品选型

（1）根据主体方案和用户需求，选择合适的布线及网络产品。

（2）质量第一。

（3）价格因素。

（4）技术支持。

（5）质保体系。

（6）售后服务。

（7）是否成系列。

6．画出详细的系统设计图

（1）系统框图。

（2）平面图。

综合布线系统图如图 9-2 所示。

7．列出材料、设备清单

（1）定货编号。

（2）具体描述。

（3）定货单位。

（4）数量。

（5）单价。

（6）总价。

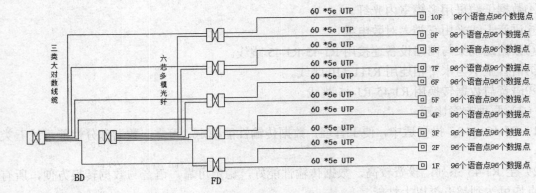

图 9-2　综合布线系统图

8．配线间设置

电缆竖井在大楼中部，网络中心、程控交换机设在大楼的四层，主配线间设在二层，在四、六、八、十层分别设有楼层配线间，用来管理相邻楼层的信息点。

（四）主体方案

工作区：超五类信息插座模块

　　　　　　配 86×86（mm）双孔盒式插座

水平布线：超五类 4 对非屏蔽双绞线（UTP）

垂直主干：数据——6 芯室内多模光纤

　　　　　　语音——三类 25 对大对数铜缆

楼层配线间：水平端接——超五类 RJ-45 配线盘

　　　　　　语音主干——110 配线架

　　　　　　数据主干——LC 光纤配线架

设备间：水平端接——超五类 RJ-45 配线盘

　　　　　　语音主干——110 配线架

　　　　　　数据主干——LC 光纤配线架

（五）材料统计

1．工作区

盒式插座+RJ-45 模块+RJ-45-RJ-45 工作区软线

信息插座：（均为超五类模块配明装盒）

　　　　每一层：双孔盒式插座 30 套（语音+数据）

　　　　十层共计：30×10=300 套双孔盒式插座

信息模块：

　　　　每一层：超五类 8 芯 RJ-45 信息插座模块，60 个

　　　　十层共计：60×10=600 个 RJ-45 信息插座模块

数据终端连接线：

　　　　RJ-45 插头（超五类 8 芯水晶头，接用户终端设备用）

　　　　每一层：30×2=60 个（每层 40 个数据点）

　　　　十层共计：60×10=600 个（加 15%的余量）

用户设备接插线软线（超五类 3m）：

　　每层：3.2m×30=96m

　　十层共计：96×10=960m≈4 箱

语音终端连接线：

　　RJ11 插头（4 芯，接语音设备）

　　每一层：20×2=40 个（每层 40 个语音点）

　　十层共计：40×10=400 个（加 15%的余量）

用户设备接插线软线（2 芯 3m）：

　　每层：3.2m×20=64m

　　十层共计：64×10=640m≈3 箱

具体工作区材料清单见表 9-1。布线其他系统需要的产品清单也可使用这个格式。

表 9-1　综合布线系统工作区材料清单

序号	产品名称	品牌及型号	规格	单位	数量	单价	合计
1	信息模块	超五类 RJ-45		个			
2	信息面板	双孔		个			
3	信息盒		86×86	个			
4	水晶头	RJ-45		个			
5	软跳线	4 对超五类	3 米	个			
6	水晶头	4 芯	RJ11	个			
7	接插软线	2 芯		个			

2. 管理部分

110 配线架（语音部分）

楼层配线架

　　每个楼层配线架管理两层 80 个语音点

　　　2 对×80=160 对

　　　需要 2 个 100 对 110 配线架

　　　2 对 110-RJ-45 快接跳线：80 条

　　4 个楼层配线架合计

　　　100 对 110 配线架：2×4=8 个

　　　2 对 110-RJ-45 快接跳线：80×4=320 条

主配线架：管理两层 80 个语音点

　　2 对×80=160 对，需要 2 个 100 对配线架

　　连接 4 个楼层配线架：2 对×4×80=640 对

　　需要 7 个 100 对配线架

　　连接程控交换机：1 对×400=400 对

　　需要 4 个 100 对配线架

合计：1200 对

共计需要：2 个 300 对 110 配线架

6 个 100 对 110 配线架

1 对 110 快接跳线：400 条

2 对 110-RJ-45 快接跳线：80 条

3. 水平端接部分

RJ-45 超五类配线盘（数据+语音部分）

每个楼层配线架：（2×80=160 个信息点）

48 端口 RJ-45 接线排 3 个

24 端口 RJ-45 接线排 1 个

合计：15 个 48 端口 RJ-45 接线排

5 个 24 端口 RJ-45 接线排

RJ-45-RJ-45 跳线：用于连接数据点

每个楼层配线架：40×2=80 条

合计：80×5=400 条

19 英寸 2m 机柜：1 个×5=5 个

光纤配线架：

12 口 LC-LC 光纤配线架：4 个

24 口 LC-LC 光纤配线架：1 个

光纤跳线：

LC-LC 双芯跳线（3m）：10 条

LC 连接头：48 个

其他配件：

110 配线架背板：10 个

110 配线架理线器：16 个

RJ-45 配线架理线器：20 个

线缆扎带

线缆标签条

光纤熔接耗材

主干系统：

语音：25 对大对数铜缆：7 条×4

数据：6 芯室内多模光缆：200m

计算出 PVC 线槽及附件的用量

线槽用量：

水平区：（100×40）3000m

工作区：（24×14）3600m

其他：线槽终端盖、左右弯角、连接盖等

超五类 4 对非屏蔽双绞线（UTP）

平均长度为：(30+62)÷2=46m

每层用线量：$(46×1.1+10)×80=4848m$

整栋楼用线量：$(46×1.1+10)×80×10=48480m$

每箱电缆走线长度$=305÷(46×1.1+10)=5$

整栋楼所需订购箱数$=80×10÷5=160$ 箱

敷设方式：沿墙壁线槽

（六）列出详细材料、设备清单，其中包括订货编号、中文名称、产地、规格、数量、单价及总价。根据设备清单计算出材料总报价。

9.2　综合布线工程施工图绘制

本工程中确定设备间在建筑中间的弱电室中，配线子系统的线缆从这里出发，延伸到每一个工作区。

施工图要绘制出线缆的路由情况、线缆的种类及数量，以便工程技术人员正确识图并按设计者的意图进行合理施工。

本工程 2 楼的综合布线施工图见图 9-3。

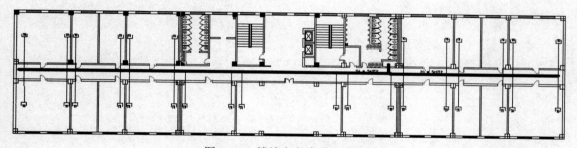

图 9-3　2 楼综合布线系统施工图

参考文献

[1] 黎连业. 网络综合布线系统与施工技术（第 4 版）. 北京：机械工业出版社，2011.

[2] 刘天华. 网络系统集成与综合布线. 北京：人民邮电出版社，2008.

[3] 中国建筑标准设计研究院组织. 08X101-3 综合布线系统工程设计与施工（建筑标准图集）—电气专业. 北京：中国计划出版社，2008.

[4] 吴达金. 综合布线系统产品汇编和选用. 北京：人民邮电出版社，2003.

[5] 岳经伟. 网络综合布线技术与施工（第二版）. 北京：中国水利水电出版社，2010.

[6] 千家综合布线网. http://www.cabling-system.com.